全国船舶工业职业教育教学指导委员会推荐教材

焊接基础技能虚拟仿真训练

主　编　周飞霓　杨　金
副主编　邱　鹏　李　浩
主　审　许小平

哈尔滨工程大学出版社
Harbin Engineering University Press

内容简介

焊接技术是现代先进制造业中的一种重要的加工工艺方法，从事焊接作业的工作者前期需要经过长时间的培训。焊接专业课是理论性与实践性都很强的课程，要求学生既要掌握扎实的焊接理论基础知识，又要掌握焊接实践操作，教学难度较大。

焊接虚拟仿真训练可以有效解决传统实训基地的高投入、高损耗、高风险和难实施、难观摩、难再现等"三高三难"的问题，克服职业教育真实生产条件不足而导致部分实训教学项目"不能做""不敢做""不好做"的困难。

本书对各种常用的焊接虚拟仿真训练做了较为详尽的讲解，内容主要包括焊接训练模拟器、焊条电弧焊、CO_2 气体保护电弧焊、手工钨极氩弧焊、焊接质量检验等。本书具有较强的实用性，有助于学生快速提升焊接操作水平，掌握焊接技巧。

本书可作为高职高专院校机械类专业的教材，也可作为焊接专业以及社会人员岗前培训、职业资格证书考核培训的参考书。

图书在版编目(CIP)数据

焊接基础技能虚拟仿真训练 / 周飞霓，杨金主编
—哈尔滨：哈尔滨工程大学出版社，2023.12
ISBN 978-7-5661-4164-4

Ⅰ. ①焊… Ⅱ. ①周… ②杨… Ⅲ. ①焊接-计算机仿真 Ⅳ. ①TG4-39

中国国家版本馆 CIP 数据核字(2023)第 255692 号

焊接基础技能虚拟仿真训练
HANJIE JICHU JINENG XUNI FANGZHEN XUNLIAN

选题策划 史大伟
责任编辑 丁月华
封面设计 李海波

出版发行 哈尔滨工程大学出版社
社　　址 哈尔滨市南岗区南通大街 145 号
邮政编码 150001
发行电话 0451-82519328
传　　真 0451-82519699
经　　销 新华书店
印　　刷 哈尔滨午阳印刷有限公司
开　　本 787 mm×1 092 mm　1/16
印　　张 14.75
字　　数 365 千字
版　　次 2023 年 12 月第 1 版
印　　次 2023 年 12 月第 1 次印刷
书　　号 ISBN 978-7-5661-4164-4
定　　价 50.00 元

http://www.hrbeupress.com
E-mail:heupress@hrbeu.edu.cn

前　　言

焊接是一门集材料学、力学、机械学、电工电子学、自动控制学等为一体的综合交叉性学科，专业课内容繁杂、涉及面广。焊接专业课是理论性与实践性都很强的课程，要求学生既要掌握扎实的焊接理论基础知识，又要掌握焊接实践操作，教学难度较大。

焊接虚拟仿真训练是以“假”模拟“真”，具有感知性、沉浸性、互动性和构想性，颠覆了传统教学手段，可以有效解决传统实训基地的高投入、高损耗、高风险和难实施、难观摩、难再现等“三高三难”的问题，克服了职业教育真实生产条件不具备而导致部分实训教学项目“不能做”“不敢做”“不好做”的困难。

近年来，随着计算机技术的不断发展，虚拟焊接技术被引入实践教学课堂，从学生的认知过程出发，引导学生从理论学习到感性认识、仿真验证，再到实践验证，逐步认识和掌握焊接专业理论知识与技能，培养学生自主设计能力与创新能力，成为开展焊接专业教学的有效手段之一。

本书主要针对目前常用的焊接基础技能虚拟仿真训练给出了详尽的操作指导，有助于学生快速提升焊接操作水平，掌握焊接技巧。相关虚拟仿真训练对应焊条电弧焊、CO_2 气体保护电弧焊、手工钨极氩弧焊、焊接质量及检验等专业训练。

本书由周飞霓、杨金担任主编，由邱鹏、李浩（武汉一冶钢结构有限责任公司）担任副主编。其中，项目一至项目五由周飞霓、邱鹏编写；项目六由杨金、李浩（武汉一冶钢结构有限责任公司）编写；王向龙（武汉湾流科技股份有限公司）、刘茂、孙淑侠、叶东南、韩喆参与了部分内容的编写。本书由许小平教授主审。

本书的编写得到了武汉船舶职业技术学院教务处、船舶与海洋工程学院、武汉一冶钢结构有限责任公司、武汉湾流科技股份有限公司的大力支持。在此谨向关心、支持本书编写的企业和同人们表示衷心的感谢。

由于编者水平有限，书中难免存在疏漏和不足之处，恳请广大读者、同行、专家批评指正。

编　者

2023 年 10 月

目　录

项目一

焊接基础认知

项目描述

在金属加工工艺领域中，焊接技术发展非常迅速，目前已发展成为一门独立的学科，并在能源、交通、建筑，特别是在机械制造领域中得到了广泛的应用。随着经济的发展与科学技术的进步，焊接技术将发挥越来越大的作用。

知识目标

了解在焊接中常用的焊接方法，辨识不同焊缝的空间位置和结合形式，认识常用传统焊接设备及其构成，掌握焊接实训安全规程。

任务一　了解常用的焊接方法

根据焊接过程中金属所处的状态不同，焊接方法可以分为熔焊、压焊和钎焊三大类。其中熔焊应用最广泛，常用的熔焊有焊条电弧焊、埋弧焊、气体保护电弧焊、电渣焊和气焊等，其特点与应用范围见表 1-1。

表 1-1　常用的熔焊方法及特点与应用范围

<table>
<tr><th colspan="2">常用的熔焊方法</th><th>特点与应用范围</th></tr>
<tr><td colspan="2">焊条电弧焊</td><td>设备简单，使用灵活方便，适用于焊接短小及各种空间位置的焊缝，但生产效率较低，劳动强度较大</td></tr>
<tr><td colspan="2">埋弧焊</td><td>生产效率高，焊接质量好，节省焊接材料和电能，焊接变形小，改善了劳动条件</td></tr>
<tr><td rowspan="2">气体保护电弧焊</td><td>氩弧焊</td><td>焊接质量好，热影响区窄，焊接变形小，易实现机械化、自动化。氩弧焊主要用于焊接不锈钢、铝、镁、钛等有色金属和锅炉、压力容器中的重要部件</td></tr>
<tr><td>CO_2 气体保护电弧焊</td><td>CO_2 气体保护电弧焊主要用于变形较大的薄板及低碳钢和低合金钢的焊接</td></tr>
</table>

表 1-1(续)

常用的熔焊方法	特点与应用范围
电渣焊	工艺方法简单,适用于大断面和变断面工件的焊接,但焊后热影响区较大,对重要的焊件要进行焊后热处理
气焊	设备简单,不需要电源,操作方便,但生产效率较低,焊件变形大,适用于焊接较薄的焊件

焊缝按不同分类方法可分为下列几种形式:

(1)按焊缝空间位置分,可分为平焊缝、立焊缝、横焊缝及仰焊缝四种形式,如图 1-1 所示。

(2)按焊缝结合形式分,可分为对接焊缝、角接焊缝两种,如图 1-2 所示。

(3)按焊缝断续情况分,可分为连续焊缝和断续焊缝两种。断续焊缝又分为交错式和并列式两种,如图 1-3 所示。

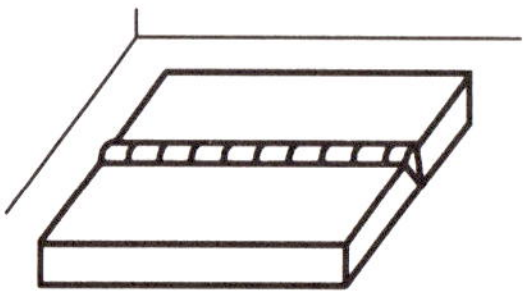

(a)平焊缝

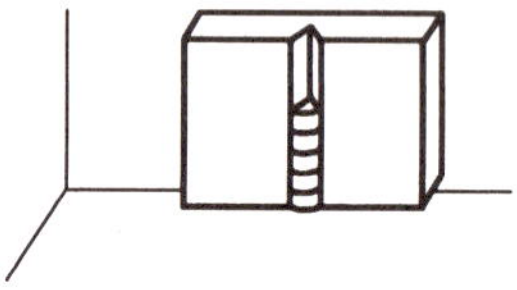

(b)立焊缝

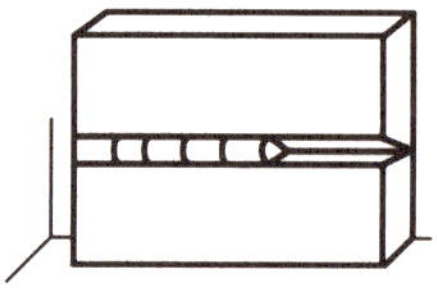

(c)横焊缝

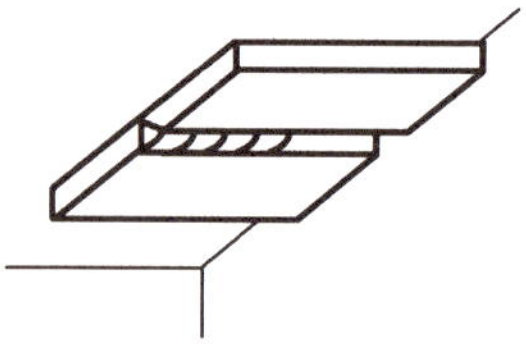

(d)仰焊缝

图 1-1　各种空间位置的焊缝

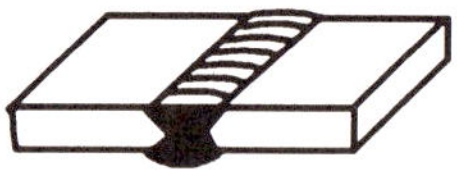

(a)对接焊缝

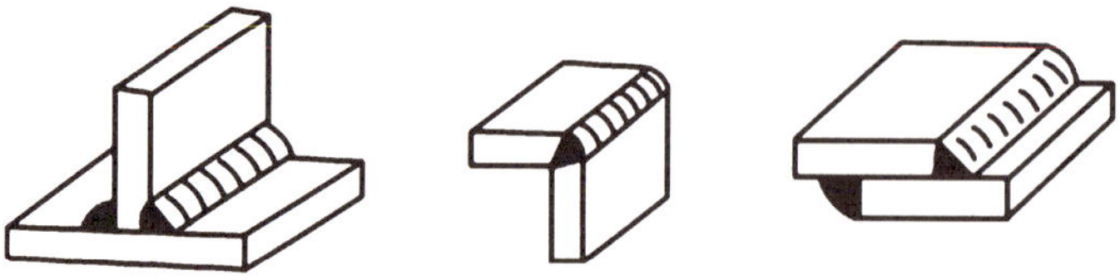

(b)角接焊缝

图 1-2　各种结合形式的焊缝

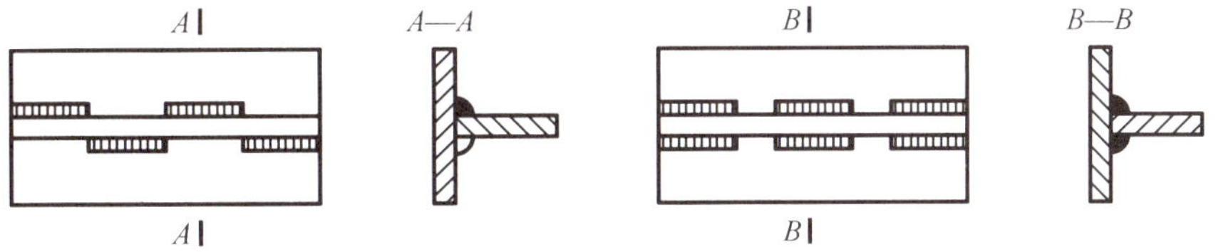

(a)交错式　　(b)并列式

图 1-3　断续焊缝

任务二　认识常用焊接设备

1. 焊接设备的种类及特点

常用的焊条电弧焊设备有弧焊变压器、弧焊发电机、弧焊整流器三类，如图 1-4 所示。

弧焊变压器具有结构简单、经济耐用、维修简便等特点。弧焊发电机具有焊接电弧稳定、焊接操作性能（引弧再引弧容易等）较好等特点。弧焊整流器除具有弧焊发电机的特点外，还具有噪声小、空载耗电少、维护容易等特点。

(a)弧焊变压器　(b)弧焊发电机　(c)弧焊整流器

图 1-4　常用的焊条电弧焊设备

2. 焊机铭牌

焊机铭牌要根据国家标准的规定格式，独立组成，如图 1-5 所示，并牢固地安装在焊机的明显位置上。其上共有 20 个项目，划分成上、中、下三部分。

3. 焊接回路

焊接电源向工件输出焊接的导电回路称为焊接回路。

焊接回路中的电弧电压可用电压表测量，焊接电流可用电流表测量，电流表应串联在焊接回路中，电压表应与焊接回路并联，如图 1-6 所示。

4. 焊接的启动及停止

弧焊变压器启动前，要注意焊钳与焊件不得接触，以防止短路。在合闸启动时面部切勿正对开关，以防意外事故。弧焊整流器启动时应同时启动焊机内的冷却风扇。

当焊接工作结束或临时离开工作场地时，必须及时切断电源。

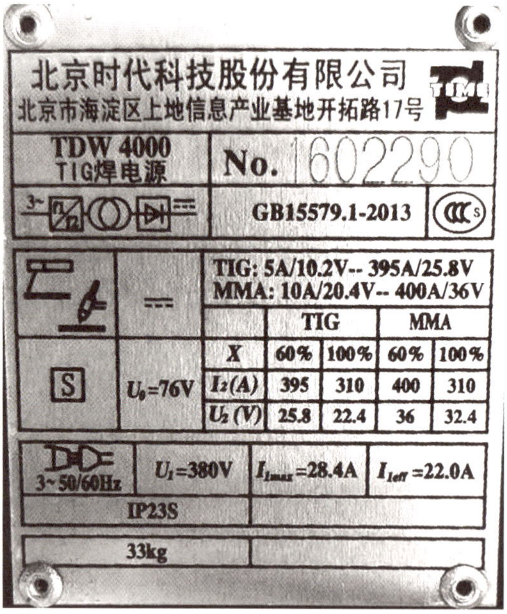

图 1-5 焊机铭牌

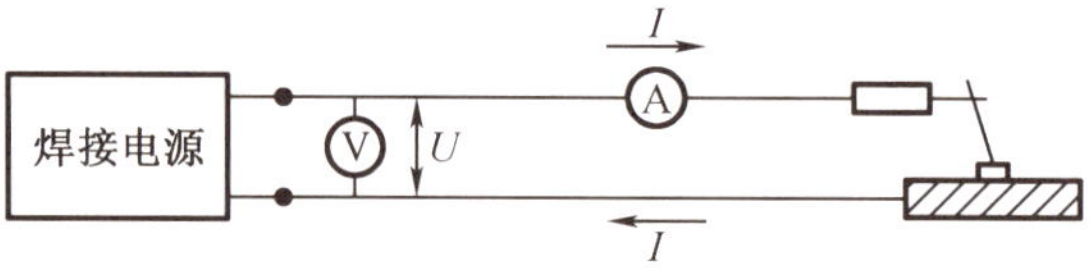

图 1-6 焊接回路中电压表、电流表的连接

5. 焊机的使用规则

正确使用焊机是延长焊机寿命，保证正常工作和焊接质量的重要前提。其使用规则是：

(1) 严格按照焊机铭牌上标明的技术参数使用焊机，不得超载使用。

(2) 焊机工作时，不允许有长时间短路。特别注意，在没有切断电流又不进行焊接的情况下，要防止焊钳与工件接触，以免造成短路现象。

(3) 工作中要注意检查焊机温度是否正常。如果焊机过热（$t>60$ ℃），则应等焊机温度降低后，再进行焊接；而当运转不久即发生过热现象时，应立即停车，检查维修。

(4) 焊机应放置在干燥通风的地方使用，加强焊机的维护保养。

(5) 使用前，应检查焊机各处的接线是否正确，导线各接头是否牢固可靠，外壳是否有可靠的接地，闸箱的保险丝或熔片是否完好，焊机内部是否有异物，一切正常后，方可合闸使用。

任务三　学习焊接实训安全操作规程

(1)电焊作业人员必须持有《中华人民共和国特种作业操作证》上岗作业。

(2)电焊作业人员必须佩带符合国家或行业标准的劳动防护用品方可焊割作业。

(3)实施作业前,认真检查焊机和线路的安全技术状况,发现问题应立即整改,必须做好焊接的所有准备工作后方可作业。

(4)电焊机外壳必须接地良好,其电源的装拆应由电工进行。

(5)电焊机要设单独的开关,开关应放在防雨的闸箱内,拉合时应戴手套侧向操作。

(6)焊钳与把线必须绝缘良好,连接牢固,更换焊条应戴手套,在潮湿地点工作时,应站在绝缘胶板或木板上。

(7)严禁在带电和带压力的容器上或管道上施焊,焊接带电的设备必须先切断电源。

(8)焊接贮存过易燃、易爆、有毒物品的容器或管道时,必须清洗干净,并将所有孔口打开。

(9)在密闭金属容器内施焊时,容器必须可靠接地,通风良好,并应有人监护,严禁向容器内输入氧气。

(10)焊接预热工件时,应有石棉布或挡板等隔热措施。

(11)把线、地线禁止与钢丝绳接触,更不得用钢丝绳索或机电设备代替零线,所有地线接头必须连接牢固。

(12)更换场地移动把线时,应切断电源并不得手持把线爬梯登高。

(13)清除焊渣或采用电弧气刨清根时,应戴好防护眼镜或面罩,防止铁渣飞溅伤人。

(14)多台焊机在一起集中施焊时,焊接平台或焊件必须接地,并应有隔光板。

(15)钍钨板要放置在密闭铅盒内,磨削钍钨板时,必须戴手套、口罩,并将粉尘及时排除。

(16)CO_2 预热器的外壳应绝缘,端电压不大于 36 V。

(17)雷雨天时应停止露天焊接作业。

(18)施焊场地周围应清除易燃易爆物品,或进行覆盖、隔离。

(19)必须在易燃易爆气体或液体扩散区施焊时,应经有关部门检视许可后,方可施焊。

(20)工作结束应切断焊机电源,并检查工作地点,确认无起火危险后,方可离开。

(21)遵章守纪,不准酒后上班、疲劳上班,不离岗脱岗,不打闹、嬉戏,不违章作业,拒绝任何违章指挥作业。非电焊工作人员不得从事焊工作业。

项目二
焊接虚拟仿真设备认知

项目描述

在焊接培训领域,虚拟现实技术的应用逐步发展。近年来,随着电子信息技术、计算机科学技术的发展,虚拟现实技术在焊接培训领域的应用引起了人们的重视,国内外都展开了对焊接操作模拟系统的研究和研发。将传统的焊接技术与虚拟仿真技术相结合进行技能训练是目前技能培训的重要趋势。

知识目标

掌握虚拟仿真设备的构成特点,了解虚拟仿真设备的常用功能。

任务一　焊接虚拟仿真设备的特点

焊接成形是现代工业高质量、高效率制造技术中一种不可缺少的加工工艺,广泛应用于各种生产场合。调研发现,在汽车、锅炉、造船等制造业中,普遍缺乏专业焊工或现有焊工的技术满足不了生产发展和技术创新的新需求。正确运用和掌握焊接操作技能比其他加工过程要难,因而培养一名熟练掌握高超操作技能的焊工难度就更大,因此焊工培训工作尤为重要。

过去,全国数以万计的焊接专业及培训机构大多采用传统的培训模式。在该种培训模式下,实际操作训练时,一般都需要长时间的反复实践,才能掌握操作基本要领。传统的焊接培训模式,不仅要消耗大量的材料,培训成本高,而且会因培训作业时有毒有害气体、烟尘、噪声、化学污染有害物质的产生,对学员的身体造成一定的危害。焊接虚拟仿真设备的出现,成功解决了这一难题。

虚拟现实技术在焊接操作训练系统中的应用可以归纳为虚拟焊接环境、信息采集与传输、数据分析与处理等几个方面。

新的虚拟现实焊接训练模拟器采用更先进的模拟焊接技术,可以用于手工焊(manual metal arc welding,MMA)、熔化极气体保护焊(metal inert gas/metal active gas,MIG/MAG)、非熔化极气体保护焊(tungsten inert gas welding,TIG)的培训,可以模拟并监控各种焊接工艺参数(弧长、电流电压、焊速、倾角等),以及各种焊接空间状态。

焊接模拟器具备焊条电弧焊模拟训练系统、CO_2 气体保护焊模拟训练系统、氩弧焊模拟训练系统。这些系统能让学员在高度仿真的环境下进行焊接技能的高效训练,感受到真实的焊接过程;可以有效地和周围真实的环境进行互动,让学员处于高度逼真的环境中,促使学员完全投入到当前的任务中。

有经验的学员可以在系统提供的训练平台通过视觉、听觉和触觉来操作完成一个好的虚拟焊缝。系统还可以精确地测量到操作信息,学员可以从中学到要点并能将这些焊接技能转化到实际的焊接工作中。

任务二　焊接虚拟仿真设备功能介绍

1. 安全环保

设备无强电磁污染,无化学污染,对人无强光高温伤害,整个培训过程绿色环保。

2. 多枪一体

虚拟仿真设备标配三种实物焊枪,模拟 CO_2 气体保护焊、手工焊条焊、氩弧焊。

3. 一机多练,单台双工位训练

单台双工位版模拟训练虚拟仿真机采用两工位操作共用一台采集主机,同时进行数据采集,提供两个工位的同时训练,大大提高了模拟机的使用效率(图 1-6)。

图 1-6　单台双工位版模拟训练虚拟仿真机

4. 触碰力反馈

所有的实物焊件能提供真实的触碰力反馈效果,配合系统精准的空间定位技术让学员感受到真实的物理空间与虚拟训练空间一致的触碰感及反馈感。

5. 操作零延时

虚拟仿真采用先进的传感器及显示设备,让学员在虚拟空间中的操作零延时响应,实现“精准快速”“指哪焊哪”的操作感，学员使用焊枪操作无丝毫滞后感，仿真度极大提高。

6. 3D 立体视觉焊接模拟

使用3D立体视觉进行焊接模拟训练，与现实中人用双眼来进行空间位置的识别一样，学员通过立体头盔显示的立体画面可以直观地识别到枪与焊件的空间距离，这种立体视觉训练符合人类视觉定位的传统经验，极大地提高了训练真实度。

7. “手把手”引导学习模式

学员在进行焊接训练前可以选择“手把手”的引导学习模式，在虚拟的焊接场景中可以看到系统提供的虚拟“引导焊枪”，学员只需跟随“引导焊枪”进行焊接操作，就好像有老师对其“手把手”进行引导焊接手法训练。

8. 3D 焊接录像可分享及学习

老师与学员的焊接录像可通过网络分享给其他任意学员进行回看，同时优秀的焊接录像还可下载导入模拟机中进行实时对比焊接学习及训练。

9. 实时辅助显示

学员进行焊接训练时，系统会提供实时的焊接数据的图形化提示，如弧长、行走速度、行走角度等，相当于教师对学员一对一专注培训。学员根据这些数据化提示能及时纠正运弧时的手部动作，以达到最高的教学效益。

10. 降低培训成本

使用模拟训练机训练节省场地，无任何焊件焊材的消耗，大大节省教室清洁成本；同时一位培训教师可以同时管理多台模拟训练机，节省了培训投入成本，并且系统能动态地显示出节省的成本值。

11. 多焊件、多位置焊接

模拟训练机提供4种实物焊件(平板练习板、对接坡口板、T型板、圆管)进行训练，并支持多种焊接位置训练，如平焊、立焊、横焊、仰焊。

12. 教师端远程设备控制

教师端可以远程管理任意训练机，如动态分配任务、发布系统公告、设定考试时间段并布置考试、设备禁用、用户注册和用户踢出等控制功能。

13. 焊接知识实时查阅

在模拟训练机上，学员可以随时查阅与本次焊接相关的焊接知识的文档资料，教师可以配合理论课程的需要在后台动态地更新、上传、删除这些文档资料。

14. 动态设定任务、分级培训学员

教师管理端下达任务时，可以通过设定不同任务参数，对任务进行难易程度的划分，从而实现从易到难分级培训学员。

15. 效果可评估

培训及考试结果可直接传送至数据库，系统进行统计评估并记录打印。教师可以对学员整个焊接培训过程进行追踪评定，并可随时调档查看历史焊接数据及回放焊接录像。

项目三

焊条电弧焊操作技能

项目描述

焊条电弧焊是指用手工操纵焊条进行焊接的电弧焊方法,是各种电弧焊方法中发展最早、目前仍然广泛使用的一种焊接方法。通过虚实结合方法训练焊条电弧焊操作技能是目前广泛使用的技能培训方法。

知识目标

掌握焊条电弧焊的基本原理、焊接材料构成、焊接设备构成;掌握焊条电弧焊实操技能;掌握焊接虚拟仿真设备焊条电弧焊技能训练。

任务一　焊条电弧焊的基础知识

焊条电弧焊时,焊接电源输出端的两根电缆分别与焊条、工件连接,组成了包括电源、焊接电缆、焊把(焊钳)、地线夹头、工件和焊条在内的闭合回路,即焊接回路。如图 3-1 所示。

1. 焊条电弧焊的焊接过程

焊条电弧焊的焊接过程是从电弧引燃时开始的。电弧将焊条端部和电弧下面的工件表面熔化,在焊件上形成具有一定几何形状的液体金属,该部分叫作熔池。不断熔化的焊条以滴状通过电弧过渡到熔池中,与熔化的工件互相熔合,冷却凝固后即形成焊接接头。焊接接头由焊缝、熔合区和热影响区组成,如图 3-2 所示。

2. 焊条电弧焊的特点

(1)设备简单、维护方便。焊条电弧焊可用交流电焊机或直流电焊机进行焊接,装卸设备都比较简单,投资少,而且维护方便。

(2)操作灵活。在空间任意位置的焊缝,凡是焊条能够达到的地方均能够进行焊接。

(3)应用范围广。选用合适的焊条不仅可以焊接低碳钢、低合金钢、高合金钢、有色金属等同种金属,而且可以焊接异种金属。同时还可以在普通碳素钢上堆焊具有耐磨、耐腐蚀等特殊性能的材料,在造船、锅炉及压力容器、机械制造、矿山机械、化工设备等方面得到广泛应用。

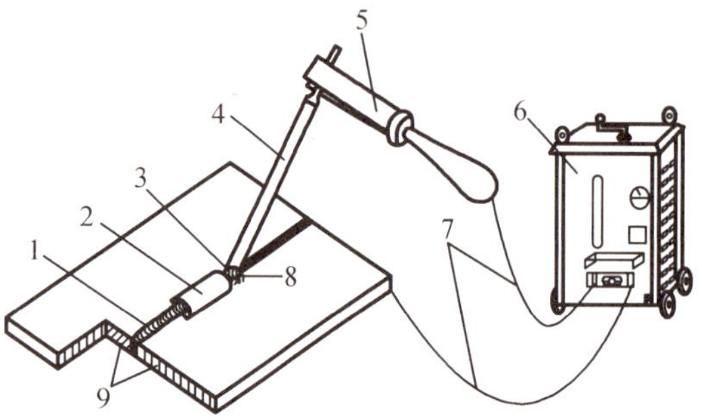

1—焊缝;2—渣壳;3—电弧;4—焊条;5—焊钳;
6—焊机;7—电缆;8—熔池;9—焊件。

图 3-1 焊条电弧焊示意图

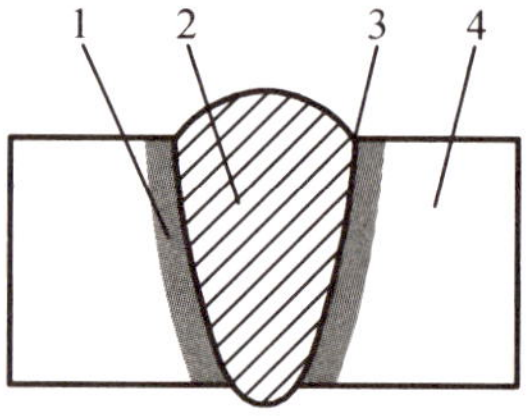

1—热影响区;2—焊缝;3—熔合区;4—母材。

图 3-2 焊接接头

(4)工艺使用性强。对不同种类焊条及不同厚度的钢材,可以选择不同工艺进行焊接。

(5)对焊工要求高。焊条电弧焊的焊接质量除了靠选择合适的焊条、焊接参数及焊接设备保障外,还要靠焊工的操作技术和经验来保证。在相同的工艺条件下,一名操作技术高、经验丰富的焊工能焊出外形美观、质量优良的焊缝;而一名操作技术低、没有经验的焊工焊出的焊缝可能不合格。

(6)劳动条件差。焊条电弧焊主要依靠焊工的手工操作控制焊接的全过程,所以在整个焊接过程中,焊工处在手脑并用、精力高度集中的状态,而且受到高温烘烤,在有害的烟尘环境中工作,过多吸入这些气体对焊工健康不利,因此必须加强劳动保护。

(7)生产效率低。焊条电弧焊是手工劳动,辅助时间较多,如更换焊条、清理熔渣、打磨焊缝等,焊材利用率不高,熔敷率较低,难以实现机械化和自动化,所以生产效率较低。

3. 焊条

焊条是电焊条的简称,由药皮和焊芯两部分组成。它实际就是涂有药皮的供手弧焊用的熔化电极。

(1)焊芯是指焊条中被药皮包覆的金属芯。其作用有二:一是作为电极,传导电流,产生电弧;二是熔化后作为填充金属,与熔化的母材一起组成焊缝金属。

焊芯的牌号用“H”开头,即“焊”字汉语拼音的第一个字母;其后的牌号表示方法与钢号表示方法相同。例如:H08MnA 表示高级优质、主要合金元素为 Mn、含碳量为 0.08%的焊接用钢丝。

手弧焊时,焊芯金属占整个焊缝金属的 50%~70%。焊芯的化学成分将直接影响焊缝质量。

(2)焊条按用途可分为九大类:结构钢焊条、耐热钢焊条、不锈钢焊条、堆焊焊条、铸铁焊条、镍及镍合金焊条、铜及铜合金焊条、铝和铝合金焊条、特殊用途焊条,其中应用最广的是结构钢焊条。

焊条按药皮性质可分为酸性焊条和碱性焊条两大类。药皮中含有多量酸性氧化物(如 SiO_2、TiO_2、Fe_2O_3)的焊条,称为酸性焊条;药皮中含有多量碱性氧化物(如 CaO、FeO、MnO、

Na_2O、MgO)的焊条,称为碱性焊条。

GB/T 5117—2020 规定了碳钢焊条的型号,以字母“E”开头,后加上四位数字表示。如 E 4303 的含义如下:

字母“E”表示焊条;

前两位数字“43”表示焊缝金属的抗拉强度不小于 420 MPa;

第三位数字“0”表示全位置焊接;

第四位数字“3”表示氧化钛钙型药皮和交、直流两用。

焊条牌号是以各类焊条的相应汉字(或汉字拼音的首字母)加上三位数字表示的,如结 507(或 J507)的含义如下:

汉字“结”(或 J)表示结构钢焊条;

前两位数字“50”表示焊缝金属抗拉强度不小于 500 MPa;

第三位数字“7”表示药皮类型是低氧钠型,只适用于直流焊接。

任务二　焊条电弧焊操作技能

掌握手工电弧焊平、立等位置的对接和角接实操技能。

一、平敷焊的焊接技术

要点:包括引弧、运条、焊道连接、收尾等操作技能。

实操训练一　平敷焊的焊前准备

(一)焊机、焊条、焊件和辅助工具

焊前,焊工必须穿戴好劳动防护用品,包括工作帽、工作服、护脚和焊工手套;选用合适的护目玻璃色号;牢记焊工操作时应遵循的安全操作规程,在作业中贯彻始终。

1. 焊机

焊机由电工接好电源线和接地线,并用测电笔测量机壳的带电情况,然后由焊工本人接好焊机的输出焊接电缆线。连接焊件的电缆线可固定在一块方钢上,如图 3-3 所示,便于使用中移动。

2. 焊条

酸、碱性焊条具有不同的焊接工艺性能,焊工都应掌握。本作业选用 E4303(酸性焊条)和 E5015(碱性焊条)两种型号的焊条,直径为 2.5~5 mm。焊条使用前应放在焊条烘箱内按规定的温度和时间进行烘干。在正式焊接前,应对焊条进行现场检验,检验合格后即

可进行试焊。

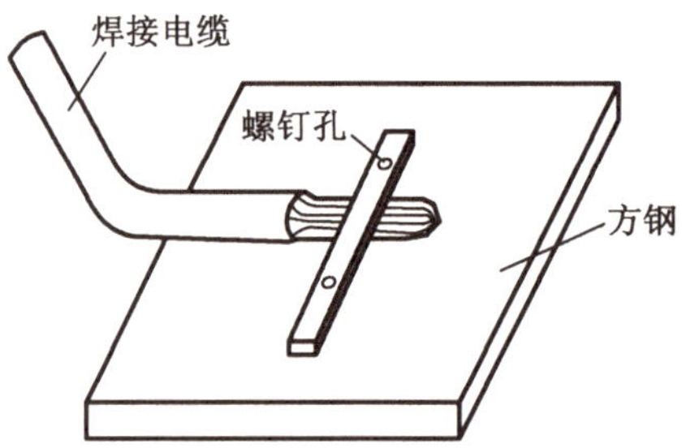

图 3-3　固定焊接电缆的方钢

3. 焊件

本作业采用 Q235A 低碳钢板，厚 6～8 mm，长×宽为 300 mm×150 mm。钢板表面用角向磨光机打磨至露出金属光泽，再用划针在钢板表面每间隔 30 mm 划一条直线，并打上样冲眼作为标记。

4. 辅助工具和量具的准备

焊工操作作业区附近应备好錾子、清渣锤、焊缝万能量规、钢丝刷等辅助工具和量具。

（二）选择焊接工艺参数

焊接时，为了保证焊接质量而选定的诸物理量（如焊接电流、电弧电压、焊接速度等）的总称，叫作焊接工艺参数。

焊条电弧焊主要的焊接工艺参数是焊条直径、焊接电流、电弧电压和焊接速度。焊接时，焊接工艺参数可以有一定范围的波动，正确选择适当的焊接工艺参数是保证焊缝质量的重要措施。

1. 焊条直径

采用平敷焊时，焊条直径取决于焊接厚度，见表 3-1，即焊件越厚，选择的焊条直径越大。但是，在操作培训时，可以用较细的焊条在较厚钢板上进行平敷焊。

表 3-1　焊条直径与焊件厚度的关系　　单位：mm

焊件厚度	3	4～5	6～8	>8
焊条直径	2.5	3.2	4～5	5

2. 焊接电流

焊接电流是最重要的焊接工艺参数。焊接电流过小，会造成电弧燃烧不稳定，产生夹渣；焊接电流过大，会使焊条发热、药皮发红脱落，焊缝产生咬边，甚至将焊件烧穿。采用平敷焊时，焊接电流值取决于焊条直径，见表 3-2。

表 3-2　焊接电流与焊条直径(低碳钢)的关系

焊条直径/mm	2.5	3.2	4.0	5.0
焊接电流/A	60～80	100～130	160～210	200～270

3. 电弧电压

采用弧焊时,电弧电压值主要取决于电弧长度。电弧长,则电压高;电弧短,则电压低。弧长增加时,电弧飘动不稳,飞溅大,保护效果差,恶化焊缝表面的成形,特别是采用 E5015 焊条焊接时,还容易在焊缝中产生气孔,所以应采用短弧焊。焊条电弧焊由于是手工操作,弧长难以稳定,所以电弧电压并不是焊前所能选定的一个焊接工艺参数。

4. 焊接速度

焊接速度是指单位时间内完成的焊缝长度。对于焊条电弧焊来说,即焊条向前移动的速度,它直接影响焊缝的几何尺寸。焊接速度慢,焊成的焊道宽而高;反之,焊接速度快,焊成的焊道窄而低。采用焊条电弧焊焊接时,焊接速度取决于焊工的操作,所以也不是焊前所能选定的一个焊接工艺参数。据实测,焊条电弧焊合适的焊接速度为 140～160 mm/min。

因此,焊工在进行平敷焊练习时,应根据所选用的焊件厚度,选择对应直径的焊条,再根据焊条的直径选择相应的焊接电流,而电弧电压和焊接速度则无法预先进行准确的选择,应在练习过程中摸索掌握其合适的值。

实操训练二　平敷焊的操作技术

(一)平敷焊的操作特点

操作时,焊工左手持面罩,右手拿焊钳,焊钳上夹持焊条,如图 3-4 所示,各种焊接姿势如图 3-5 所示。在焊条与焊件间产生电弧后利用电弧的高温熔化焊条金属和母材金属,熔化的两部分金属熔合在一起成为熔池。焊条移动后,熔池冷却成为焊缝,通过焊缝将两块分离的母材牢固结合在一起,实现焊接。

图 3-4　焊条电弧焊操作图

图 3-5　焊条电弧焊的各种焊接姿势

平敷焊是将焊件置于水平位置，在焊件上堆敷焊道的操作方法，这是焊条电弧焊的一种最基本的训练方法。通过练习，焊工应该熟练地掌握焊条电弧焊操作中各种基本动作和选择相应的焊接工艺参数，熟悉常用焊机及辅助工具的使用方法，为以后的各种焊条电弧焊操作技能培训打下坚实的基础。

（二）引弧

采用焊条电弧焊焊接时，引燃焊接电弧的过程，叫作引弧。引弧时，首先把焊条端部与焊件轻轻接触，然后很快将焊条提起，这时电弧就在焊条末端与焊件之间建立起来。

常用的引弧方法有划擦引弧法和直击引弧法两种，如图 3-6 所示。（全书图中数值无特殊标注的，单位均为 mm）

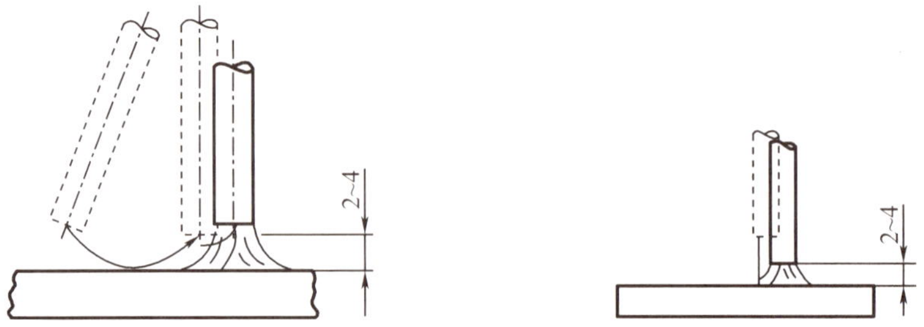

(a) 划擦引弧法　　(b) 直击引弧法

图 3-6　引弧方法

划擦引弧法是先将焊条末端对准焊件，然后像划火柴似的将焊条在焊件表面轻轻划擦一下，引燃电弧，再迅速将焊条提升到使弧长保持 2～4 mm 高度的位置，并使之稳定燃烧。这种引弧方式的优点是电弧容易引燃，操作简便，引弧效率高；缺点是容易损坏焊件的表面，造成焊件表面划伤的痕迹，在焊接正式产品时应该少用。

直击引弧法是将焊条末端垂直地在焊件起焊处轻微碰击，然后迅速将焊条提起，电弧引燃后，立即使焊条末端与焊件保持 2～4 mm，使电弧稳定燃烧。这种引弧方法的优点是不会使焊件表面造成划伤缺陷，又不受焊件表面的大小及焊件形状的限制，所以是正式生产时采用的主要引弧方法；缺点是引弧成功率低，焊条与焊件往往要碰击几次才能引燃电弧并使其稳定燃烧，操作不易掌握。

（三）运条

运条是整个焊接过程中最重要的环节，它直接影响到焊缝的外表成形，是衡量焊工操作技术水平的重要标志之一。运条的基本方法有直线形、直线往返形、锯齿形、月牙形、三角形和圆圈形等，如图 3-7 所示。

运条分三个基本动作：沿焊条中心向熔池方向送进、沿焊接方向移动和横向摆动。沿焊条中心向熔池方向送进的目的是随着焊条的熔化来维持弧长不变。焊条下送速度应与焊条的熔化速度相适应。如果下送速度太慢，会使电弧逐渐拉长，直到断弧；如果下送速度太快，会使电弧逐渐缩短，直至焊条与熔池发生接触短路，同样导致电弧熄灭。焊条沿焊接方向移动，随着焊条的不断熔化，逐渐形成一条焊道。若焊条移动速度太慢，则焊道会过高、过宽,外形不整齐,在焊接薄板时会产生烧穿现象;若焊条的移动速度太快,则焊条和焊件会熔化不均,焊道较窄。焊条移动时,应与前进方向成 70°~80°的夹角,以使熔化金属和熔渣推向后方;如果熔渣流向电弧的前方,则会造成夹渣等缺陷。焊条的横向摆动是根据焊缝宽度大小使用,当焊缝过宽时,需要做适当地横向摆动覆盖整个熔池。

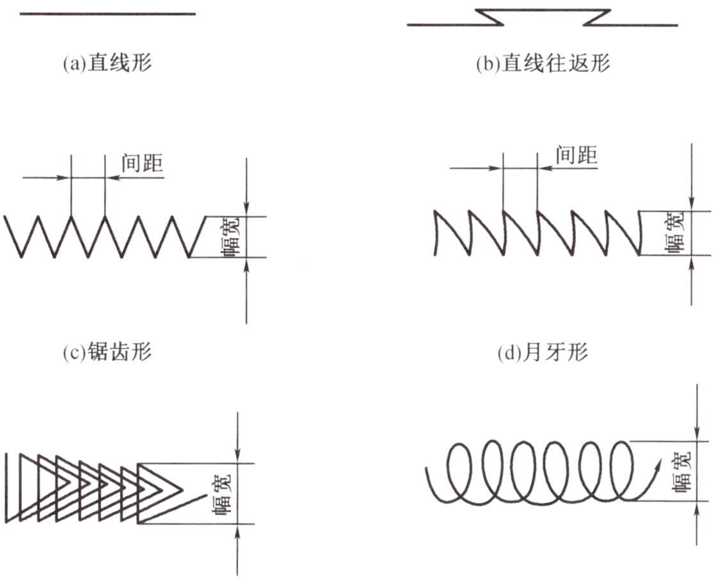

图 3-7　基本运条方法

运条的这三个基本动作不能机械地分开,而应融合在一起,才能焊出外形美观的焊缝。

(四)焊道的连接

焊接长焊道时,由于受焊条长度的限制,一根焊条不能焊完整条焊道。为了保证焊道的连续性,要求每根焊条所焊的焊道相连接,此连接处就称为焊道的接头。

由于接头处往往会产生夹渣、气孔等缺陷,因此接头的质量对于整个焊道来说,显得非常重要,也是焊工练习的重点。

焊道的连接有四种方式,如图 3-8 所示。

第一种连接方式用得最多。连接的方法是在先焊焊道焊尾前面约 10 mm 处引弧,弧长比正常焊接稍长些,然后将电弧移到原弧坑的 2/3 处,填满弧坑后,即可进入正常焊接,图 3-9 所示为从先焊焊道末尾处接头的方法。如果电弧后移太多,则可能造成接头过高;后移太少,将造成接头脱节,弧坑填不满。

第二种连接方式要求先焊焊道的起头处略低些,连接时在先焊焊道的起头略前处引弧,并稍微拉长电弧,将电弧引向先焊焊道的起头处,并覆盖其端头,待起头处焊道焊平后向先焊焊道相反的方向移动,图 3-10 所示为从先焊焊道端头处接头的方法。

第三种连接方式是后焊焊道从接头的另一端引弧,焊到前焊道的结尾处,焊接速度略慢些,以填满焊道的焊坑,然后以较快的焊接速度再略向前,熄弧,图 3-11 所示为焊道接头的熄弧。

第四种连接方式是后焊焊道结尾与先焊的焊道起头相连接,再利用结尾时的高温复熔化先焊焊道的起头处,将焊道焊平后快速结尾。

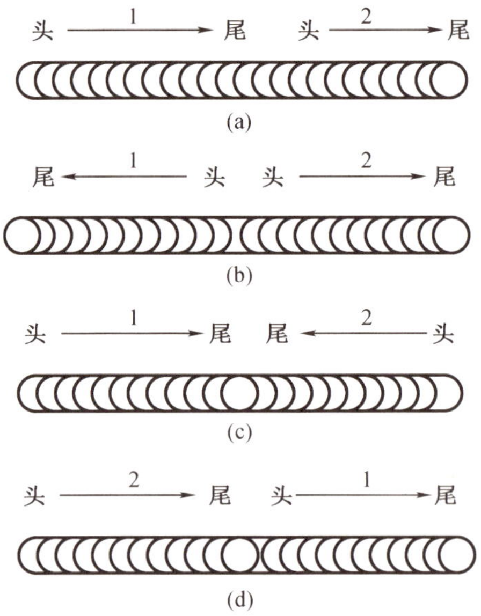

1—先焊焊道;2—后焊焊道。

图 3-8 焊道的连接方式

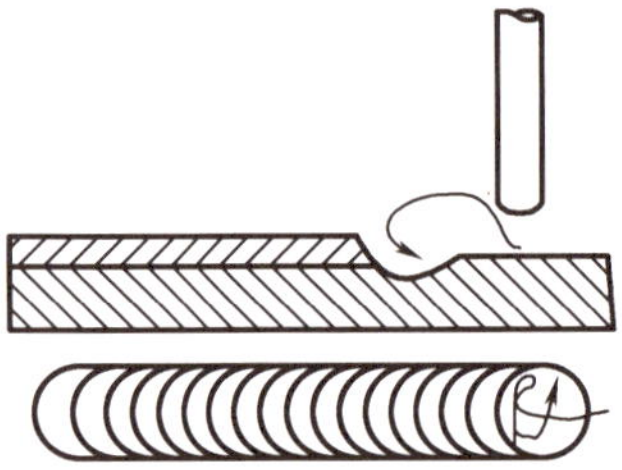

图 3-9 从先焊焊道末尾处接头的方法

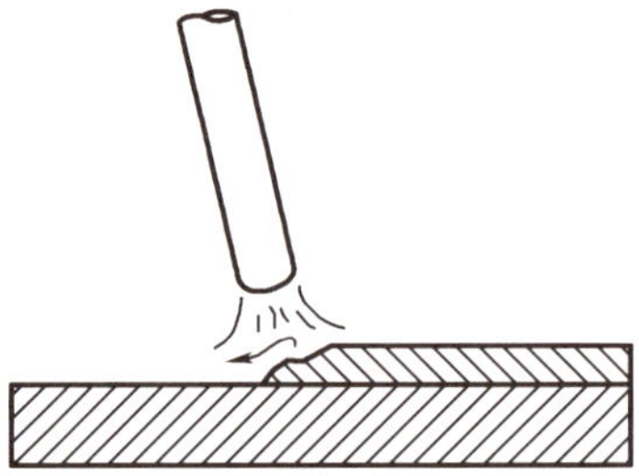

图 3-10 从先焊焊道端头处接头的方式

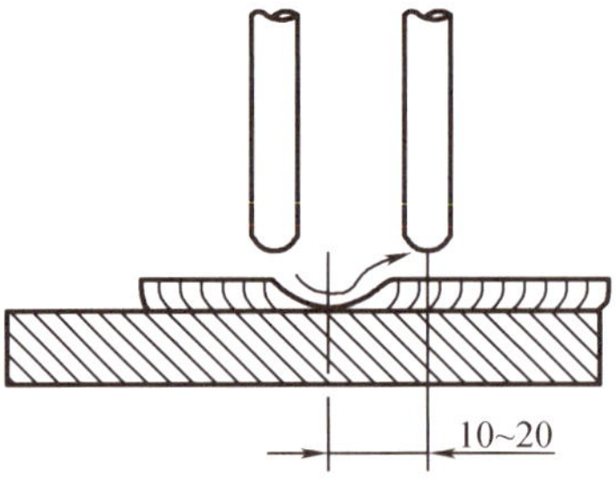

图 3-11 焊道接头的熄弧

(五)焊道的收尾

焊道的收尾是指一根焊条焊完后如何熄弧。焊接过程中由于电弧的吹力,熔池呈凹坑状,并且低于已凝固的焊道。因此,如果收尾时立即拉断电弧,则会产生一个低于焊道表面甚至低于焊件平面的弧坑，过深的弧坑要求焊道收尾动作不仅是熄弧，还要填满弧坑。

1. 划圈收尾法

焊条移至焊道终点时，利用手腕动作（臂不动）做圆圈运动，直到填满弧坑后再拉断电弧，如图 3-12 所示。此法适用于厚板焊接，用于薄板则有烧穿的危险。

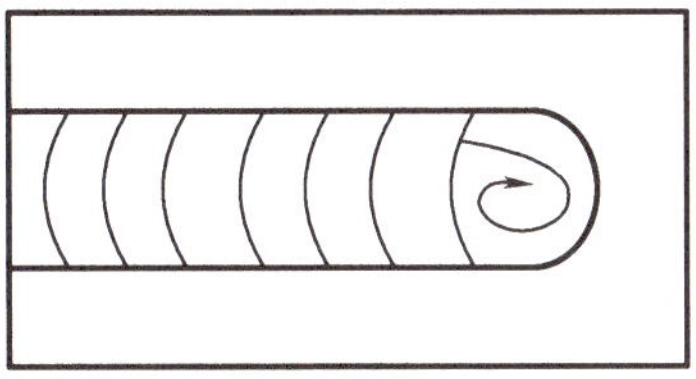

图 3-12　划圈收尾法

2. 反复断弧收尾法

焊条移至焊道终点时，在弧坑上需进行数次反复熄弧—引弧，直至填满弧坑为止，如图 3-13 所示。此法适用于薄板焊接。但碱性焊条不宜采用此法，因为容易在弧坑处产生气孔。

3. 回焊收尾法

焊条移至焊道收尾处即停止，但未熄弧，此时适当改变焊条角度，如图 3-14 所示，即焊条由位置 1 转到位置 2，待填满弧坑后再转到位置 3，然后慢慢拉断电弧。碱性焊条常用此法熄弧。

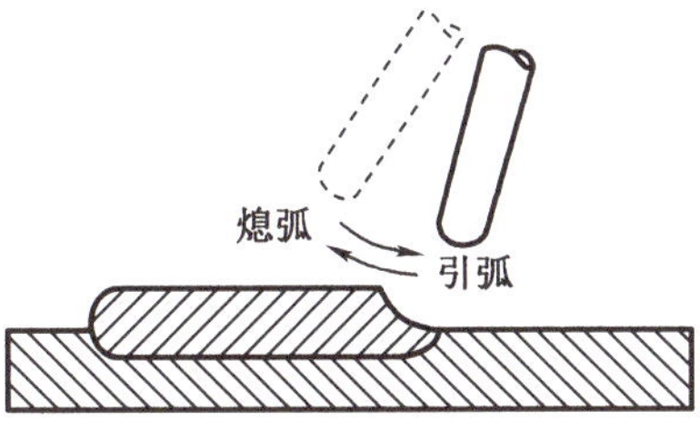

图 3-13　反复断弧收尾法

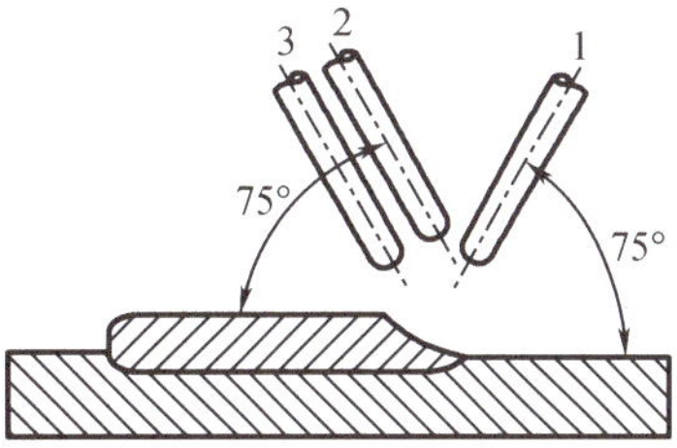

图 3-14　回焊收尾法

实操训练三　I 型坡口对接焊的操作技术

（一）焊接位置及其表示

熔焊时，焊件接触所处的空间位置，叫焊接位置。焊接位置可用焊缝倾角和焊缝转角来表示，如图 3-15 所示。

焊缝轴线与水平面之间的夹角，叫焊缝倾角（图 3-15（a））。

通过焊缝轴线的垂直面与坡口的 2 等分平面之间的夹角，叫焊缝转角（图 3-15（b））。

根据焊缝在空间所处的不同倾角和转角，焊接位置可分为平焊位置、立焊位置、横焊位置和仰焊位置四种。焊缝倾角为 0°～5°，焊缝转角为 0°～10°的焊接位置叫平焊位置。对接平焊是指在平焊位置对接接头的一种操作方法，即为 I 型坡口的对接焊，如图 3-16 所示。

(a) 焊缝倾角　　(b) 焊缝转角

图 3-15　焊接位置的表示

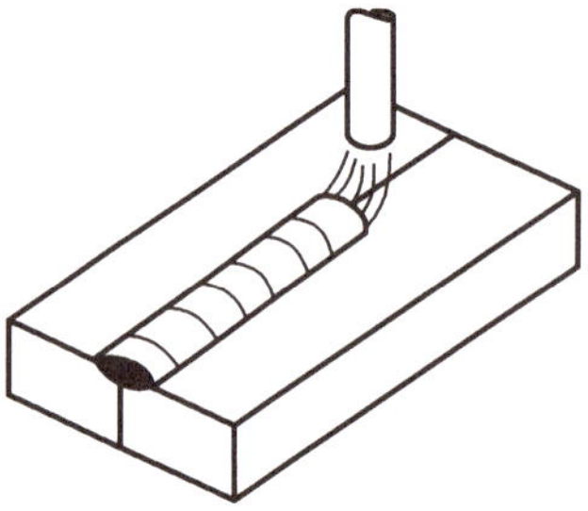

图 3-16　I 型坡口的对接焊

（二）焊前准备

（1）焊机。选用交、直流弧焊机各一台，参考型号分别为 BX3-350、ZX5-400。

（2）焊条。选用 E4303 和 E5015 两种型号的焊条，直径为 3.2~4 mm。焊条按规定要求进行烘干。

（3）焊件。采用 Q235-A 低碳钢板，厚度为 3~6 mm，钢板表面及对接面处用角向磨光机打磨至露出金属光泽。

（4）辅助工具和量具。包括角向磨光机、焊条保温桶、錾子、清渣锤、钢丝刷、焊缝万能量规等。

（三）装配及定位焊

不开坡口的对接接头分为无垫板和有垫板两种形式，如图 3-17 所示。

(a) 无垫板　　(b) 有垫板

图 3-17　不开坡口的对接接头

焊件装配时应保证两板对接处平齐，板厚时应留有一定的间隙，以保证能够焊透，间隙的大小取决于板厚，见表 3-3。

表 3-3　不开坡口对接接头的装配间隙

单位:mm

项目	无垫板		有垫板	
焊件厚度	3~3.5	3.5~6	3~4	4~6
装配间隙	0~1	2~2.5	0~2	2~3

焊件的装配间隙用定位焊缝来保证。定位焊缝是指焊前为装配和固定焊件接头的位置而焊接的短焊缝。定位焊缝的长度和间距与板厚有关,见表 3-4。

表 3-4　定位焊缝的长度与间距

单位:mm

焊件厚度	定位焊缝尺寸	
	长度	间距
3~4	5~10	50~100
4~6	10~15	100~150

(四)焊接操作

焊接方法与平敷焊相同。对于无垫板的对接接头,首先进行正面焊接,根据不同的板厚,选择对应的焊条直径和焊接电流,见表 3-5。当采用较小的装配间隙时,可采用较大的焊接电流;反之,采用较大的装配间隙时,必须采用较小的焊接电流,以避免将焊件烧穿。正面焊缝的熔透深度应达到板厚的 2/3,以保证焊件在厚度上全部焊透。如果达不到,可适当增加焊接电流或加大装配间隙。正面焊缝焊完后,将焊件翻转,继续焊接反面焊缝。此时应该将正面焊缝焊接时从间隙中透过来的熔渣清理干净。反面焊缝焊接时的焊接工艺参数见表 3-5。焊条与工件所成角度如图 3-18 所示。焊接结束后,焊缝外形尺寸的要求如图 3-19 所示。

表 3-5　I 型坡口对接接头的焊接工艺参数

焊件厚度 /mm	正面焊缝		反面焊缝	
	焊条直径/mm	焊件电流/A	焊条直径/mm	焊件电流/A
3	3.2	90~120	3.2	90~120
4	3.2	100~130	3.2	100~130
	4	140~160	4	150~170
5	4	160~180	4	160~190
6	4	180~200	4	200~210

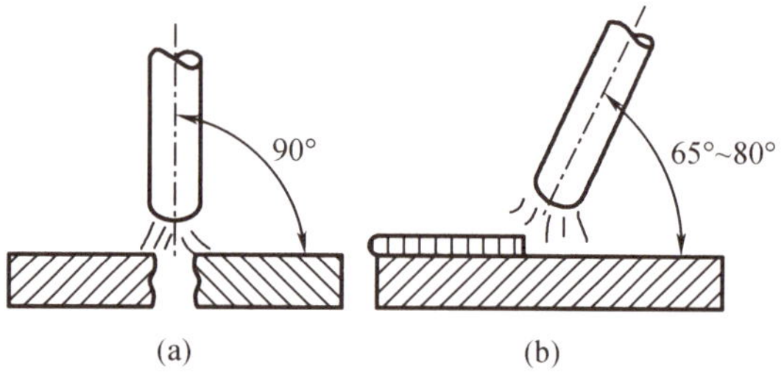

图 3-18 对接焊时焊条的倾角

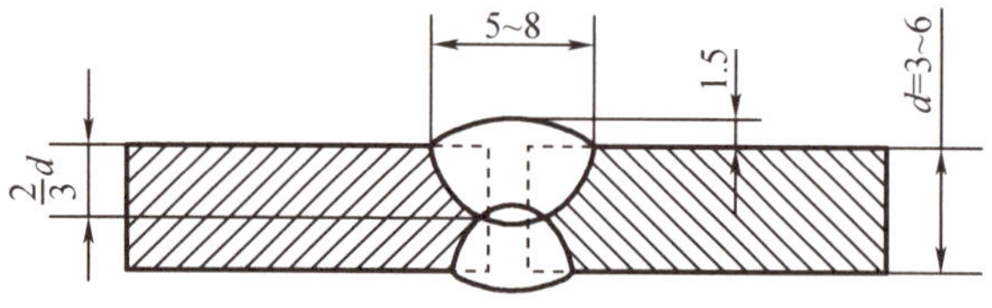

图 3-19 I 型坡口对接焊缝的外形尺寸

厚度为 3 mm 的薄板焊件或更薄的焊件，焊接时经常会发生烧穿的现象。此时将焊件一头垫起，使焊缝倾角成 5°~10°，从高往低进行下坡焊，如图 3-20 所示，这样可以提高焊速和减小熔深，防止烧穿，并且焊成的焊缝表面比较光滑平整。但是焊缝倾角也不能太大，否则焊接时熔渣会流向电弧前方，甚至铁水向下漫流，影响焊缝质量。

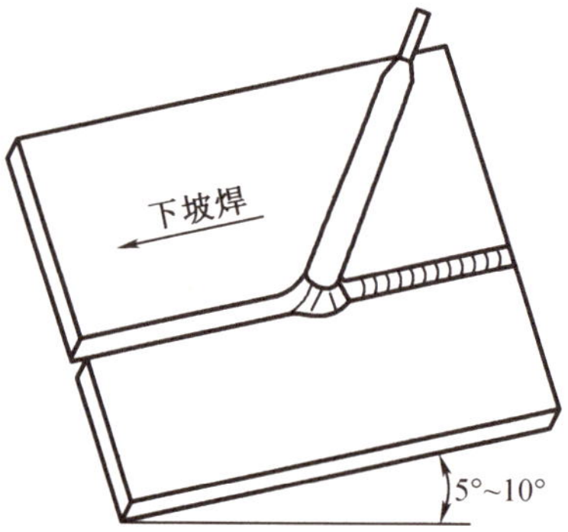

图 3-20 下坡焊操作示意图

二、角接焊操作技能

要点：包括 T 型接头、搭接接头、角接接头和管板接头的操作技能。

1. 角接焊的特点

焊接结构中，除了大量采用对接接头外，还广泛采用 T 型接头、搭接接头和角接接头等形式，如图 3-21 所示。

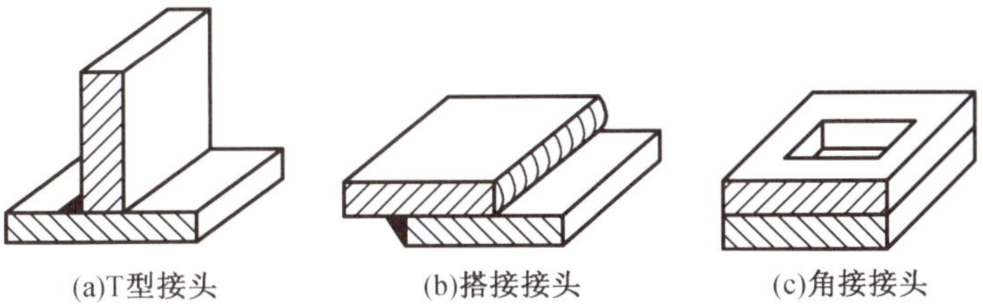

图 3-21　平角焊的接头形式

这些接头形成的焊缝叫角焊缝,角焊缝各部位的名称如图 3-22 所示。进行这些接头横焊位置角焊缝的焊接,叫横角焊。角接焊时除了要求焊接缺陷应在技术条件允许的范围之内外,还要求角焊缝的焊脚尺寸符合技术要求,以保证接头的强度。

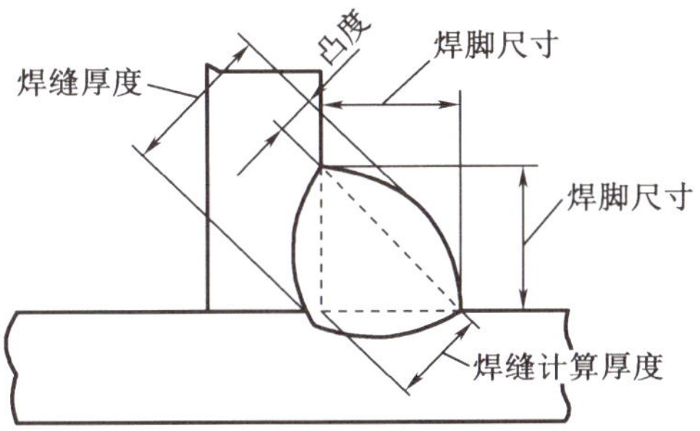

图 3-22　角焊缝各部位的名称

角焊缝按其截面形状可分为四种,如图 3-23 所示,应用最多的是截面为等腰直角形的角焊缝,焊工在培训过程中应力求焊出这种形状的角焊缝。

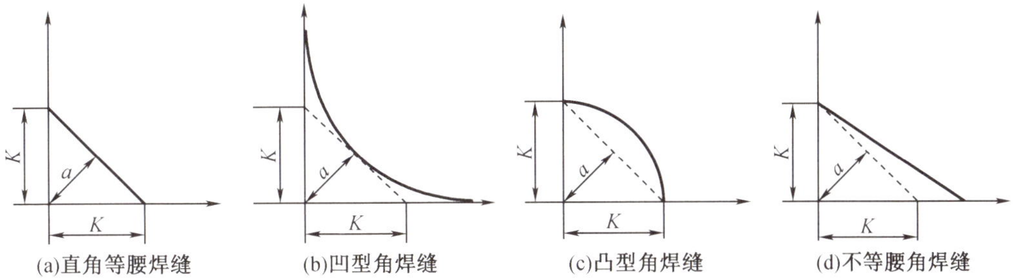

a—焊缝的有效厚度;K—焊脚尺寸。

图 3-23　角焊缝的截面形状

2. 焊前准备

(1)焊机。选用交、直流弧焊机各一台,参考型号分别为 BX3-350 和 ZX5-400。

(2)焊条。选用 E4303 和 E5015 两种型号的焊条,直径为 3.2~5.0 mm。

(3)焊件。采用 Q235-A 低碳钢板,厚为 8~20 mm,长×宽为 300 mm×100 mm。钢板对接处用角向磨光机打磨至露出金属光泽。

(4)辅助工具和量具。角向磨光机、焊条保温桶、角尺、錾子、钢丝刷、清渣锤和焊缝万能量规等。

3. 装配及定位焊

T 型接头的装配方法如图 3-24 所示。在立板与横板之间预留 1~2 mm 间隙,以增加熔透深度。装配时手拿 90°角尺,以检查立板的垂直度,然后用直径为 3.2 mm 的焊条进行定位焊。定位焊的位置如图 3-25 所示。

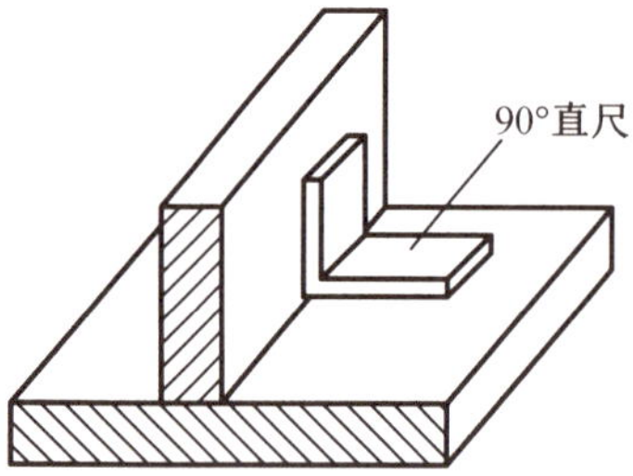

图 3-24　T 型接头的装配

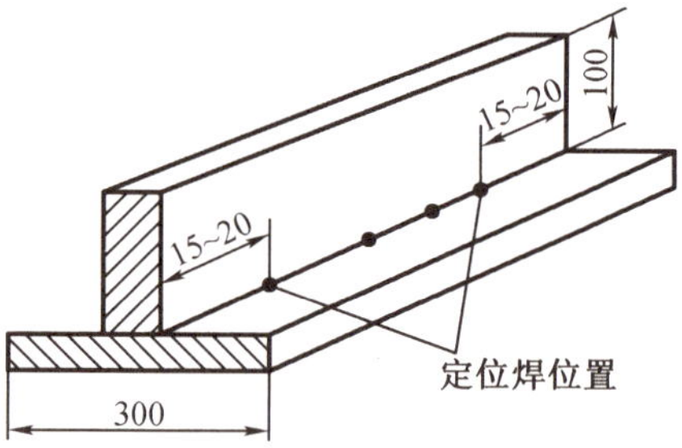

图 3-25　定位焊的位置

实操训练一　角接焊焊接的操作

角接焊焊接时,首先要保证足够的焊脚尺寸。焊脚尺寸值在设计图样上均有明确规定,训练时可参照表 3-6 选择。

表 3-6　角焊缝的焊脚尺寸

单位:mm

钢板厚度	8~9	9~12	12~16	16~20	20~24
最小焊脚尺寸	4	5	6	8	10

角接焊操作时,易产生咬边、未焊透、焊脚下垂等缺陷,如图 3-26 所示。

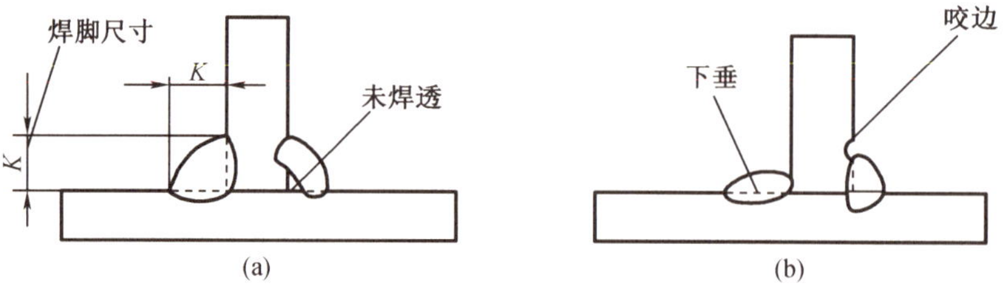

图 3-26　角接焊产生的缺陷

角接焊的焊接方式有单层焊、多层焊和多层多道焊三种。采用哪一种焊接方式取决于所要求的焊脚尺寸的数值。通常当焊脚尺寸在 8 mm 以下时,采用单层焊;焊脚尺寸为 8~10 mm 时,采用多层焊;焊脚尺寸大于 10 mm 时,采用多层多道焊。

（一）单层焊

由于角焊焊接热量向板的三个方向扩散，散热快，不易烧穿，所以使用的焊接电流可比相同板厚的对接平焊大 10%左右。焊条的角度，两板厚相等时为 45°，两板厚度不等时应偏向厚板一侧，如图 3-27 所示，以便使两板的温度趋向均匀。

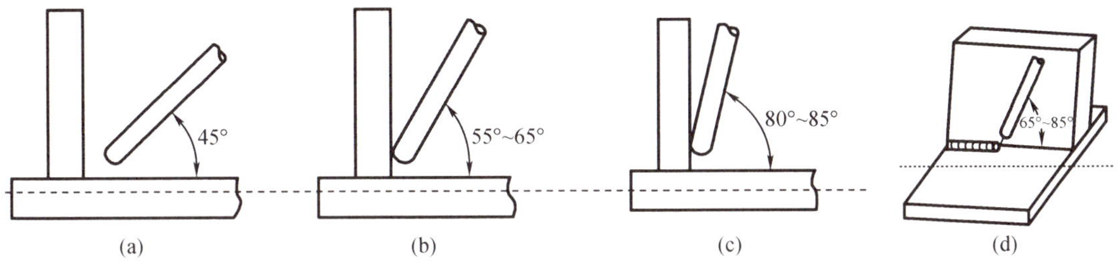

图 3-27　T 型接头角焊时的焊条角度

焊脚尺寸小于 5 mm 的焊缝，可采用直线运条法和短弧进行焊接，焊接速度要均匀，焊条与横板成 45°夹角，与焊接方向成 65°~80°夹角，E5015 焊条采用较大的夹角，E4303 焊条采用较小的夹角。焊条角度过小，会造成根部熔深不足；角度过大，熔渣容易跑到电弧前方形成夹渣。操作时，可以将焊条端头的套管边缘靠在焊缝上，并轻轻地压住它。当焊条熔化时，套管会逐渐沿焊接方向移动，这样不仅操作方便，而且熔深较大，焊缝外形美观。

焊脚尺寸在 5~8 mm 时，可采用斜圆圈形或反锯齿形运条法进行焊接，但要注意各点的运条速度不能一样，否则容易产生咬边、夹渣等缺陷。正确的运条方法如图 3-28 所示。当焊条从 *a* 点移动至 *b* 点时，速度要稍慢些，以保证熔化金属和横板熔合良好；从 *b* 点至 *c* 点的运条速度稍快，以防止熔化金属下淌，并在 *c* 点稍作停留，以保证熔化金属和立板熔合良好；从 *c* 点至 *d* 点的运条速度又要稍慢些，才能避免产生夹渣现象及保证焊透；由 *d* 点至 *e* 点的运条速度也稍快，到 *e* 点处也作停留，如此反复练习。在整个运条过程中都应采用短弧焊接，最后在焊缝收尾时要注意填满弧坑，以防止弧坑裂纹。

（二）多层焊

焊脚尺寸为 8~10 mm 时，可采用两层两道焊接法。焊第一层时，采用直径 3.2 mm 的焊条，焊接电流稍大（100~120 A），以获得较大的熔深。采用直线运条法，收尾时应把弧坑填满或略高些，以便在第二层焊接收尾时，不会因焊缝温度增高而产生弧坑过低的现象。焊第二层之前，必须将第一层的熔渣清除干净。发现有夹渣时，应用小直径焊条修补后方可焊第二层，这样才能保证层与层之间紧密熔合。焊接第二层时，可采用直径 4 mm 的焊条，焊接电流不宜过大，电流过大（160~200 A）会产生咬边现象。运条方法采用斜圆圈形，如发现第一层有咬边，则第二层焊道覆盖上去时应在咬边处适当多停留一些时间，以消除咬边缺陷。

（三）多层多道焊

焊脚尺寸大于 10 mm 时，应采用多层多道焊。因为采用多层焊时焊脚表面较宽，坡度较大，熔化金属容易下淌，不仅操作困难，而且也影响焊缝成形，所以采用多层多道焊较合适。焊脚尺寸在 10~12 mm 时，可用 2 层 3 道焊接。焊第一层（第一道）焊缝时，可用直径 3.2 mm 的焊条和较大的焊接电流，用直线形运条法，收尾时要特别注意填满弧坑，焊完后将熔渣清除干净。

焊第二条焊道时，应覆盖第一层焊缝的 2/3 以上，焊条与水平板的角度要稍大些，如图 3-29 的 *a* 点，一般在 45°~55°，以使熔化金属与水平板熔合良好。焊条与焊接方向的夹角仍为 65°~80°，运条时采用斜圆圈形法，运条速度与多层焊时相同，所不同的是在 *c*、*e* 点位置（图 3-28）不需停留。

焊第三条焊道时，应覆盖第二条焊道的 1/3~1/2。焊条与水平板的角度为 40°~45°，如图 3-29 的 *b* 点。如果角度太大易产生焊脚下偏现象。运条用直线形，速度要保持均匀，但不宜太慢，否则易产生焊瘤，影响焊缝成形。

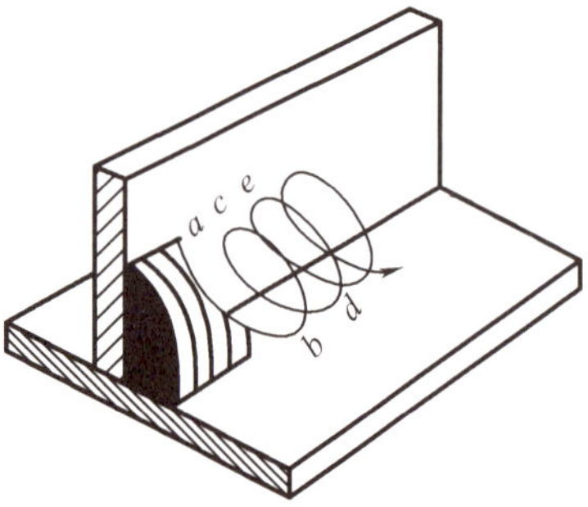

图 3-28　T 型接头平角焊的斜圆圈形运条法

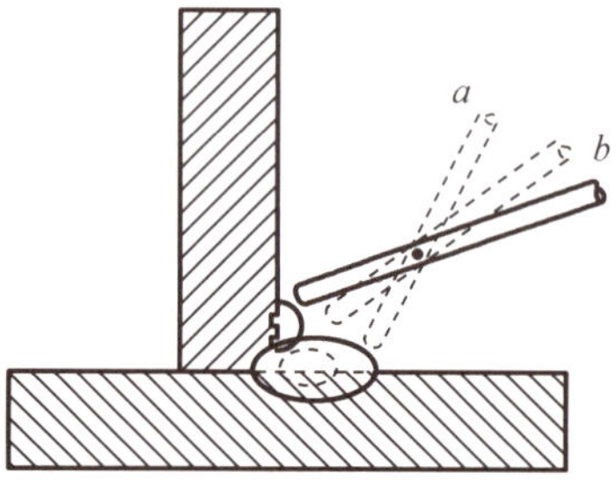

图 3-29　多层多道焊各焊道的焊条角度

当第二条焊缝覆盖第一层大于 2/3 时，焊接第三道时可采用直线往复运条，以免第三条焊道过高。当第二条焊道覆盖第一条太少时，第三条焊道可采用斜圆圈形运条法，运条时在立板上要稍作停留，以防止咬边，并弥补由第二条焊道覆盖过少而产生的焊脚下偏现象。

如果焊脚尺寸大于 12 mm，可采用 3 层 6 道焊，4 层 10 道焊。焊脚尺寸越大，焊接层数、道数就越多，如图 3-30 所示。

（四）船形焊接

将 T 型接头翻转 45°使焊条处于垂直位置的焊接，叫船形焊接（图 3-31）。采用船形焊接时，熔池处在水平位置，相当于平焊，焊成的焊缝质量较好，能避免产生咬边、焊缝不等边等缺陷，操作工艺也较简单，有时有利于使用大直径焊条和大电流，这样不但能获得较大的熔深，而且能一次焊成较大断面的焊缝，因此能大大提高焊接生产率。船形焊接运条时采用月牙形或锯齿形，焊接第一层焊道时采用小直径焊条及稍大的电流，其他各层与对接平敷焊相似。

船形焊接的焊缝呈凹形（图 3-23（b））。如果凹度太大，应在凹处再熔敷一层焊道，以保证焊缝厚度。

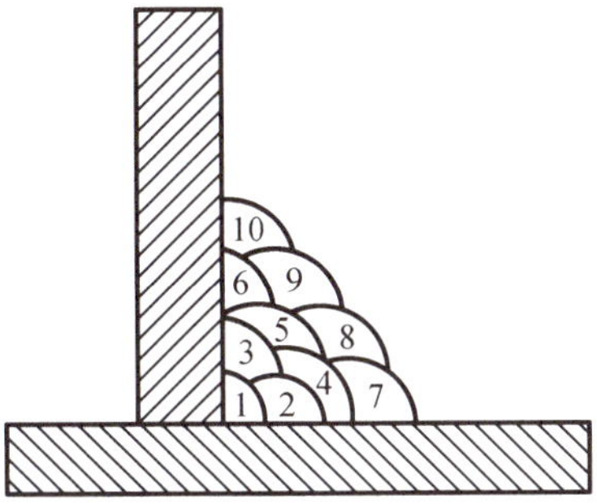

图 3-30　多层多道焊的焊道排列

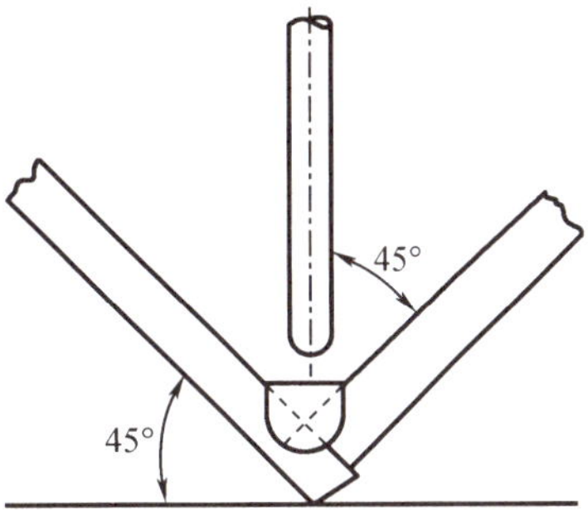

图 3-31　船形焊接

(五)搭接接头与角接接头的焊接技术

搭接接头的焊接技术与 T 型接头基本相似，主要掌握焊条的角度，基本原则是电弧应更多地偏向厚板的一侧，其偏角的大小可根据板厚来确定，如图 3-32 所示。

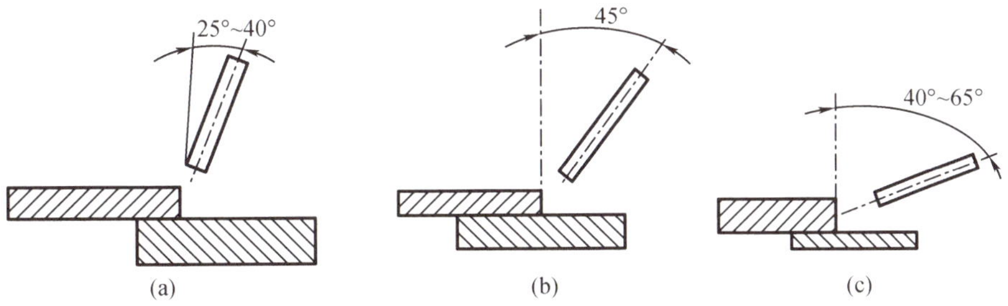

图 3-32　搭接接头焊接时的焊条角度

角接接头外侧焊缝的焊接技术与对接接头的焊接技术相似，但此时一块板是立向的，焊接热量分配与对接时不同，故焊条角度与对接时亦应有所区别，目的是使焊件两边得到相同熔化程度，如图 3-33 所示。

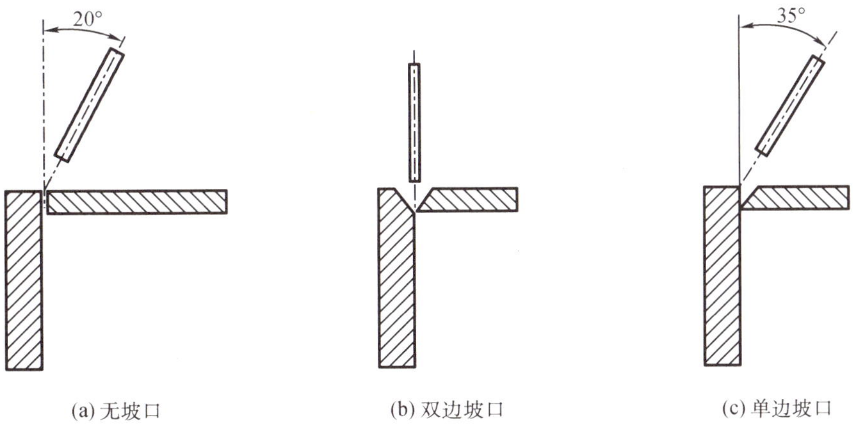

图 3-33　角接接头焊接时的焊条角度

实操训练二　垂直管板焊操作技术

(一)垂直管板焊接的特点

由管子和平板(上开孔)组成的焊接接头,叫管板接头。管板接头的焊接位置可分为垂直俯位和垂直仰位两种;若按焊件的位置转动与否,可分为全位置焊接与水平固定焊。垂直俯位管板试件分插入式和骑坐式两种,如图 3-34 所示,插入式管板试件焊后仅要求一定外表成形和熔深;骑坐式管板试件则要求全焊透。

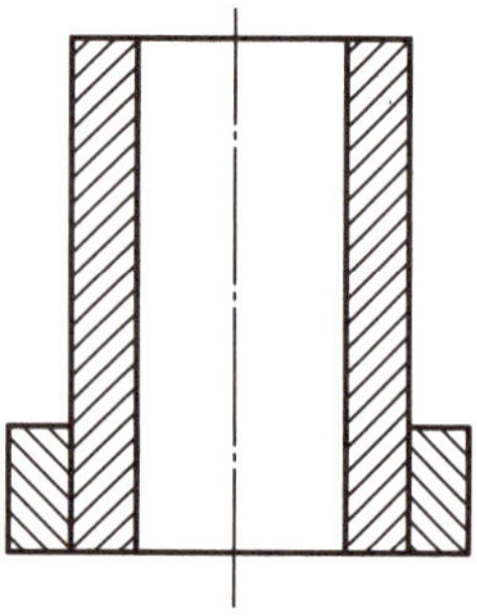

(a)插入式

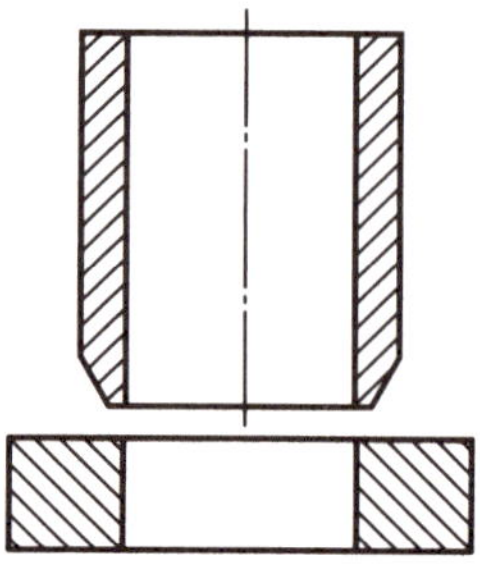

(b)骑坐式

图 3-34　管子的坡口和钝边

(二)插入式管板试件的焊接

1. 焊前准备

(1)焊机:选用直流弧焊机,参考型号为 ZX5-400。

(2)焊条:一律采用 E5015 碱性焊条,直径为 2.5~3.2 mm,焊前经 400 ℃烘干,使用时存放于焊条保温筒内,随用随取。

(3)焊件:管子采用(ϕ32×3)~(ϕ60×5)的无缝钢管,平板采用厚度为 12~16 mm 的 Q235-A 低碳钢板,并在钢板上钻孔,孔径应比管径大 0.5 mm,以便管子插入装配。

(4)辅助工具和量具:角向磨光机、焊条保温桶、錾子、清渣锤、钢丝刷、焊缝万能量规等。

2. 焊接操作

焊接共两层。先用直径为 2.5 mm 的焊条进行定位焊(定位焊焊缝的长度为 5~10 mm),接着在定位焊缝的对面进行起焊,用直径为 2.5 mm 的焊条进行打底层的焊接,焊接电流为 85~100 A,焊条与平板的夹角为 40°~45°,焊条不做摆动,操作方法与平面焊基本相同,焊完后用清渣锤进行清渣,再用钢丝刷清扫焊缝表面,然后焊接盖面层。盖面层用直径为 3.2 mm 的焊条,焊接电流为 110~125 A,焊条与平板的夹角为 50°~60°。焊接时焊条采用月牙形摆动,以保证一定的焊脚尺寸。插入式管板试件有固定和转动两种形式。对焊工进行培训时,这两种形式都应该进行训练,先练习转动式,再练习固定式,并应以固定式为主,因为这种形式操作难度较大。

(三)骑坐式管板试件的焊接

将管子置于板上,中间留有一定的间隙,管子预先开好坡口,以保证焊透,所以该方法属于单面焊双面成形的焊接方法,焊接难度要比插入式管板试件大得多。

1. 焊前准备

焊机型号、焊条型号、试件材料和规格以及辅助工具和量具,与插入式管板试件相同。但管子应预先加工成单边 V 型坡口,坡口角度为 50°,并用角向磨光机在管子端部磨出 1~1.5 mm 钝边,如图 3-35 所示。

2. 装配和定位焊

管子和平板间要预留 3~3.2 mm 的装配间隙,方法是直接用直径为 3.2 mm 的焊芯填在中间。定位焊只焊一点,焊接时用直径为 2.5 mm 的焊条,先在间隙的下部板上引弧,然后迅速地向斜上方拉起,将电弧引至管端,将管端的钝边处局部熔化,在此过程中产生 3~4 滴熔滴,然后立即熄弧,一个定位焊点即焊成。焊接电流为 80~95 A。

3. 焊接操作

焊接分两层。打底焊采用直径为 2.5 mm 的焊条,焊接电流为 80~95 A,焊条与平板的倾斜角度为 15°~25°,采用断弧法。先在定位焊点上引弧,此时管子和平板之间为固定装配间隙而放的定位焊芯,不必去掉。焊接时,将焊条适当向里伸,听到扑扑声即表示已经熔穿。由于金属的熔化,即可在焊条根部看到一个明亮的熔池,如图 3-36 所示。每个焊点的焊缝不要太厚,以便第二焊点在其上引弧焊接,如此逐步进行打底层的焊接。当一根焊条焊接收尾时,要将弧坑引到外侧,否则在弧坑处往往会产生缩孔。收尾处可用锯条片在弧坑处来回锯几下,再在弧坑处引弧焊接。当焊到管子周长的 1/3 处时,即可将间隙中的填充焊芯去掉,继续进行焊接。

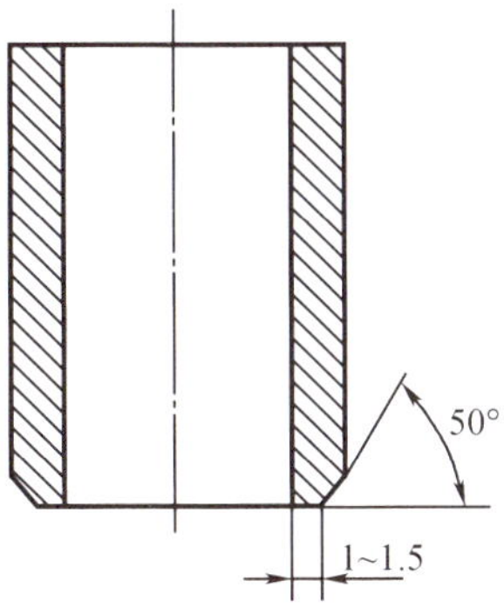

图 3-35 管子的坡口和钝边

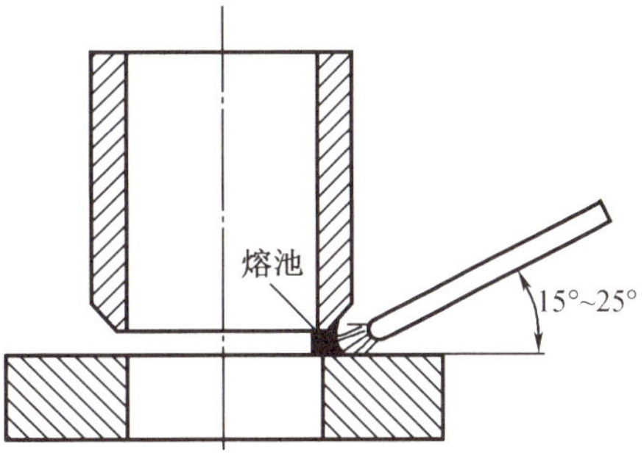

图 3-36 骑坐式管板的打底焊

打底层焊完后,可用角向磨光机进行清渣,再磨去接头处过高的焊缝,然后进行盖面层的焊接。盖面层采用直径为 3.2 mm 的焊条,焊接电流为 110~125 A,与平板的倾角为 40°~45°,操作方法与插入式管板试件相同。

(四)操作注意事项

(1)管板试件的焊缝是角焊缝,垂直俯位的焊接位置适于横角焊,但其操作比 T 型接头的横角焊更困难。所以参加培训的学员(或焊工)应在掌握T型接头横角焊的基础上,再进行管板接头的焊接。

(2)焊接插入式管板试件时,一律要焊两层,不应用大直径焊条焊一层。因为在产品上,这种接头往往要承受内压,如果只焊一层,虽然可以达到所需的焊脚尺寸,但由于焊缝内部存在缺陷,工作时往往会发生焊缝泄漏、渗水、渗气和渗油的现象。

(3)管板试件垂直俯位的焊接位置虽适于横平角焊,但其焊缝轨迹是圆弧形,若操作不当,在焊接过程中焊条倾角、焊接速度等会发生改变,影响焊接质量,所以其难度比焊直缝要大。

(4)骑坐式管板的操作难度比插入式管板大得多,因为其打底后焊缝要达到双面成形的要求,并且操作方法与平板对接单面焊双面成形也不一样,学员应在实训过程中注意摸索掌握。

三、立焊操作技能

要点:包括对接立焊和立角焊两种形式的操作技能。

实操训练一　I型坡口对接立焊操作技术

(一)I型对接立焊的焊接特点

焊缝倾角80°~90°、焊缝转角0°~180°的焊接位置叫作立焊位置,如图3-37所示。对接接头焊件板厚<6 mm,且处于立焊位置时的操作,叫I型坡口的对接立焊。

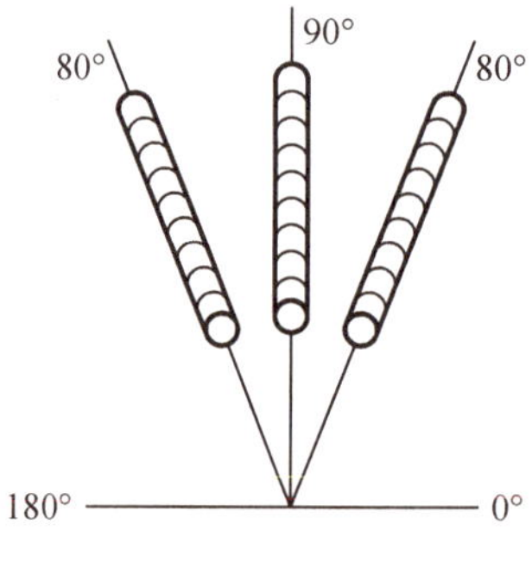

图3-37　立焊位置

立焊时的主要困难是熔池中的熔化金属受重力的作用下淌,使焊缝成形困难,并容易产生焊瘤以及在焊缝两侧形成咬边,由于熔化金属和熔渣在下淌的过程中不易分开,在焊缝中还容易产生夹渣。因此,与平焊相比,立焊是一种操作难度较大的焊接方法。

(二)焊前准备

1. 焊机

选用交、直流焊机各一台,参考型号分别为BX1-330或ZX5-400。

2. 焊条

选用 E4303 酸性焊条和 E5015 碱性焊条两种型号的焊条，直径分别为 3.2 mm 和 4.0 mm。

3. 焊件

采用 Q235-A 低碳钢板，厚度<6 mm，长×宽为 300 mm×125 mm。

4. 辅助工具和量具

角向磨光机、焊条保温桶、錾子、清渣锤、钢丝刷、焊缝万能量规等。

（三）焊接操作

立焊的操作方法有两种：一种是由下而上施焊，另一种是由上向下施焊。目前生产中应用最广泛的是由下而上施焊，学员实训中应以此种施焊方法为重点。

1. 操作要领

立焊操作时，焊钳夹持焊条后，焊条与焊钳应成一条直线，如图 3-38 所示，焊工的身体不要正对焊缝，要略偏向左侧，以使握钳的右手便于操作。

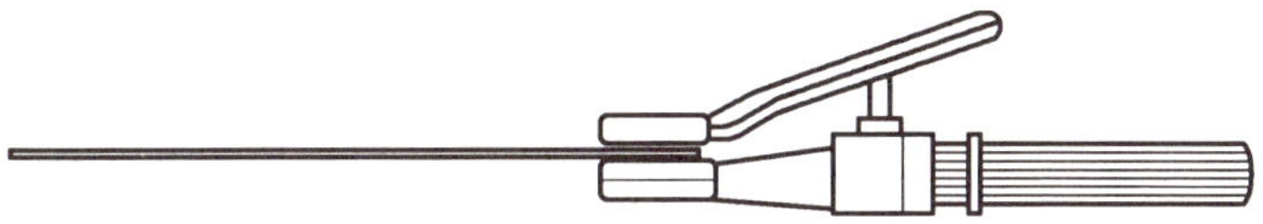

图 3-38　焊钳夹持焊条的形式

（1）焊条与焊件的角度左、右方向各为 90°，向下与焊缝成 60°~80°，如图 3-39 所示。

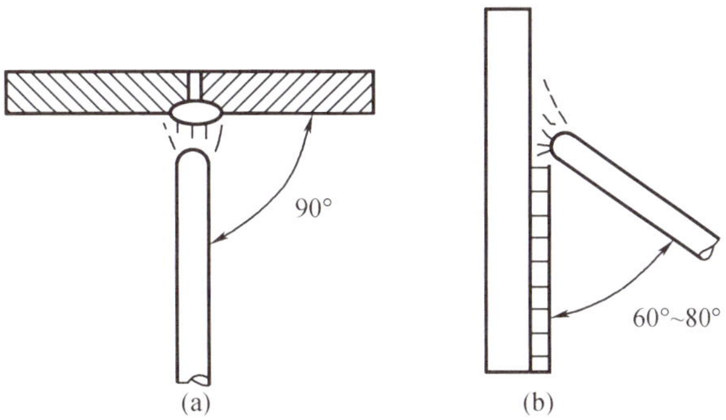

图 3-39　I 型坡口对接立焊的焊条角度

（2）焊接时采用较小直径的焊条，常用焊条直径为 2.5~4 mm，很少采用直径为 5 mm 的焊条。

（3）采用较小的焊接电流，通常比对接平焊要小 10%~15%。

（4）尽量采用短弧焊接，即电弧长度应短于焊条直径，利用电弧的吹力托住铁水，缩短熔滴过渡到熔池中的距离，使熔滴能顺利到达熔池。

2. 操作手法

I 型坡口的对接立焊有跳弧法和灭弧法两种操作手法，运条法如图 3-40 所示。

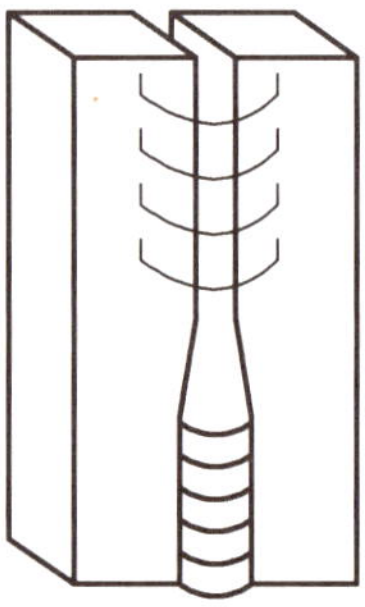
(a) 月牙形运条法

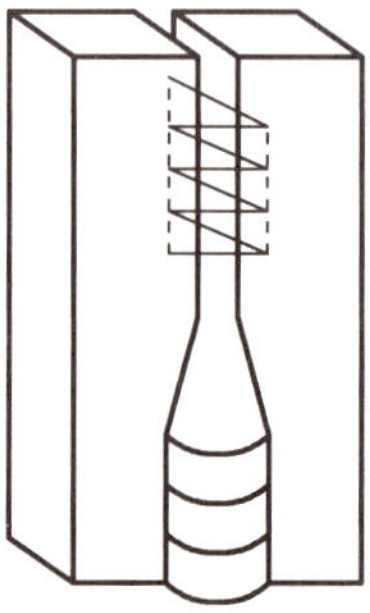
(b) 锯齿形运条法

图 3-40　I 型坡口对接立焊的运条法

(1) 跳弧法。其要领是当熔滴脱离焊条末端过渡到对面的熔池后，立即将电弧向焊接方向提起，使熔化金属有凝固的机会（通过护目镜可以看到熔池中白亮的熔化金属迅速凝固，白亮部分迅速缩小），随后即将电弧拉回熔池，当熔滴过渡到熔池后，再提起电弧。为了不使空气侵入熔池，电弧离开熔池的距离应尽可能短些，最大弧长不应超过 6 mm，如图 3-41 所示。

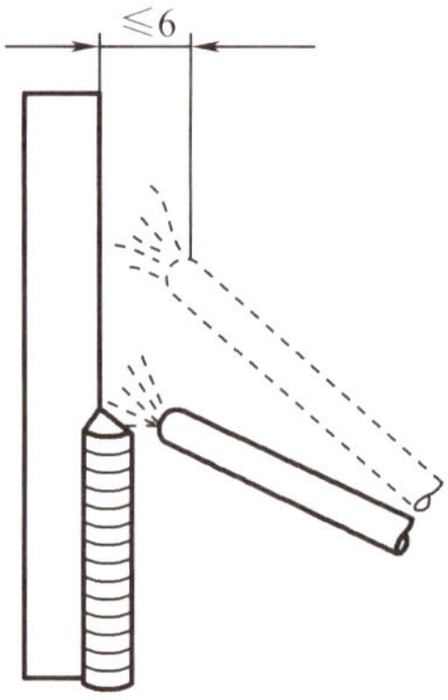

图 3-41　I 型坡口对接立焊跳弧法

(2) 灭弧法。其要领是当熔滴脱离焊条末端过渡到对面的熔池后，立即将电弧拉断熄灭，使熔化金属有瞬时凝固的机会，随后重新在弧坑处引燃电弧，使燃弧—灭弧交替地进行。灭弧的时间在开始焊接时可以短些，随着焊接时间的增长，灭弧时间也要稍长一些，以避免烧穿及形成焊瘤。在焊缝收尾时灭弧法用得比较多，因为这样可以避免收弧时熔池宽度增加和产生烧穿及焊瘤等缺陷。

采用跳弧法和灭弧法进行焊接时，电弧引燃后应将电弧稍微拉长，以便对焊缝端头进行预热，然后再压低电弧进行焊接。施焊过程中要注意熔池形状，如发现椭圆形熔池的下部边缘由比较平直的轮廓渐鼓肚变圆，即表示温度已稍高或过高，如图 3-42 所示，此时应立即灭弧，让熔池降温，以避免产生焊瘤。待熔池瞬时冷却后，在熔池处引弧继续焊接。

对接立焊的焊接接头操作也较困难，容易产生夹渣和焊缝过高凸起等缺陷，因此接头时更换焊条的动作要迅速，并采用热接法。热接法是先用较长的电弧预热接头处，预热后将焊条移至弧坑一侧，接着进行焊接。焊接时，往往有铁水拉不开或熔渣、铁水混在一起的现象。这种现象主要是由接头时更换焊条的时间过长,引弧后预热时间不够以及焊条角度不正确而引起的,此时必须将电弧稍微拉长一些,并适当延长在接头处的停留时间,同时将焊条角度增大(与焊缝成 90°),使熔渣自然滚落下来,便于焊接。

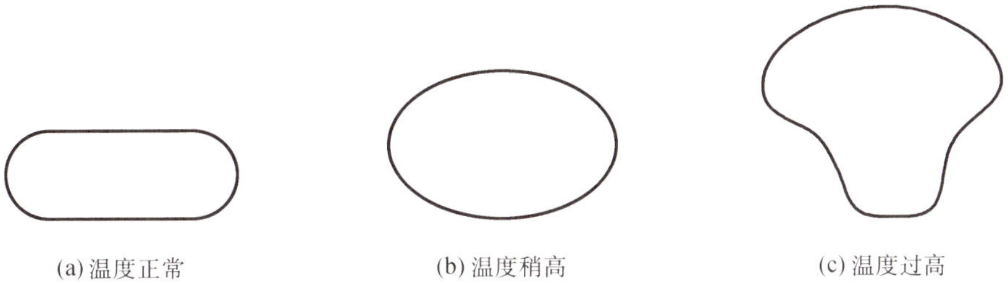

图 3-42　立焊时熔池形状与熔池温度的关系

实操训练二　厚板对接立焊操作技术

(一) 厚板对接立焊的焊接特点

厚板开坡口的目的是在焊件厚度方向上全焊透。焊层分为打底层、填充层和盖面层三个层次。打底层焊道要求能熔透焊件根部,所以是一种单面焊双面成形的操作工艺。

(二) 焊前准备

1. 焊机

采用直流焊机,参考型号是 ZX5-400。

2. 焊条

选用 E5015 碱性焊条,直径为 3.2 mm。

3. 焊件

采用 Q235-A 低碳钢板,尺寸为 10 mm×125 mm×300 mm,开 60°Y 型坡口,钝边尺寸为 0,反变形角为 2°,起弧端和收弧端的装配间隙分别为 2.5 mm 和 3.0 mm。

4. 焊接工艺参数

各层次的焊接工艺参数见表 3-7。

表 3-7　厚板对接立焊的工艺参数

工艺参数	焊层		
	打底焊	填充层	盖面层
焊条直径/mm	3.2	3.2	3.2
焊接电流/A	70~80	100~120	90~100

(三)焊接操作

1. 打底层的焊接

引燃电弧后,以锯齿形运条做横向摆动并向上施焊。焊条的下倾角为45°~60°,待电弧运动至定位焊点上边缘时,焊条倾角也相应变为90°,如图3-43所示。同时将弧柱尽力往焊缝背面送入,当电弧从坡口的一侧向另一侧运行时,如果听到穿透坡口的扑扑声,则表示根部已经熔透。焊接时采用断弧法,灭弧动作要迅速,当熔池中心的金属尚有1/3未凝固时重新引燃电弧。

每当电弧移到坡口左(右)侧的瞬间,在右(左)侧可看到坡口根部被熔化的缺口,缺口的深度应控制在0.8~1 mm,如图3-44所示。熔孔大小应保持均匀,孔距一致,以保证根部熔透均匀,背面焊缝饱满,宽窄、高低均匀。立焊节奏比平焊稍慢,每分钟灭弧30~40次。每点焊接时,电弧燃烧时间稍长,所以焊肉比平焊厚。操作时应注意观察和控制熔池形状及焊肉的厚度。若熔池的下部边缘由平缓变得下凸,即由图3-45(a)变成图3-45(b)时,说明熔池温度过高,熔池金属过厚。此时应缩短电弧燃烧时间,延长灭弧时间,以降低熔池温度,使铁水不因下坠而出现焊瘤。焊条接头时的操作要领与平焊基本相同,但换焊条后重新引弧的位置应在离末尾熔池5~6 mm的焊道上。在保证背面成形良好的前提下,焊道越薄越好,因为焊道过厚容易产生气孔。

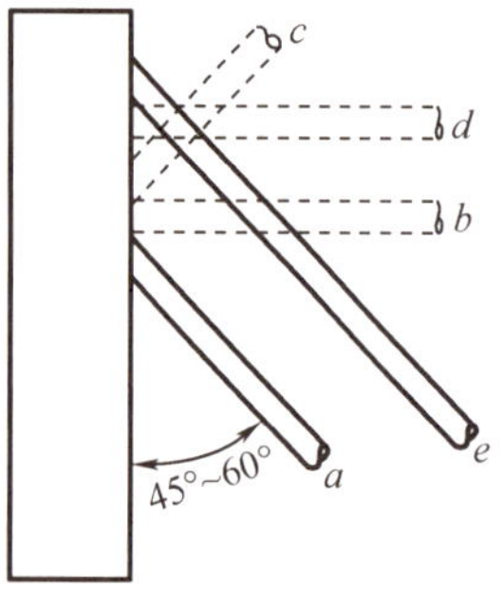

图3-43 打底层焊接的焊条角度

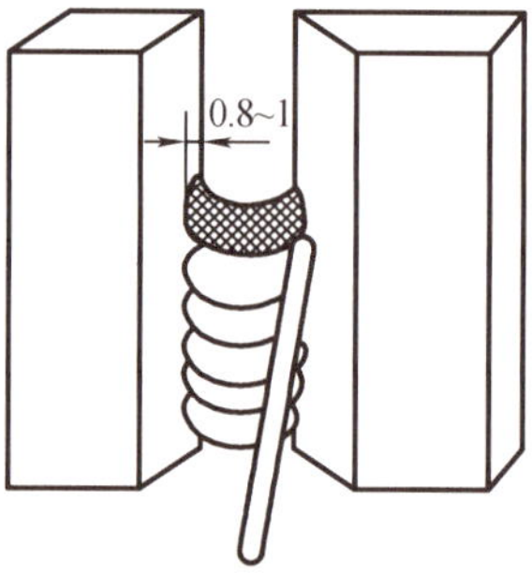

图3-44 熔孔位置及大小

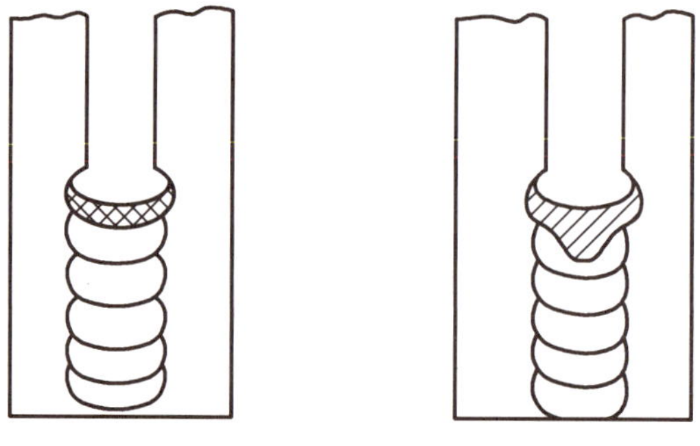

(a) 温度合适呈椭圆形　　(b) 温度过高边缘下凸

图3-45 熔池边缘的形状

2. 填充层的焊接

焊条的下倾角为 70°~80°，电弧在坡口两侧停留的时间应稍长。为避免产生夹渣、气孔等内在缺陷，施焊时应压低电弧，以匀速向上运条。

3. 盖面层的焊接

焊条的下倾角为 45°~60°，运条方法可根据对焊缝余高的不同要求加以选择。如要求余高稍大，焊条可做月牙形摆动；如要求稍平，则可做锯齿形摆动。运条速度均匀，摆动要有规律，如图 3-46 所示，运条到 a、b 两点时，应将电弧进一步缩短并稍作停留，以利于熔滴过渡并防止咬边。从 a 点摆动到 b 点时，速度应稍快些，以防止产生焊瘤。有时盖面层焊缝也可采用稍大的电流，用快速摆动法采用短弧运条，使焊条末端紧靠熔池快速摆动，并在坡口边缘稍作停留，以防咬边。这样焊出的盖面层焊缝不仅焊肉较薄，而且焊波较细，平整美观。

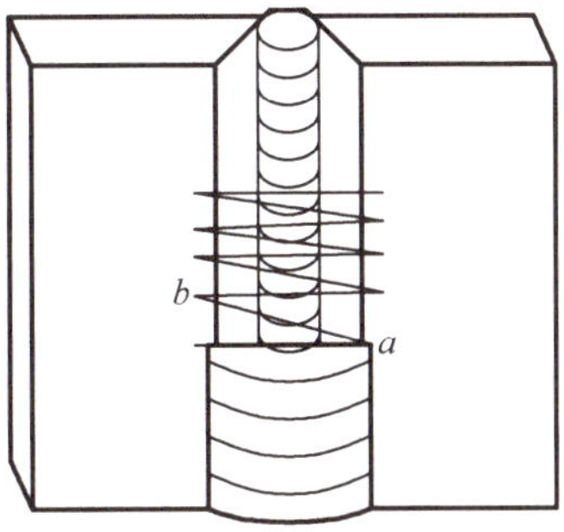

图 3-46　盖面层的运条法

（四）质量标准

对接立焊焊缝的质量要求及检验方法，与平板对接平焊位置单面双面成形基本相同，只是焊缝的余高可放宽至 0~4 mm、余差≤3 mm。

实操训练三　立角焊操作技术

（一）焊前准备

T 型接头焊件处于立焊位置时的焊接操作，叫作立角焊。

1. 焊机

采用直流焊机，参考型号是 ZX5-400。

2. 焊条

选用 E5015 碱性焊条，直径分别为 3.2 mm、4.0 mm。

3. 焊件

采用 Q235-A 低碳钢板，尺寸为 10 mm×125 mm×300 mm。

4. 焊接工艺参数

立角焊的焊接工艺参数见表 3-8。

表 3-8　立角焊的工艺参数

工艺参数	焊层			
	第一层焊缝		其他各层焊缝	封底焊缝
焊条直径/mm	3.2	4.0	4.0	3.2
焊接电流/A	90~120	120~160	120~160	90~120

(二)焊接操作

立角焊与对接立焊的操作有相似之处,如都应采用小直径焊条和短弧焊接。其本身的操作特点如下:

(1)由于立角焊电弧的热量向焊件的三向传递,散热快,因此在与对接立焊相同的条件下,焊接电流稍大些(表 3-8),以保证两板熔合良好。

(2)焊接过程中应保证焊件两侧均匀受热,所以应注意焊条的位置和倾斜角度。如两焊件板厚相同,则焊条与两板的夹角应左右相等,而焊条与焊缝中心线的夹角保持 75°~85°,如图 3-47 所示。

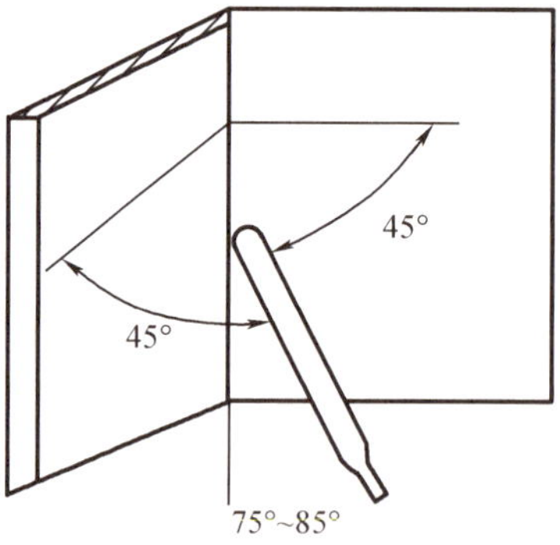

图 3-47　立角焊的焊条位置

(3)立角焊的关键是控制熔池金属。焊条要按熔池金属的冷却情况有节奏地上下摆动。施焊过程中,当引弧后出现第一个熔池时,电弧应较快地提高,当看到熔池瞬间冷却成为一个暗红点时,应将电弧下降到弧坑处,并使熔池下落处与前面熔池重叠 2/3,然后再提高电弧,这样就能有节奏地形成立角焊缝。操作时应注意,如果前一个熔池尚未冷却到一定程度,就急忙下降焊条,会造成熔滴之间熔合不良;如果焊条的位置放得不正确,会使焊波脱节,影响焊缝美观和焊接质量。

(4)焊条的运条方法应根据不同板厚和焊脚尺寸进行选择。对于焊脚尺寸较小的焊缝,可采用直线往复运条法;对于焊脚尺寸较大的焊缝,可采用月牙形、三角形和锯齿形等运条法,如图 3-48 所示。为了避免出现咬边等缺陷,除选用合适的电流外,焊条在焊缝的两侧边缘应稍停留片刻,使熔化金属能填满焊缝两侧边缘部分。焊条摆动的宽度应不大于所要求的焊脚尺寸,例如要求焊出 10 mm 宽的焊脚时,焊条摆动的宽度应在 8 mm 以内。

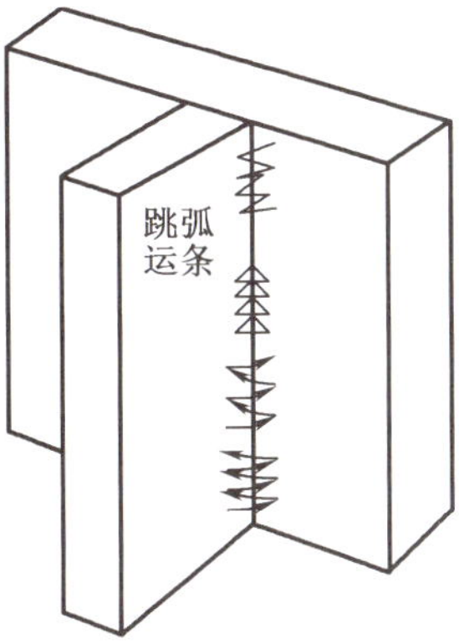

图 3-48　立角焊的焊条摆动方法

(5)当遇到局部间隙超过焊条直径时,可预先采取向下立焊的方法,在熔化金属把过大的间隙填满后,再进行正常焊接。这样做一方面可提高效率,另一方面还可大大减少金属的飞溅和电弧的偏吹(由两板连接窄缝中的气流所引起的电弧偏吹)。

任务三　焊条电弧焊虚拟仿真设备技能训练

一、焊条电弧焊虚拟仿真操作

焊条电弧焊模拟训练系统可模拟焊条与工件互相熔化并在冷凝后形成焊缝,从而获得牢固的焊接接头的过程。

焊条电弧焊模拟系统分为八个模块,依次为焊接知识、焊接课程、自由训练、课程任务、课后作业、实训考试、焊接回放和个人中心,如图 3-49 所示。学生可根据不同需求选择相应模块。

下面重点介绍焊接知识和焊接课程模块。

(一)焊接知识模块

焊接知识模块包含了焊条电弧焊工作原理及特点、焊条电弧焊设备、焊接材料、焊条电弧焊工艺评定准则、技术应用五大部分。

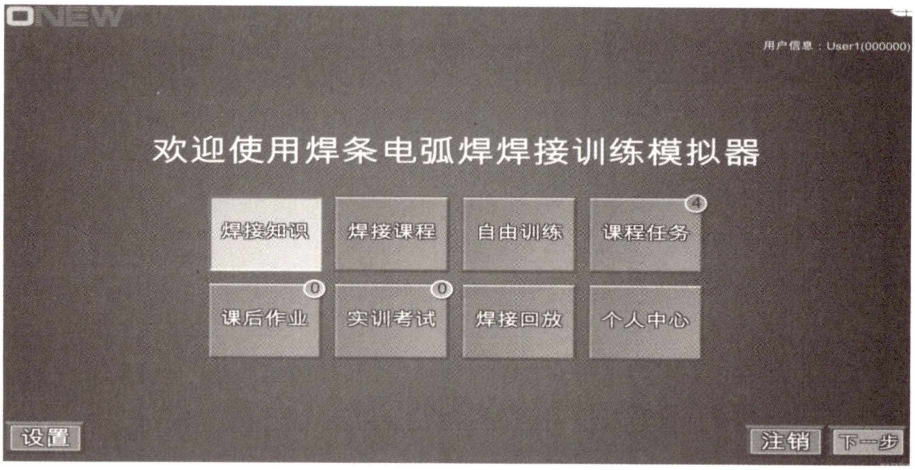

图 3-49　焊条电弧焊模拟系统功能界面

(1)焊条电弧焊工作原理及特点:主要介绍焊条电弧焊工作原理及其特点。如图 3-50 所示。

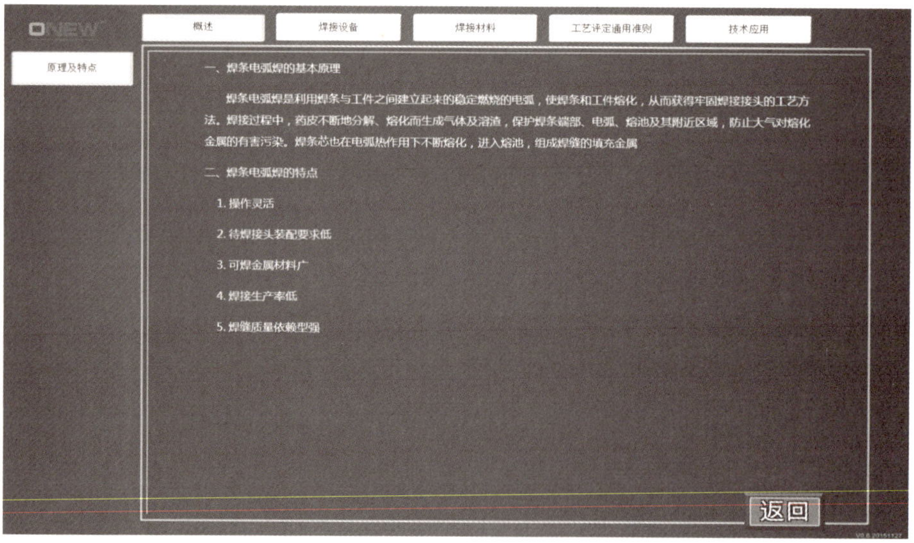

图 3-50　焊条电弧焊工作原理及特点

(2)焊条电弧焊设备:主要介绍焊条电弧焊设备的组成、交直流焊机的特点及外特性等内容。如图 3-51 所示。

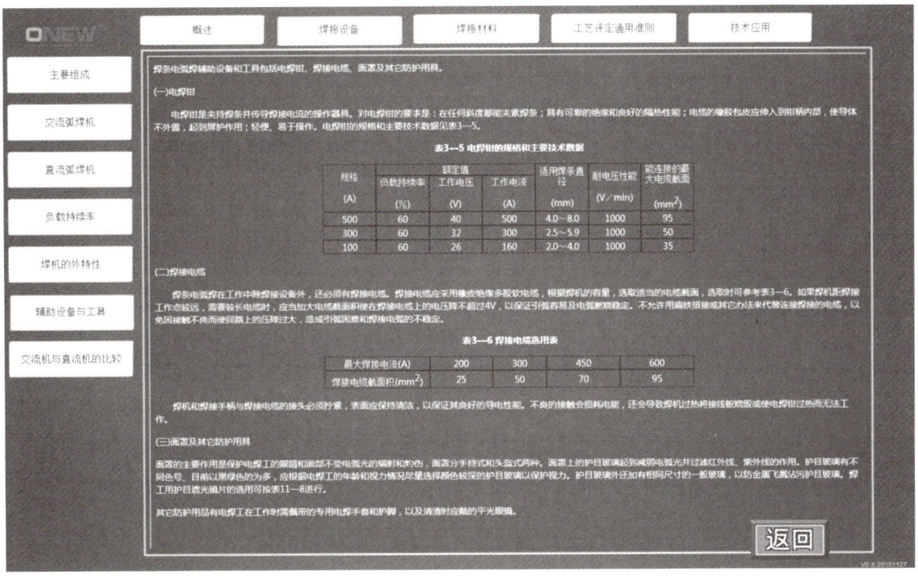

图 3-51　交直流焊机的特点

(3)焊接材料：介绍焊条的组成和分类、焊条的型号和牌号、常用焊条的特点及选用原则。如图 3-52 所示。

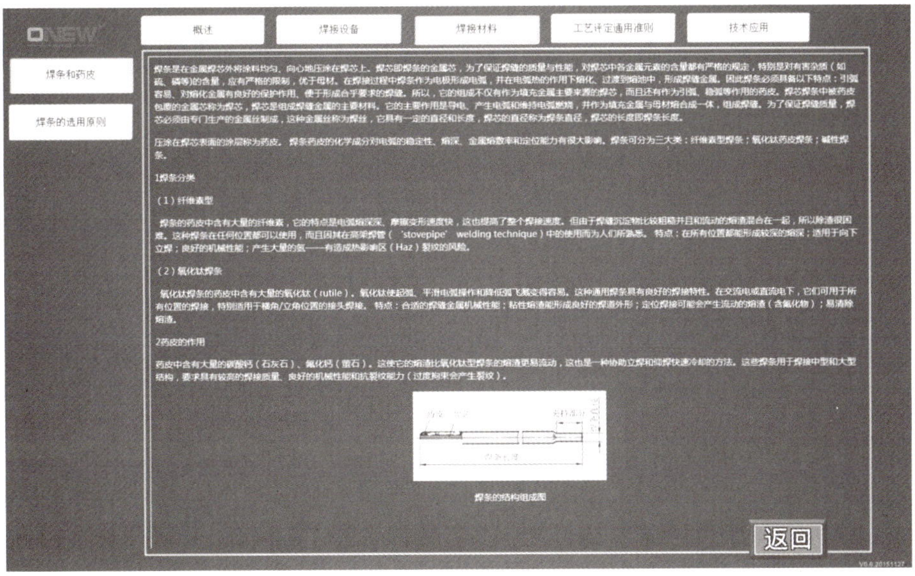

图 3-52　焊条的分类及特点

(4)工艺评定准则：介绍工艺评定的重要性、焊接工艺试验的评定、试验焊接耗材的评定、已有焊接经验的评定、标准焊接工艺的评定、基于生产前焊接试验的评定。如图 3-53 所示。

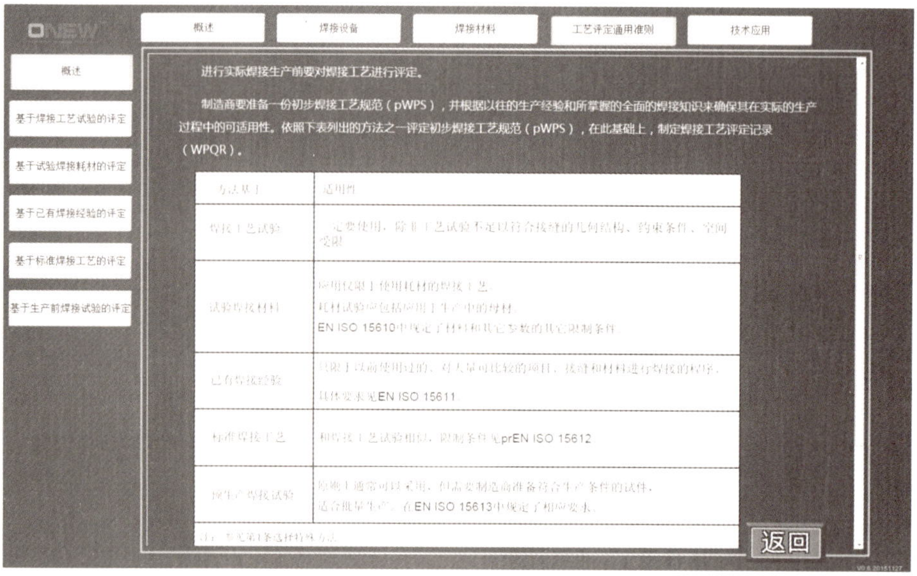

图 3-53　工艺评定准则

（5）技术应用：介绍各种位置焊接工艺参数的选用、管子焊接技术、安全生产等内容。如图 3-54 所示。

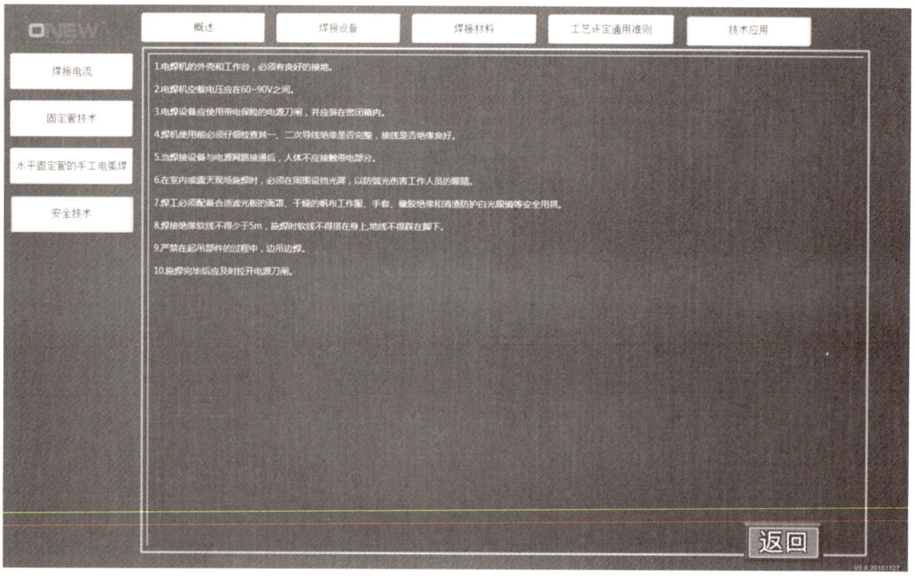

图 3-54　技术应用

（二）焊接课程模块

焊接课程模块主要介绍的内容：基础训练、初级课程、中级课程、高级课程、专业课程。如图 3-55 所示。

（1）基础训练：包含了焊条电弧焊的引弧、运条、熄弧等训练内容。如图 3-56、图 3-57 所示。

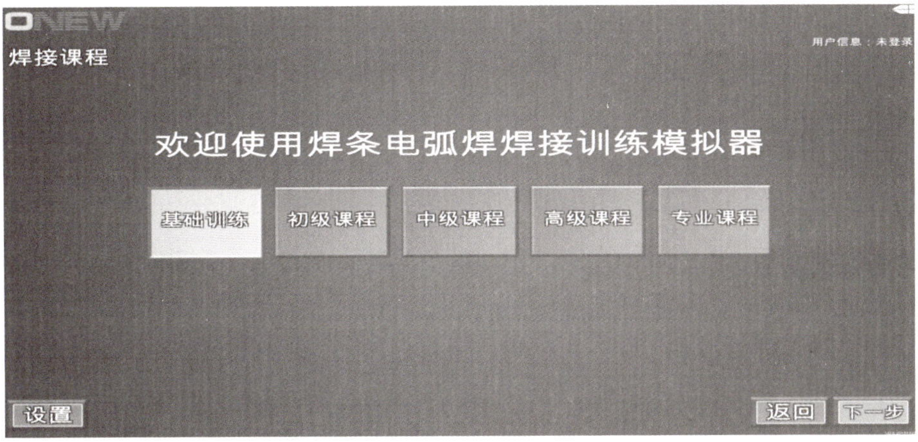

图 3-55　焊接课程模块

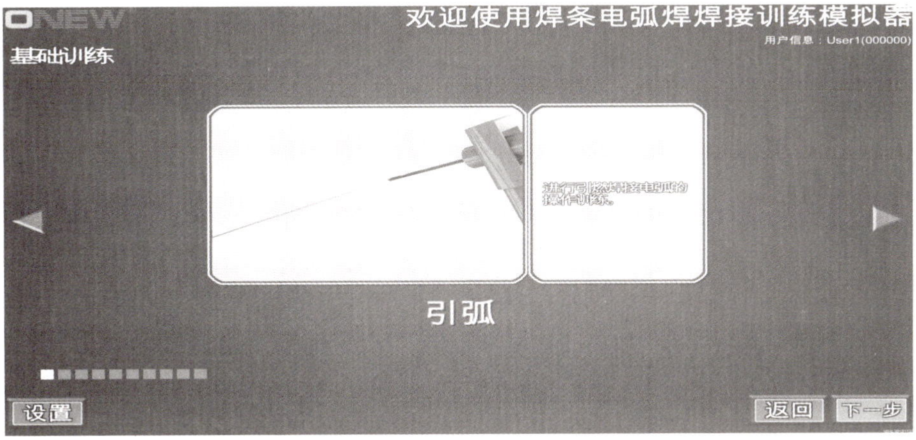

图 3-56　引弧训练

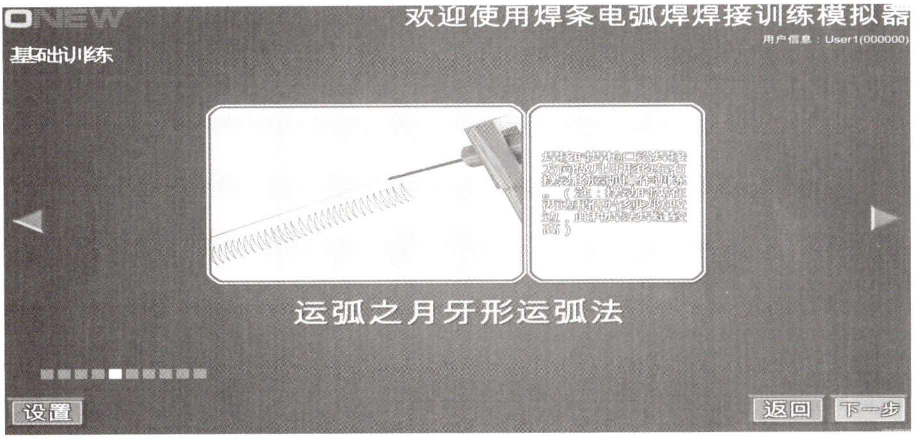

图 3-57　运条训练

(2)初级课程：介绍 3 mm、6 mm 低碳钢平焊技术，3 mm、6 mm 低碳钢板 V 型坡口对接焊接技术，3 mm、6 mm 定碳钢板平角焊技术，3 mm、6 mm 板立焊技术等。如图 3-58～图 3-60 所示。

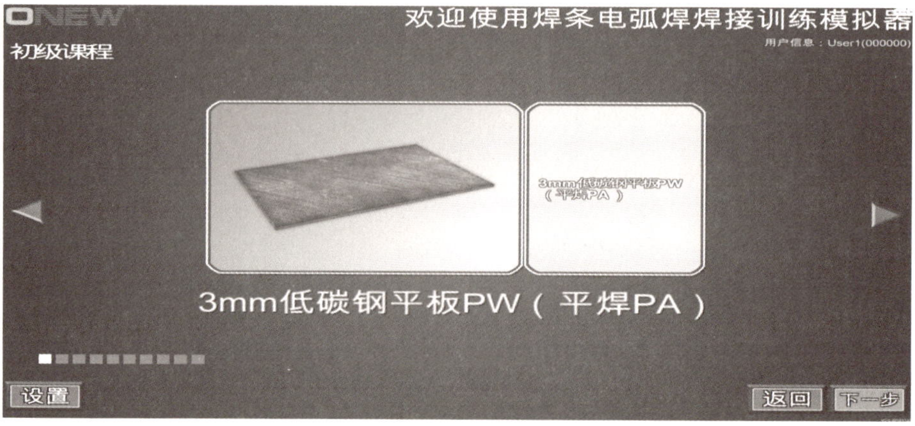

图 3-58　平焊

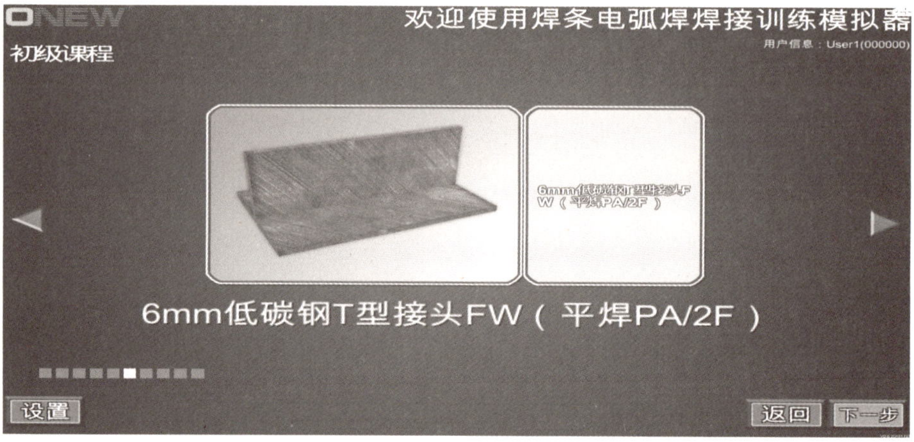

图 3-59　平角焊

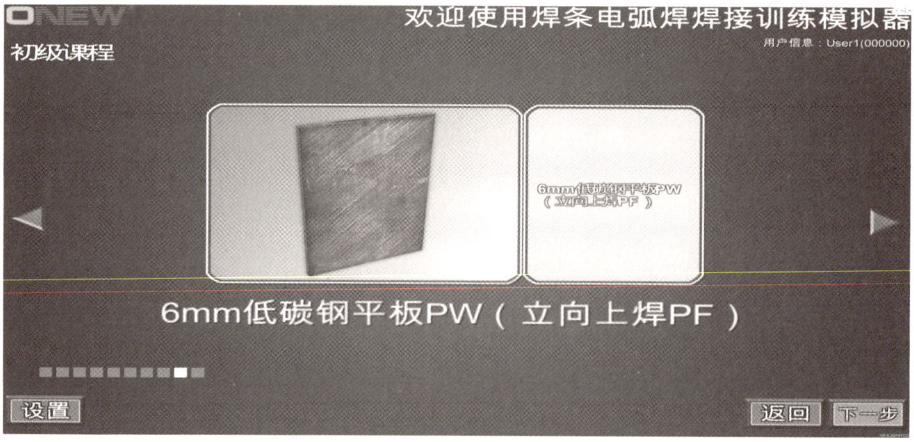

图 3-60　立焊

(3)中级课程：介绍 3 mm、6 mm 低碳钢板 V 型坡口对接立焊技术，3 mm、6 mm 低碳钢板 V 型坡口对接横焊技术等。如图 3-61、图 3-62 所示。

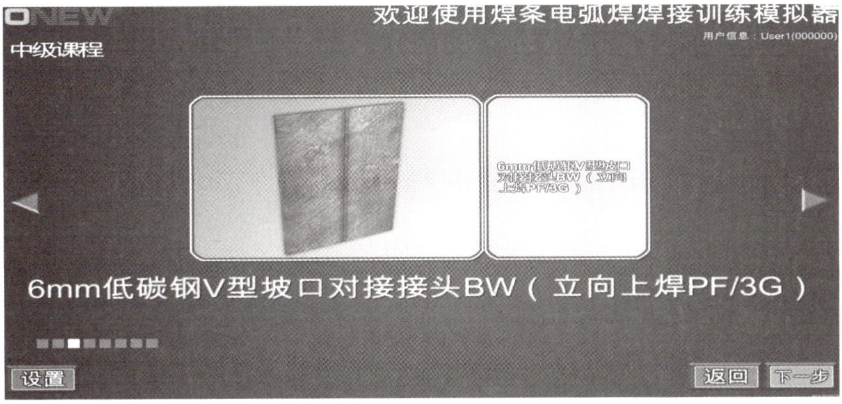

图 3-61　V 型坡口对接立焊

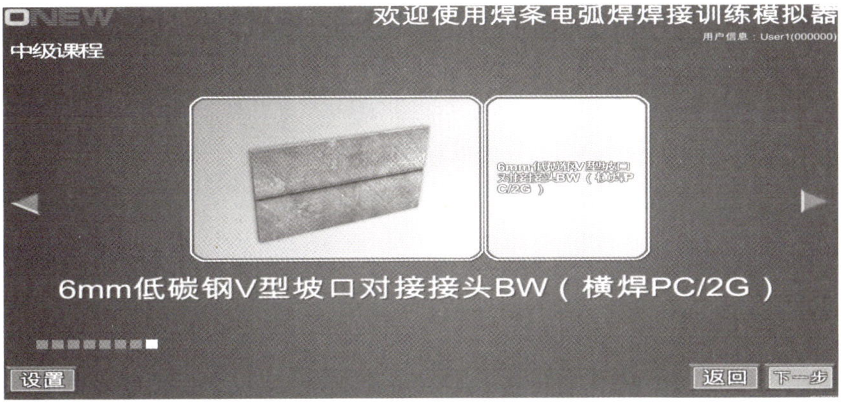

图 3-62　V 型坡口对接横焊

(4)高级课程：介绍 3 mm 低碳钢板立角焊接技术、管对接垂直位置焊接技术(图 3-63)、管对接水平位置焊接(图 3-64)、管对接 45°位置焊接(图 3-65)、管板骑坐式位置焊接(图 3-66)、板对接仰焊(图 3-67)、T 型接头船型位置焊接(图 3-68)。

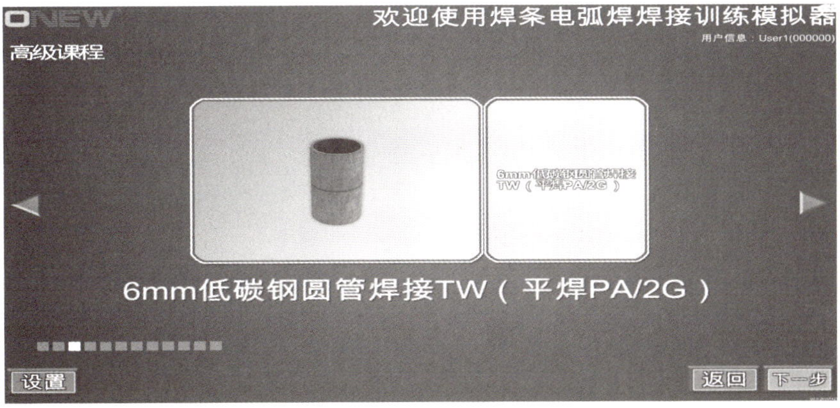

图 3-63　管对接垂直位置焊接

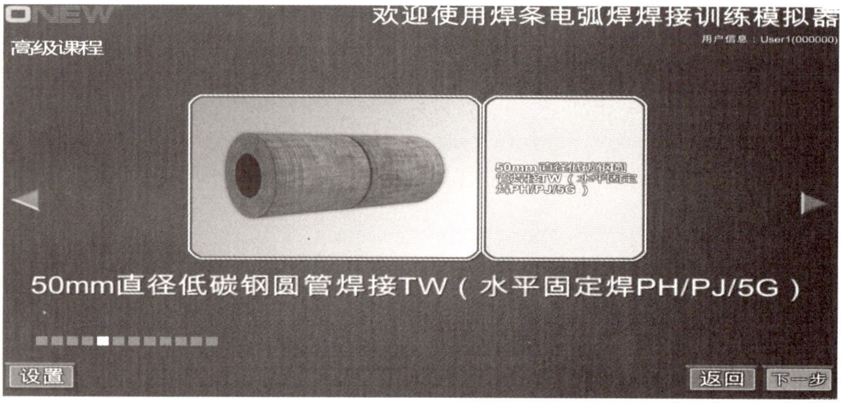

图 3-64　管对接水平位置焊接

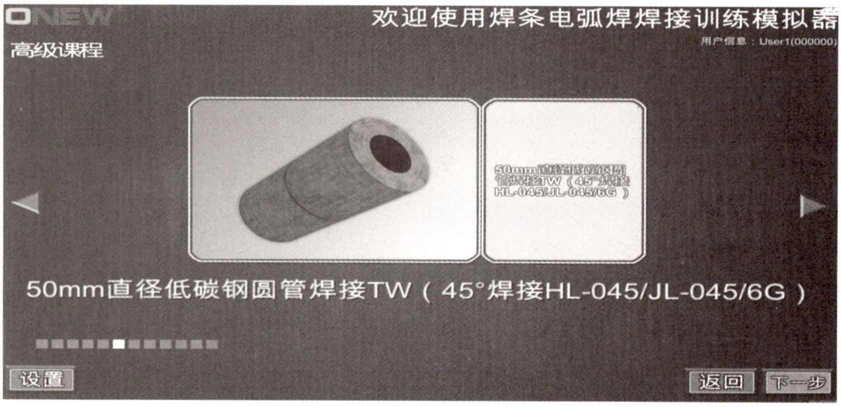

图 3-65　管对接 45°位置焊接

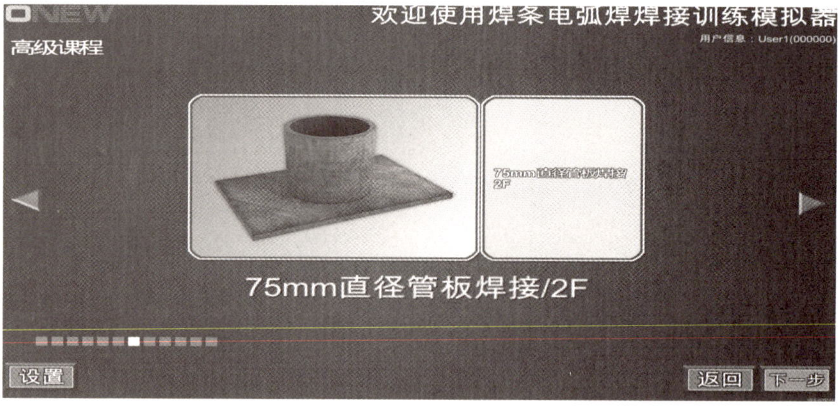

图 3-66　管板骑坐式位置焊接

(5)专业课程：介绍 12 mm 低碳钢板多层多道焊技术等。如图 3-69 所示。

二、焊条电弧焊虚拟仿真训练评估系统

焊条电弧焊虚拟仿真训练评估系统具有以下优点：

(1)实时可视的操控信息反馈。模拟器具有可视标记功能，可实时提供学员的焊接操

控信息反馈。如图 3-70、图 3-71 所示。

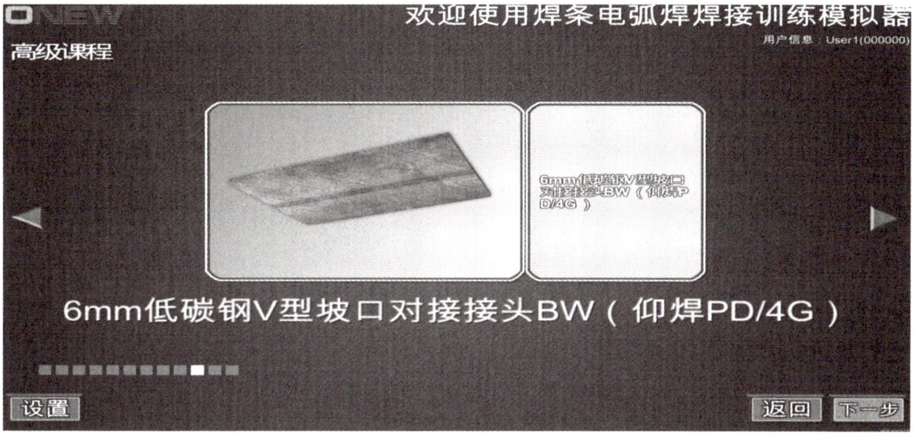

图 3-67　板对接仰焊

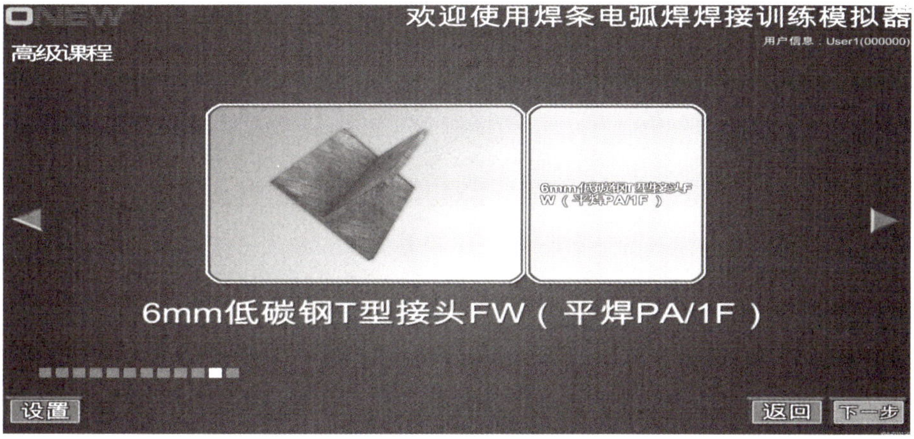

图 3-68　T 型接头船形位置焊接

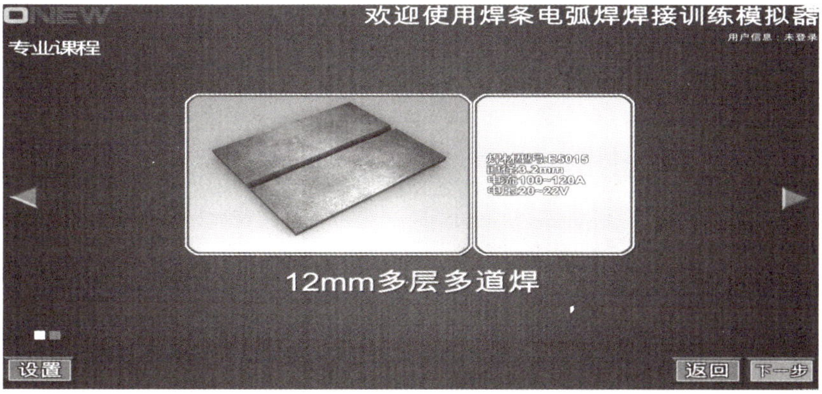

图 3-69　多层多道焊

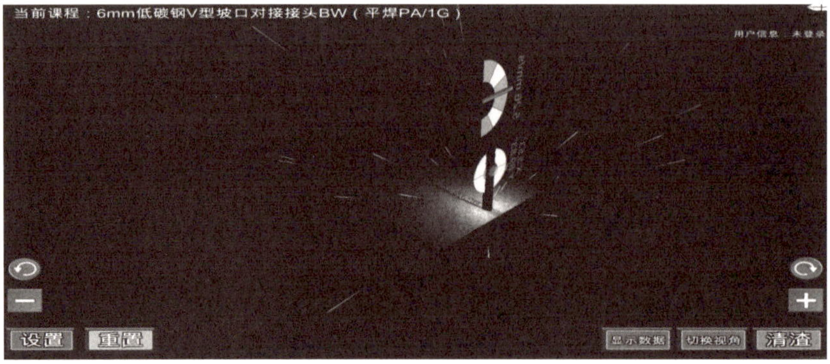

图 3-70　模拟器训练实景

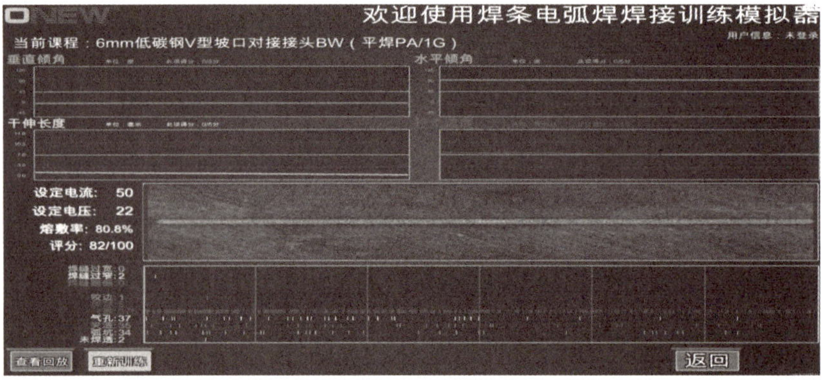

图 3-71　模拟器训练信息

(2)虚拟焊缝的实时检测指导。模拟器具有实时检测指导功能，当学员在焊接操作练习或对成形的焊缝进行外观检测时，显示屏可以形象地检查出焊缝的气孔、咬边及焊道成形指标等。学员进行焊接训练时，系统会提供实时的焊接数据的图形化提示，如弧长、行走速度、行走角度等，相当于教师与学员一对一专注培训。学员根据这些数据化提示及时纠正运弧时的手部动作，以达到最好的教学效果。如图 3-72～图 3-77 所示。

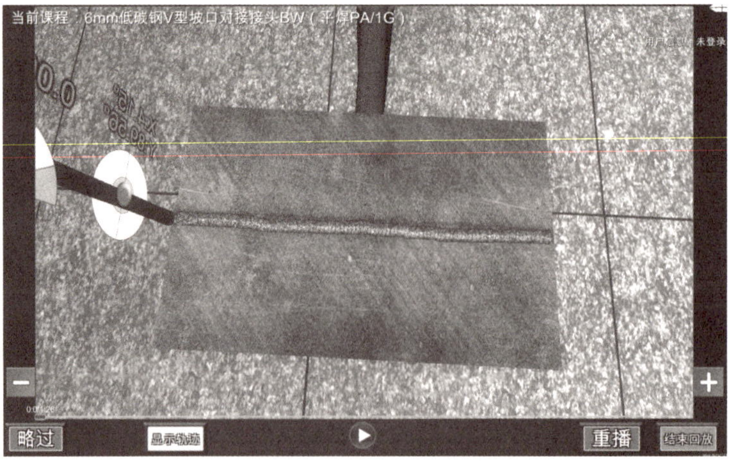

图 3-72　平焊训练

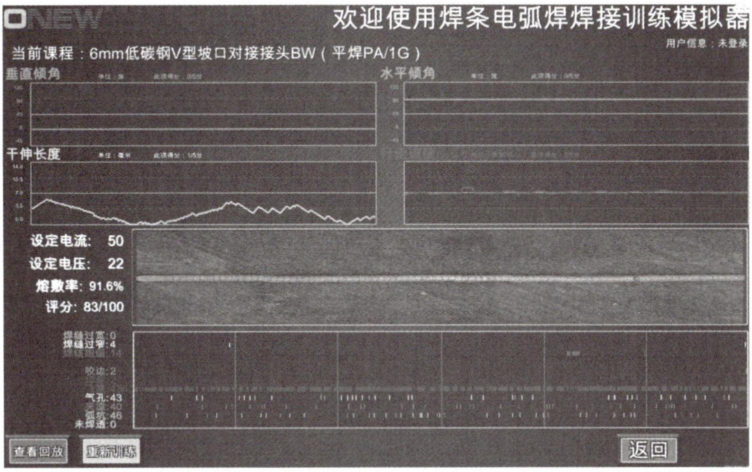

图 3-73　平焊焊缝质量评估

图 3-74　立焊训练

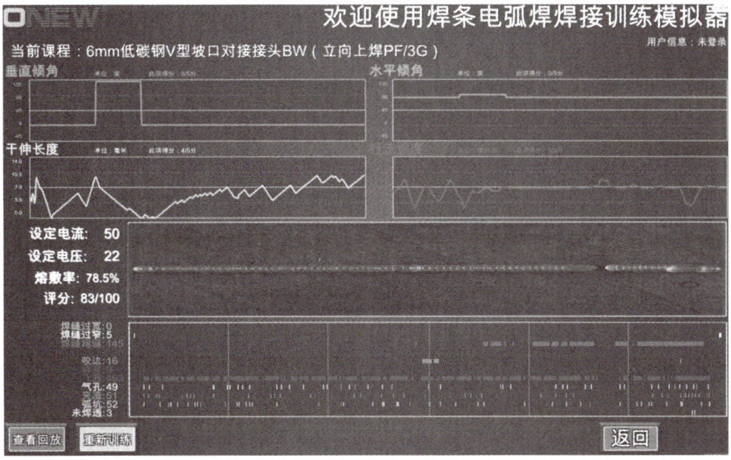

图 3-75　立焊焊缝质量评估

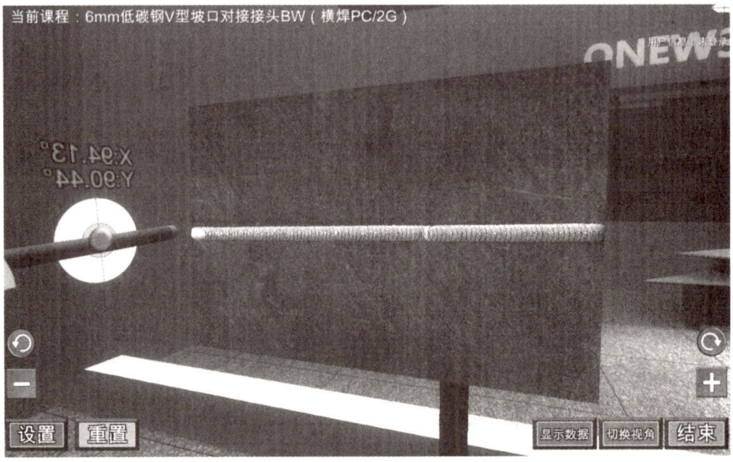

图 3-76　横焊训练

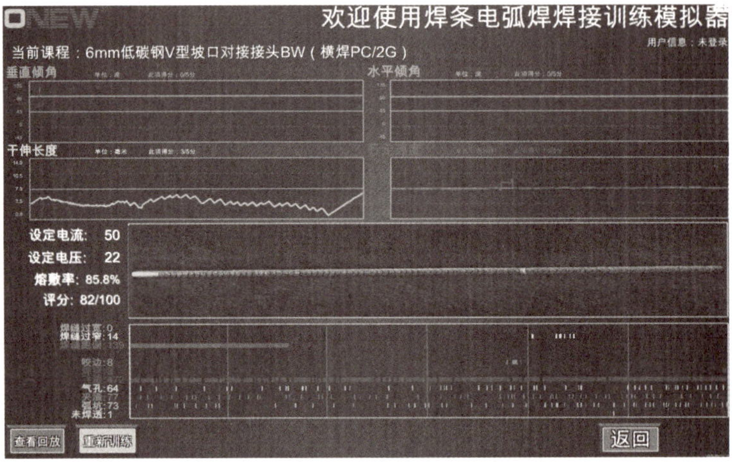

图 3-77　横焊焊缝质量评估

(3)学员操作技能的实时评估。该产品可以设置焊接技能标准,根据学员操作焊成的每一焊缝进行测评,并能根据虚拟的焊缝评估确定潜在的缺陷范围和可视标识。

(4)教师与学员的焊接录像可通过网络分享给其他任意学员进行回看,同时优秀的焊接录像还可下载导入模拟机中进行实时对比焊接学习及训练。

(5)教师可通过管理端轻松地管理多台训练模拟机,动态分配训练任务。培训及考试结果可直接传送至数据库,系统进行统计评估并记录打印。教师可以对学员整个焊接培训过程进行追踪评定,并可随时调档查看历史焊接数据及回放焊接录像。

三、焊接训练模拟器操作步骤

焊接训练模拟器操作步骤如图 3-78 所示。

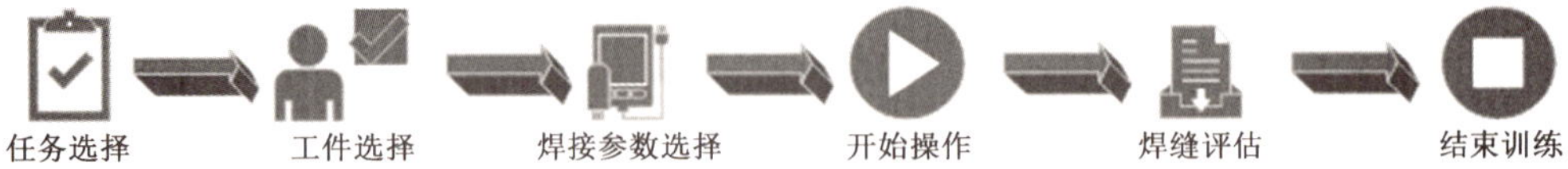

图 3-78　焊接训练模拟器操作步骤

四、手工电弧焊虚拟仿真焊接工艺卡实训工单

模拟训练一　焊条电弧焊的基本操作手法

(一)焊接工艺卡

<table>
<tr><td colspan="4">焊接工艺卡(虚拟实训)</td><td>焊接工艺编号</td><td>ONEW-1</td></tr>
<tr><td rowspan="12">适用范围</td><td colspan="2">材料牌号</td><td>Q235B</td><td colspan="2">焊接层次及顺序简图</td></tr>
<tr><td colspan="2">试件规格</td><td>6 mm</td><td colspan="2" rowspan="10">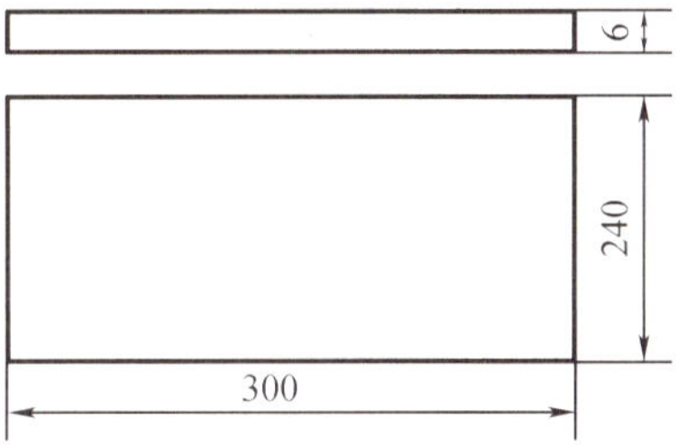</td></tr>
<tr><td colspan="2">接头种类</td><td>—</td></tr>
<tr><td colspan="2">坡口形式</td><td>—</td></tr>
<tr><td colspan="2">焊接位置</td><td>平敷焊</td></tr>
<tr><td colspan="2">焊接方法</td><td>焊条电弧焊</td></tr>
<tr><td rowspan="2">焊接电源</td><td>种类</td><td>直流</td></tr>
<tr><td>极性</td><td>反接</td></tr>
<tr><td colspan="2">坡口角度/(°)</td><td>—</td></tr>
<tr><td colspan="2">钝边/mm</td><td>—</td></tr>
<tr><td colspan="2">组对间隙/mm</td><td>—</td></tr>
<tr><td colspan="5">背面清根:</td></tr>
</table>

焊前预热	加热方式	—	层间温度	—
	温度范围	—	测温方法	—
焊后热处理	种类	—	保温时间	—
	加热方式	—	冷却方式	—
	温度范围	—	测温方法	—

焊接工艺参数

焊层	焊材型号	焊材规格/mm	焊接电流/A	电弧电压/V	焊接速度/(cm/min)	气体流量/(L/min)	钨极直径/mm	喷嘴直径/mm	线能量/(kJ/cm)
1层1道	J507	ϕ3.2	100~125						

备注:低氢型焊条需烘干,温度为350~400 ℃。

(二)工作准备

1. 试件尺寸

Q235B模拟工件,尺寸为长300 mm×宽240 mm×厚6 mm(1件)。

2. 焊接设备

选用ONEW-360AR焊接操作训练仪,同时检查设备状态以及电源是否饱和良好。

3. 辅助器具

在焊工操作作业区附近应准备好虚拟仿真焊接实训项目指导书和焊接支架及焊板。

(三)基本技巧

1. 引弧方法

(1) 直击法:将焊条与工件保持一定距离,然后垂直落下使之轻轻敲击工件,发生短路,再迅速提起焊条产生电弧。

(2) 擦划法:用焊条末端在焊件上滑动成一条线,当焊条端部接触焊件时发生短路,然后将焊条提起产生电弧。

2. 收弧方法

焊接停止后,使电弧灭掉的过程叫收弧。焊条电弧焊常用的收弧方法有反复断弧收弧、回焊收弧。

注意:收弧时,即将更换焊条,应在熔池前方做一个熔孔然后回焊 10 mm 左右再灭弧,然后更换焊条。

3. 操作要领

接头采用热接法,接头时换焊条的速度要快,在收弧还没有完全冷却时立即在熔池后面 10~15 mm 处引弧,当焊至收弧熔池边缘将焊条向下压听到击穿声时,稍作停顿然后灭弧进行填充焊。

4. 常用的运条方法

①直线形;②直线反复形;③月牙形;④锯齿形;⑤三角形;⑥圆圈形。

5. 运条的三个基本要素

①焊条的送进;②沿焊缝方向移动;③焊条的摆动。

6. 电弧的高度

焊接时电弧高度应保持在焊条直径的 0.5~1 倍处,即 3~5 mm 处。

7. 焊条角度

最佳焊条角度为 70°~80°。

(四)实训步骤

1. 引弧练习

首先检查焊机是否有安全隐患,连接是否正确。然后通电开始引弧练习。

要点:焊条的装夹要领,在钢板 2 mm 范围的定点引弧,采用划擦法引弧。

2. 钢板对接平敷焊练习

首先进行直线行走练习,注意通过每条焊缝的平行程度进行直线检查。然后进行运条练习,主要进行圆圈形、月牙形等轨迹的训练。

3. 熄弧练习

焊接停止后,电弧灭掉的过程称为熄弧,可按以下两种方法进行练习。

(1)划圈收尾法

焊条移至焊道终点时,利用手腕动作(臂不动)做圆圈运动,直到填满弧坑后再拉断电弧,此法适用于厚板焊接,用于薄板时则有烧穿的危险。

(2)反复断弧收尾法

焊条移至焊道终点时,在弧坑上需做数次"熄弧—引弧"操作,直至填满弧坑为止,此法适用于薄板焊接。

(五)技术要求

(1)焊缝成直线。

(2)焊缝宽度为 8~10 mm,焊缝余高小于 2 mm,大于 0 mm。

(3)焊缝表面波纹均匀,与母材圆滑过渡。

模拟训练二　焊条电弧焊 I 型坡口对接平焊

(一)焊接工艺卡

<table>
<tr><td colspan="4">焊接工艺卡(虚拟实训)</td><td>焊接工艺编号</td><td>ONEW-2</td></tr>
<tr><td rowspan="12">适用范围</td><td>材料牌号</td><td colspan="2">Q235B</td><td colspan="2">焊接层次及顺序简图</td></tr>
<tr><td>试件规格</td><td colspan="2">6 mm</td><td colspan="2" rowspan="10">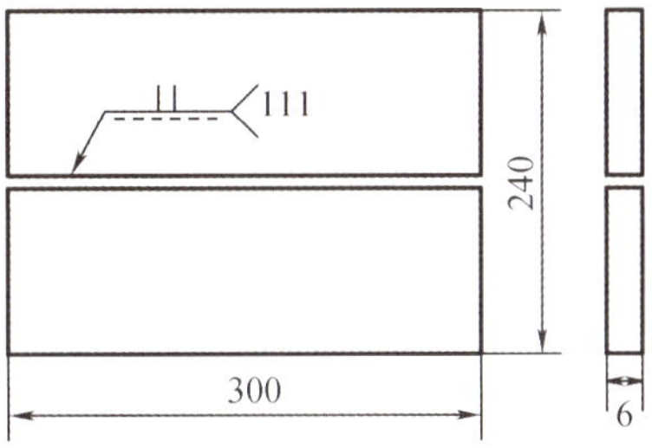
</td></tr>
<tr><td>接头种类</td><td colspan="2">对接接头</td></tr>
<tr><td>坡口形式</td><td colspan="2">I 型坡口</td></tr>
<tr><td>焊接位置</td><td colspan="2">平位</td></tr>
<tr><td>焊接方法</td><td colspan="2">焊条电弧焊</td></tr>
<tr><td rowspan="2">焊接电源</td><td>种类</td><td>直流</td></tr>
<tr><td>极性</td><td>反接</td></tr>
<tr><td colspan="2">坡口角度/(°)</td><td>—</td></tr>
<tr><td colspan="2">钝边/mm</td><td>—</td></tr>
<tr><td colspan="2">组对间隙/mm</td><td>2</td></tr>
<tr><td colspan="5">背面清根:</td></tr>
</table>

<table>
<tr><td colspan="2">焊接工艺卡(虚拟实训)</td><td colspan="2">焊接工艺编号</td><td colspan="2">ONEW-2</td></tr>
<tr><td rowspan="2">焊前预热</td><td>加热方式</td><td>—</td><td>层间温度</td><td>—</td></tr>
<tr><td>温度范围</td><td>—</td><td>测温方法</td><td>—</td></tr>
<tr><td rowspan="3">焊后热处理</td><td>种类</td><td>—</td><td>保温时间</td><td>—</td></tr>
<tr><td>加热方式</td><td>—</td><td>冷却方式</td><td>—</td></tr>
<tr><td>温度范围</td><td>—</td><td>测温方法</td><td>—</td></tr>
</table>

焊接工艺参数									
焊层	焊材型号	焊材规格/mm	焊接电流/A	电弧电压/V	焊接速度/(cm/min)	气体流量/(L/min)	钨极直径/mm	喷嘴直径/mm	线能量/(kJ/cm)
1 层 1 道	J507	ϕ3.2	90~125						

备注:低氢型焊条需烘干,温度为 350~400 ℃。

(二)工作准备

1. 试件尺寸

Q235B 模拟工件,尺寸为长 300 mm×宽 120 mm×厚 6 mm(2 件)。

2. 焊接设备

选用 ONEW-360AR 焊接操作训练仪,同时检查设备状态以及电源是否饱和良好。

3. 辅助器具

在焊工操作作业区附近应准备好虚拟仿真焊接实训项目指导书和焊接支架以及焊板。

(三)实训步骤

1. 装配与定位焊

焊接操作中装配与定位焊很重要,固定焊缝长度 10 mm 左右,左端与右端一致,如图 3-79 所示。

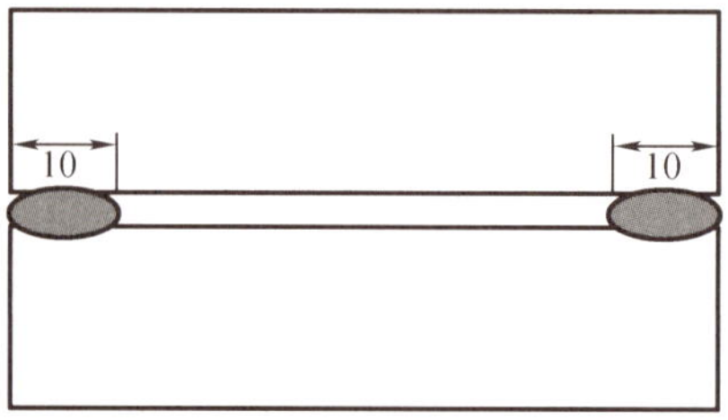

图 3-79　I 型坡口对接平焊装配与定位

2. 焊接

通常采用右焊法,由点焊处开始,焊接过程中要使焊条保持适当的倾斜角度和电弧高度,尽可能地匀速运动,由于板薄间隙小无须摆动,焊接时必须根据焊接实际效果判断焊接工艺参数是否合适。根据熔池情况、电弧稳定性、飞溅大小及焊缝成形的好坏修正焊接工艺参数,直至满意为止。焊接结束前必须收弧,若收弧不当容易产生弧坑并出现裂纹、气孔等缺陷,如图 3-80 所示。

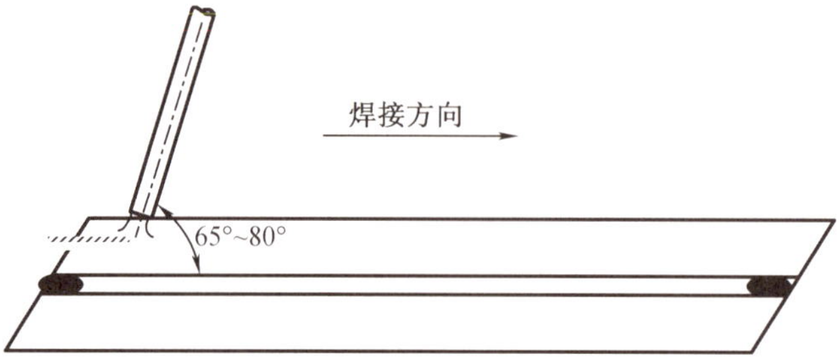

图 3-80　I 型坡口对接平焊示意图

(四)技术要求

(1)焊缝表面不得有裂纹、夹渣、焊瘤、未熔合等缺陷。

(2)焊缝宽度为 6~8 mm,焊缝余高小于 2 mm,大于 0 mm。

(3)焊缝表面波纹均匀,与母材圆滑过渡。

模拟训练三　焊条电弧焊 I 型坡口对接立焊

(一)焊接工艺卡

焊接工艺卡(虚拟实训)				焊接工艺编号	ONEW-3
适用范围	材料牌号	Q235B		焊接层次及顺序简图	
	试件规格	6 mm		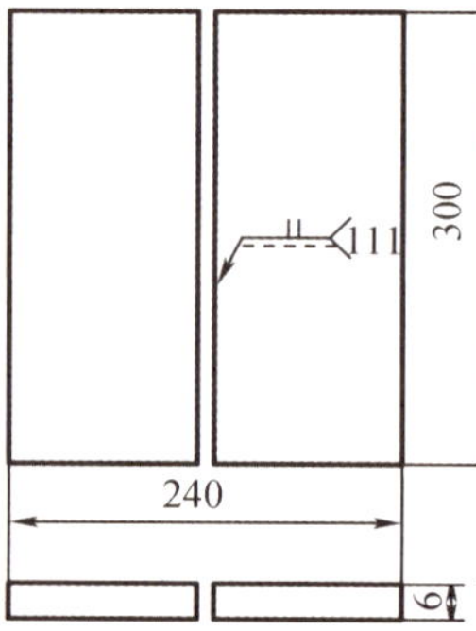	
	接头种类	对接接头			
	坡口形式	I 型坡口			
	焊接位置	立位			
	焊接方法	焊条电弧焊			
	焊接电源	种类	直流		
		极性	反接		
	坡口角度/(°)		—		
	钝边/mm		—		
	组对间隙/mm		2		
	背面清根:				

焊前预热	加热方式	—	层间温度	—
	温度范围	—	测温方法	—
焊后热处理	种类	—	保温时间	—
	加热方式	—	冷却方式	—
	温度范围	—	测温方法	—

焊接工艺参数

焊层	焊材型号	焊材规格/mm	焊接电流/A	电弧电压/V	焊接速度/(cm/min)	气体流量/(L/min)	钨极直径/mm	喷嘴直径/mm	线能量/(kJ/cm)
1 层 1 道	J507	ϕ3.2	90~110						

备注:低氢型焊条需烘干,温度为 350~400 ℃。

(二)工作准备

1. 试件尺寸

Q235B 模拟工件,尺寸为长 300 mm×宽 120 mm×厚 6 mm(2 件)。

2. 焊接设备

选用 ONEW-360AR 焊接操作训练仪,同时检查设备状态以及电源是否饱和良好。

3. 辅助器具

在焊工操作作业区附近应准备好虚拟仿真焊接实训项目指导书和焊接支架以及焊板。

(三)实训步骤

1. 装配与定位焊

焊接操作中装配与定位焊很重要,固定焊缝长度 10 mm 左右,左端与右端一致,如图 3-81 所示。

2. 焊接

由下往上焊接,由点焊处开始,焊接过程中要使焊条保持适当的倾斜角度和电弧高度,由于钢板处于垂直位置,焊接熔池在凝固前易向下流淌,影响焊缝成形,此时焊条要进行运条控制,通常采用三角形、月牙形等方法运条。尽可能地匀速运动,尽量保持每个熔池的间距相等。焊接时要根据熔池情况、电弧稳定性、飞溅大小及焊缝成形的好坏修正焊接工艺参数,直至满意为止,如图 3-82 所示。

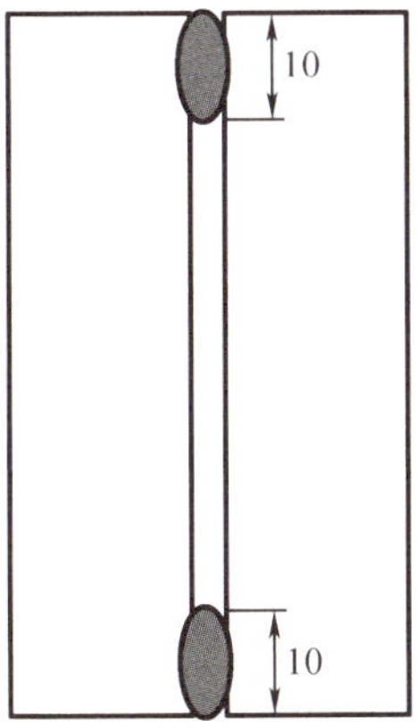

图 3-81　I 型坡口对接立焊装配与定位

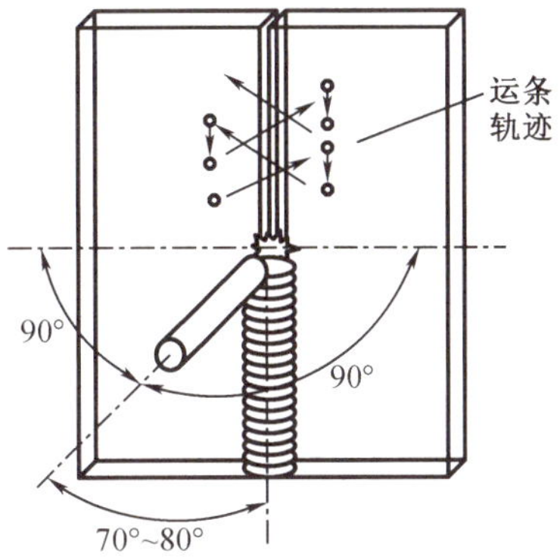

图 3-82　I 型坡口对接立焊示意图

(四)技术要求

(1)焊缝表面不得有裂纹、夹渣、焊瘤、未熔合等缺陷。

(2)焊缝宽度为 6~8 mm,焊缝余高小于 2 mm,大于 0 mm。

(3)焊缝表面波纹均匀,与母材圆滑过渡。

模拟训练四　焊条电弧焊 I 型坡口对接横焊

(一)焊接工艺卡

焊接工艺卡(虚拟实训)					焊接工艺编号	ONEW-4
适用范围	材料牌号	Q235B			焊接层次及顺序简图	
	试件规格	6 mm			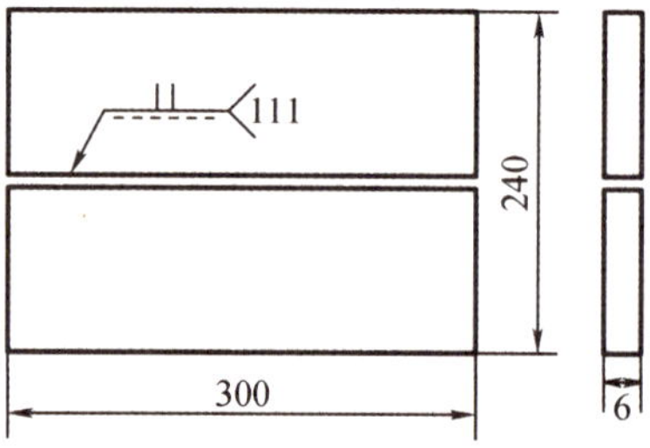	
	接头种类	对接接头				
	坡口形式	I 型坡口				
	焊接位置	横位				
	焊接方法	焊条电弧焊				
	焊接电源	种类	直流			
		极性	反接			
	坡口角度/(°)		—			
	钝边/mm		—			
	组对间隙/mm		2			
	背面清根:					

焊前预热	加热方式	—	层间温度	—
	温度范围	—	测温方法	—
焊后热处理	种类	—	保温时间	—
	加热方式	—	冷却方式	—
	温度范围	—	测温方法	—

焊接工艺参数

焊层	焊材型号	焊材规格/mm	焊接电流/A	电弧电压/V	焊接速度/(cm/min)	气体流量/(L/min)	钨极直径/mm	喷嘴直径/mm	线能量/(kJ/cm)
1 层 1 道	J507	ϕ3.2	90~120						

备注:低氢型焊条需烘干,温度为 350~400 ℃。

(二)工作准备

1. 试件尺寸

Q235B 模拟工件,尺寸为长 300 mm×宽 120 mm×厚 6 mm(2 件)。

2. 焊接设备

选用 ONEW-360AR,同时检查设备状态以及电源是否饱和良好。

3. 辅助器具

在焊工操作作业区附近应准备好虚拟仿真焊接实训项目指导书和焊接支架以及焊板。

(三)实训步骤

1. 装配与定位焊

焊接操作中装配与定位焊很重要,固定焊缝长度 10 mm 左右,左端与右端一致,如图 3-83 所示。

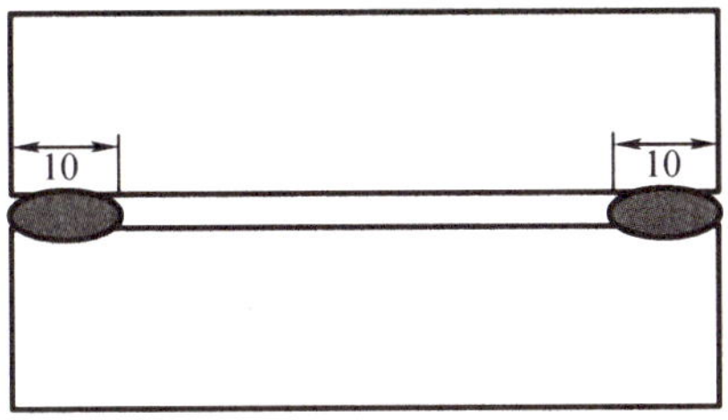

图 3-83　I 型坡口对接横焊装配与定位

2. 焊接

横焊时,熔化金属在重力作用下发生流淌,操作不当易在上侧产生咬边,下侧因熔滴堆积而产生焊瘤或未焊透缺陷,施焊时应选择较小直径的焊条,配合恰当的焊条角度和运条方法,以短路过渡形式进行焊接。进行多层多道焊时,还应针对焊缝所在位置适当改变焊条角度,以使电弧推力对熔滴产生承托作用,这样才能获得高质量的焊缝,如图 3-84 所示。

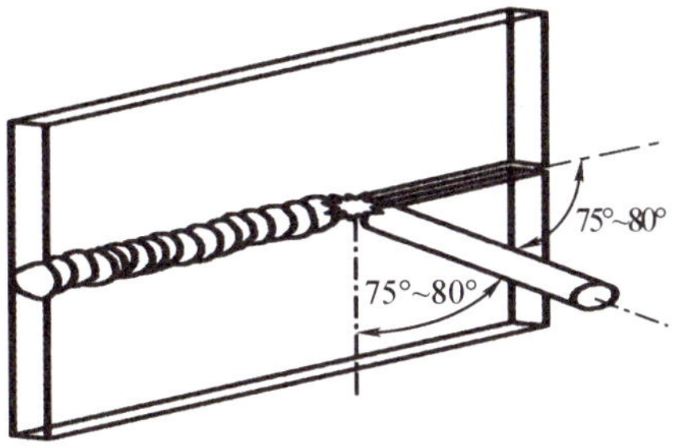

图 3-84　I 型坡口对接横焊示意图

(四)技术要求

(1)焊缝表面不得有裂纹、夹渣、焊瘤、未熔合等缺陷。

(2)焊缝宽度为 6~8 mm,焊缝余高小于 2 mm,大于 0 mm。

(3)焊缝表面波纹均匀,与母材圆滑过渡。

模拟训练五　焊条电弧焊 I 型坡口对接仰焊

(一)焊接工艺卡

<table>
<tr><td colspan="4">焊接工艺卡(虚拟实训)</td><td>焊接工艺编号</td><td>ONEW-5</td></tr>
<tr><td rowspan="12">适用范围</td><td>材料牌号</td><td colspan="2">Q235B</td><td colspan="2">焊接层次及顺序简图</td></tr>
<tr><td>试件规格</td><td colspan="2">6 mm</td><td colspan="2" rowspan="10">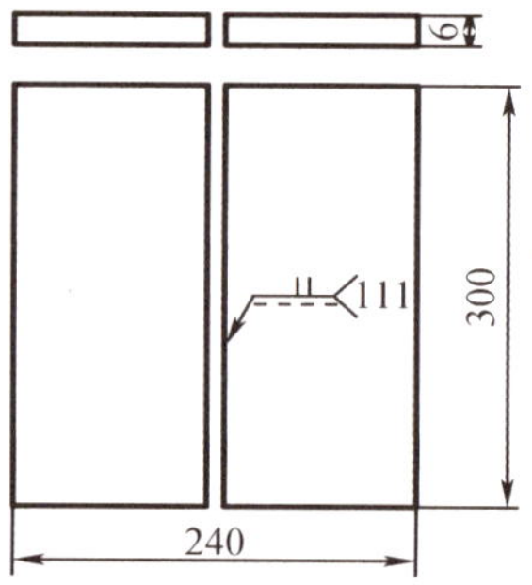</td></tr>
<tr><td>接头种类</td><td colspan="2">对接接头</td></tr>
<tr><td>坡口形式</td><td colspan="2">I 型坡口</td></tr>
<tr><td>焊接位置</td><td colspan="2">仰位</td></tr>
<tr><td>焊接方法</td><td colspan="2">焊条电弧焊</td></tr>
<tr><td rowspan="2">焊接电源</td><td>种类</td><td>直流</td></tr>
<tr><td>极性</td><td>反接</td></tr>
<tr><td colspan="2">坡口角度/(°)</td><td>—</td></tr>
<tr><td colspan="2">钝边/mm</td><td>—</td></tr>
<tr><td colspan="2">组对间隙/mm</td><td>2</td></tr>
<tr><td colspan="5">背面清根:</td></tr>
</table>

<table>
<tr><td rowspan="2">焊前预热</td><td>加热方式</td><td>—</td><td>层间温度</td><td>—</td></tr>
<tr><td>温度范围</td><td>—</td><td>测温方法</td><td>—</td></tr>
<tr><td rowspan="3">焊后热处理</td><td>种类</td><td>—</td><td>保温时间</td><td>—</td></tr>
<tr><td>加热方式</td><td>—</td><td>冷却方式</td><td>—</td></tr>
<tr><td>温度范围</td><td>—</td><td>测温方法</td><td>—</td></tr>
</table>

焊接工艺参数

焊层	焊材型号	焊材规格/mm	焊接电流/A	电弧电压/V	焊接速度/(cm/min)	气体流量/(L/min)	钨极直径/mm	喷嘴直径/mm	线能量/(kJ/cm)
1 层 1 道	J507	ϕ3.2	90~120						

备注:低氢型焊条需烘干,温度为 350~400 ℃。

(二)工作准备

1. 试件尺寸

Q235B 模拟工件,尺寸为长 300 mm×宽 120 mm×厚 6 mm(2 件)。

2. 焊接设备

选用 ONEW-360AR 焊接操作训练仪,同时检查设备状态以及电源是否饱和良好。

3. 辅助器具

在焊工操作作业区附近应准备好虚拟仿真焊接实训项目指导书和焊接支架以及焊板。

(三)实训步骤

1. 装配与定位焊

焊接操作中装配与定位焊很重要,固定焊缝长度 10 cm 左右,左端与右端一致,如图 3-85 所示。

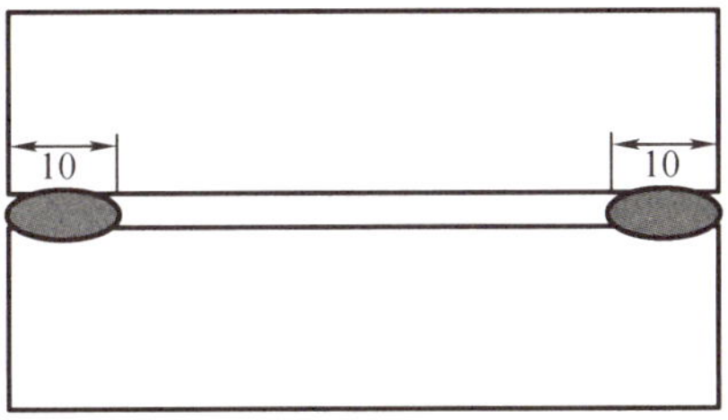

图 3-85　I 型坡口对接仰焊装配与定位

2. 焊接要点

仰焊是各种位置焊接中最困难的一种焊接方法,由于熔池倒悬在焊件下面,没有固体金属的承托,所以焊缝成形困难。同时在施焊中,常发生熔渣越前的现象,故在控制运条方面比平焊和立焊困难些。

仰焊时,必须保持最短的电弧长度,以使熔滴在很短的时间内过渡到熔池中,在表面张力的作用下,很快与熔池的液体金属汇合,促使焊缝成形。为了减小熔池面积,使焊缝容易成形,焊条直径和焊接电流的选择要比平焊时小些。若焊接电流与焊条直径太大,则促使熔池体积增大,易造成熔化金属向下淌落;如果焊接电流太小,则根部不易焊透,产生夹渣及焊缝成形不良等缺陷。此外,在仰焊时气体的吹力和电磁力的作用是有利于熔滴过渡的,可促使焊缝成形良好。

3. 仰焊的操作工艺

当焊件厚度为 4~6 mm 时,一般采用 I 型坡口对接仰焊。选用直径为 3.2 mm 的焊条,焊条与焊接方向的角度为 70°~80°,左右方向为 90°,如图 3-86 所示。在施焊时,焊条要保持在上述位置且均匀地运条,电弧长度应尽量短。间隙小的焊缝可采用直线形运条法;间隙较大的焊缝用直线往返形运条法。

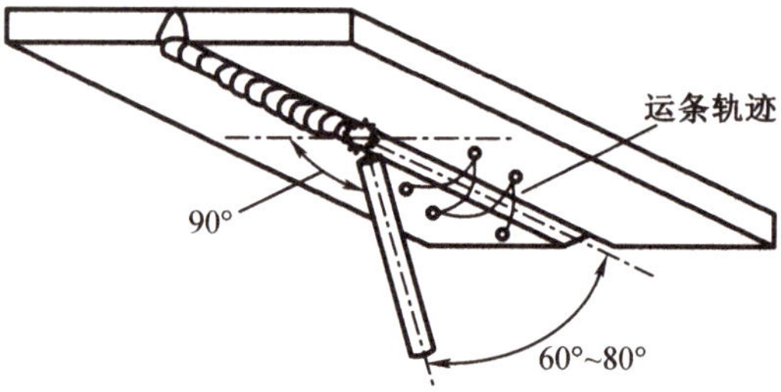

图 3-86　I 型坡口对接仰焊示意图

(四)技术要求

(1)焊缝表面不得有裂纹、夹渣、焊瘤、未熔合等缺陷。

(2)焊缝宽度为 6~8 mm,焊缝余高小于 2 mm,大于 0 mm。

(3)焊缝表面波纹均匀,与母材圆滑过渡。

模拟训练六　焊条电弧焊 T 型接头平角焊

(一)焊接工艺卡

焊接工艺卡(虚拟实训)				焊接工艺编号	ONEW-6
适用范围	材料牌号	Q235B		焊接层次及顺序简图	
	试件规格	12 mm		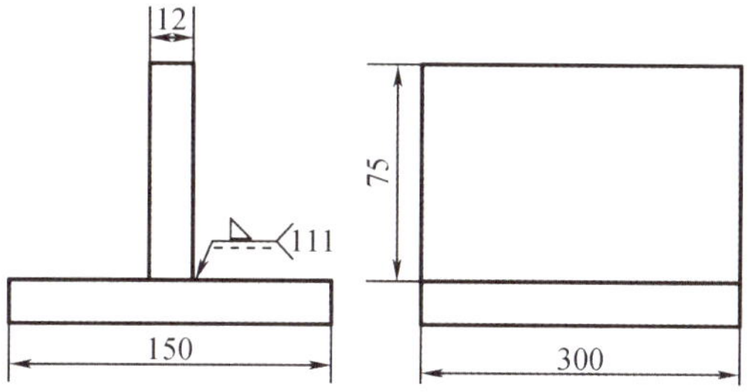	
	接头种类	T 型接头			
	坡口形式	I 型坡口			
	焊接位置	平角焊			
	焊接方法	焊条电弧焊			
	焊接电源	种类	直流		
		极性	反接		
	坡口角度/(°)		—		
	钝边/mm		—		
	组对间隙/mm		2		
	背面清根:				

焊前预热	加热方式	—	层间温度	—
	温度范围	—	测温方法	—
焊后热处理	种类	—	保温时间	—
	加热方式	—	冷却方式	—
	温度范围	—	测温方法	—

焊接工艺参数

焊层	焊材型号	焊材规格/mm	焊接电流/A	电弧电压/V	焊接速度/(cm/min)	气体流量/(L/min)	钨极直径/mm	喷嘴直径/mm	线能量/(kJ/cm)
1 层 1 道	J507	ϕ3. 2	120~150						
2 层 2 道	J507	ϕ3. 2	120~150						
3 层 3 道	J507	ϕ3. 2	120~150						

备注:低氢型焊条需烘干,温度为 350~400 ℃。

（二）工作准备

1. 试件尺寸

Q235B 模拟工件，尺寸：底板长 300 mm×宽 150 mm×厚 12 mm，立板长 300 mm×高 75 mm×厚 12 mm（各 1 件）。

2. 焊接设备

选用 ONEW-360AR 焊接操作训练仪，同时检查设备状态以及电源是否饱和良好。

3. 辅助器具

在焊工操作作业区附近应准备好虚拟仿真焊接实训项目指导书和焊接支架以及焊板。

（三）实训步骤

1. 装配与定位焊

焊接操作中装配与定位焊很重要，固定焊缝长度为 10 mm 左右，左端与右端一致，如图 3-87 所示。

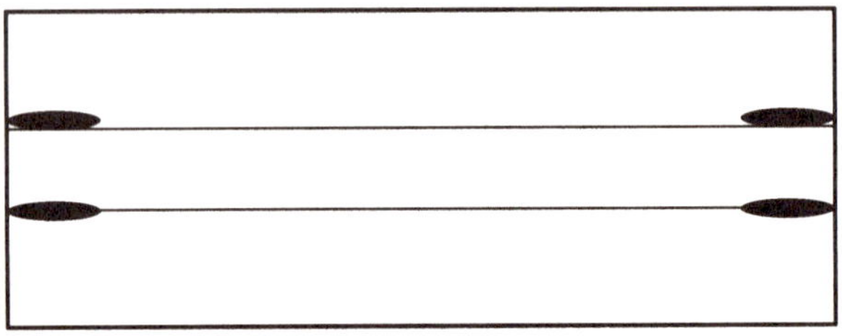

图 3-87　T 型接头平角焊装配与定位

2. 焊接

（1）T 型接头平角焊

焊条在焊接方向上的倾角为 65°~80°，电弧的指向应偏向厚板，以使两板加热温度相等，避免电弧对板的加热温度产生太大的偏差。

进行多层多道焊时，还应根据焊道位置及板厚调整焊条角度，以保证焊缝成形良好，如图 3-88 所示。

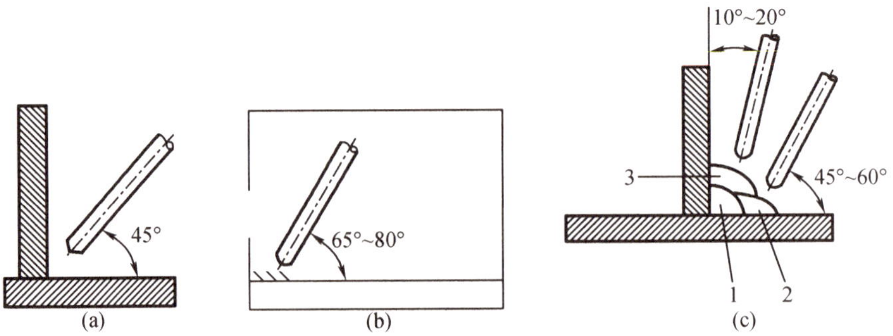

1、2、3——第 1 条、第 2 条、第 3 条焊道。

图 3-88　T 型接头平角焊示意图

(2)角焊接头平焊

根据角焊接头不同坡口形式,采用不同的施焊方法,包括控制焊缝热输入、短弧焊、电弧偏向竖板一边,以保证焊缝两侧熔化程度相同,如图 3-89 所示。

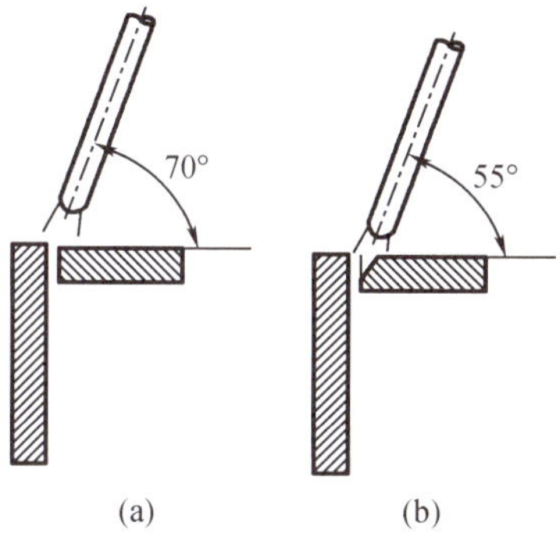

图 3-89　角焊接头平焊示意图

(3)搭接平焊

为避免产生焊缝单边、咬边、顶角焊不透和焊缝夹渣缺陷,应根据两板的厚薄来调整焊条的角度,同时电弧要偏向厚板一边,以便使两边熔透均匀。焊条倾角过大或过小都会使焊缝成形不良,如图 3-90 所示。

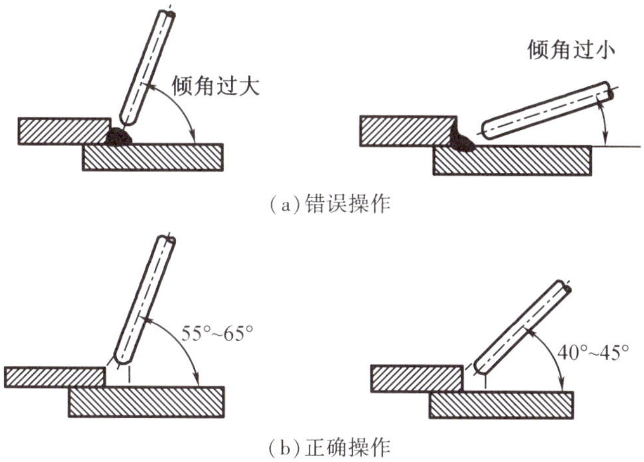

图 3-90　搭接平焊示意图

(四)技术要求

(1)焊缝表面不得有裂纹、夹渣、焊瘤、未熔合等缺陷。

(2)焊角高度为 8 mm。

(3)焊缝表面波纹均匀,与母材圆滑过渡。

模拟训练七　焊条电弧焊 T 型接头立角焊

(一)焊接工艺卡

<table>
<tr><td colspan="4">焊接工艺卡(虚拟实训)</td><td>焊接工艺编号</td><td>ONEW-7</td></tr>
<tr><td rowspan="12">适用范围</td><td>材料牌号</td><td colspan="2">Q235B</td><td colspan="2">焊接层次及顺序简图</td></tr>
<tr><td>试件规格</td><td colspan="2">12 mm</td><td colspan="2" rowspan="10">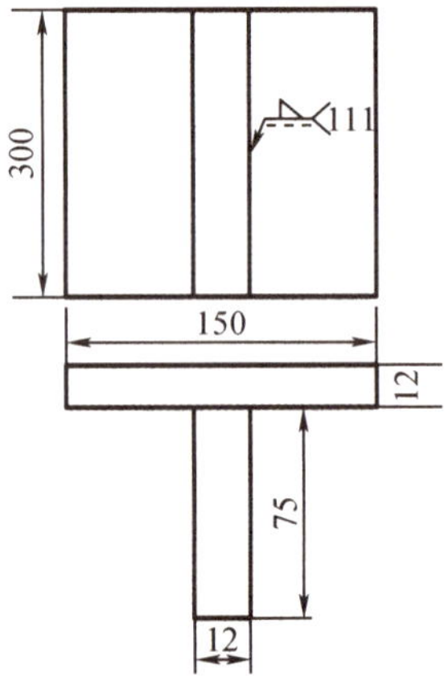
</td></tr>
<tr><td>接头种类</td><td colspan="2">T 型接头</td></tr>
<tr><td>坡口形式</td><td colspan="2">I 型坡口</td></tr>
<tr><td>焊接位置</td><td colspan="2">立角焊</td></tr>
<tr><td>焊接方法</td><td colspan="2">焊条电弧焊</td></tr>
<tr><td rowspan="2">焊接电源</td><td>种类</td><td>直流</td></tr>
<tr><td>极性</td><td>反接</td></tr>
<tr><td colspan="2">坡口角度/(°)</td><td>—</td></tr>
<tr><td colspan="2">钝边/mm</td><td>—</td></tr>
<tr><td colspan="2">组对间隙/mm</td><td>—</td></tr>
<tr><td colspan="5">背面清根:</td></tr>
</table>

<table>
<tr><td rowspan="2">焊前预热</td><td>加热方式</td><td>—</td><td>层间温度</td><td>—</td></tr>
<tr><td>温度范围</td><td>—</td><td>测温方法</td><td>—</td></tr>
<tr><td rowspan="3">焊后热处理</td><td>种类</td><td>—</td><td>保温时间</td><td>—</td></tr>
<tr><td>加热方式</td><td>—</td><td>冷却方式</td><td>—</td></tr>
<tr><td>温度范围</td><td>—</td><td>测温方法</td><td>—</td></tr>
</table>

焊接工艺参数

焊层	焊材型号	焊材规格/mm	焊接电流/A	电弧电压/V	焊接速度/(cm/min)	气体流量/(L/min)	钨极直径/mm	喷嘴直径/mm	线能量/(kJ/cm)
1 层 1 道	J507	ϕ3. 2	120～150						
2 层 1 道	J507	ϕ3. 2	120～150						
3 层 1 道	J507	ϕ3. 2	120～150						

备注:低氢型焊条需烘干,温度为 350～400 ℃。

（二）工作准备

1. 试件尺寸

Q235B 模拟工件，尺寸为底板长 300 mm×宽 150 mm×厚 12 mm，立板长 300 mm×高 75 mm×厚 12 mm（各 1 件）。

2. 焊接设备

选用 ONEW-360AR 焊接操作训练仪，同时检查设备状态以及电源是否饱和良好。

3. 辅助器具

在焊工操作作业区附近应准备好虚拟仿真焊接实训项目指导书和焊接支架以及焊板。

（三）实训步骤

1. 装配与定位焊

焊接操作中装配与定位焊很重要，装配间隙应为 0，否则热量散失，根部容易造成未焊透现象。固定焊缝长度为 10 mm 左右，左端与右端一致，如图 3-91 所示。

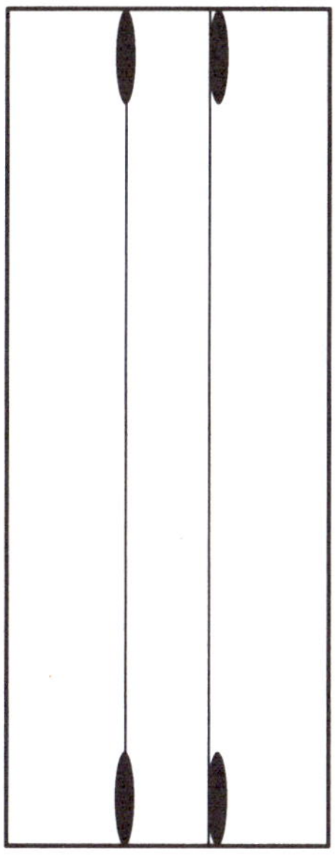

图 3-91　T 型接头立角焊装配与定位

2. 焊接操作要领

立角焊与对接立焊的操作有相似之处，都应采用小直径焊条和短弧焊接。施焊时，要选择比较小的焊条直径和焊接电流，采用短弧和合适的运条方法焊接。由于立角焊电弧的热量向焊件的三个方向传递，散热快，所以在与对接立焊相同的条件下，焊接电流稍大些，以保证两板熔合良好。

立角焊与对接立焊的操作基本相同，焊接时立角焊一般常用小直径焊条和短弧焊接。操作姿势有蹲式和站式。手臂操作时有无依托和有依托两种。握焊钳的方法有正握法和反握法。为很好地掌握立角焊的操作技能，必须注意以下操作要领。

（1）焊接参数：在与对接立焊相同的条件下，焊接电流可稍大些，以保证焊透。如直径为 3. 2 mm 的焊条,电流为 90~120 A,底层稍大,面层稍小。

(2)焊条的位置:为了使接口两侧均匀受热,保证熔深和焊接效率,应注意焊条的位置和倾斜角度(图 3-88)。如两焊件厚度相同时,焊条与接口两侧的夹角应相同,而焊条与接口的中心线的夹角保持在 75°~85°(图 3-92)。

(3)熔化金属的控制:立角焊的关键是如何控制熔池金属。在施焊过程中,当引弧后出现第一个熔池时,电弧应较快抬高,当看到熔池冷却成红色时,将电弧下降到熔池处,并使熔滴下落时与前熔池重叠 2/3,然后电弧再抬高,这样有节奏地运条施焊后形成立角焊缝,称为跳弧焊。应注意的是,每次落弧点必须准确,否则会使焊波脱节,影响焊缝质量和外观。这种焊法多用在立角焊的第一层上。

(4)焊条的摆动:根据不同板厚和焊脚尺寸的要求,应选择适当的运条方法,对焊脚较小的焊缝,可采用跳弧法,焊脚尺寸较大时,可用锯齿形或三角形的运条法施焊,如图 3-93 所示。应注意的是,为防止产生咬边等缺陷,除选用合适的电流外,在运条中焊条在焊缝的两侧应稍作停顿,使熔化金属能填满焊缝两侧边缘部分。焊条摆动的宽度要小于所要求的焊脚尺寸。如焊脚高度要求 10 mm 时,摆动宽度应在 8 mm 以内。这是局部间隙过大时的焊法,当接口间隙大于焊条直径时,可用跳弧焊法和短弧焊法把间隙先填满,后清干净熔渣,再进行正常焊接。对薄焊件,也可采用这种焊法。

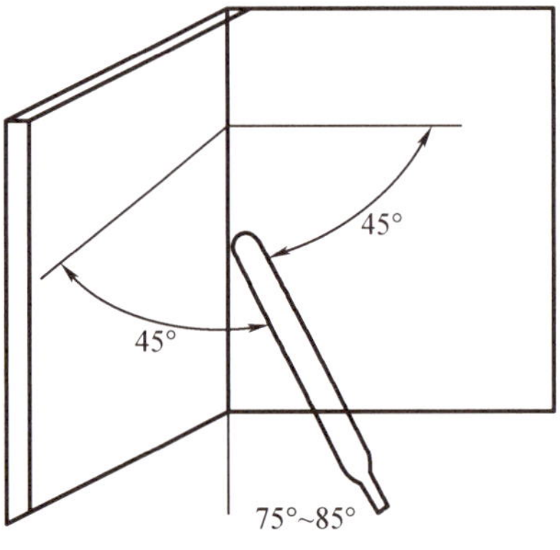

图 3-92　立角焊焊条与焊件的角度

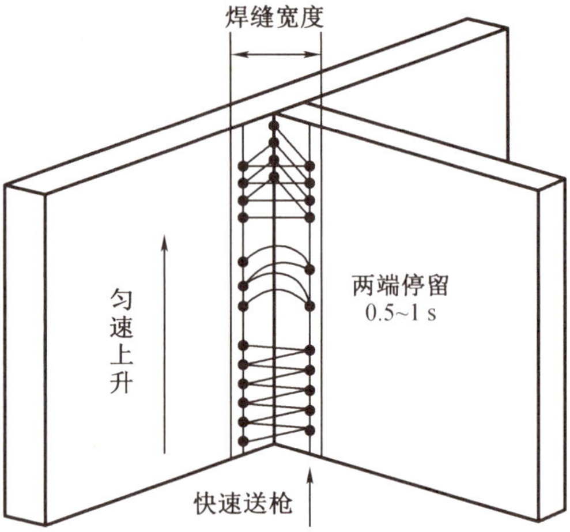

图 3-93　立角焊运条方法

(四)技术要求

(1)焊缝表面不得有裂纹、夹渣、焊瘤、未熔合等缺陷。

(2)焊角高度为 8 mm。

(3)焊缝表面波纹均匀,与母材圆滑过渡。

模拟训练八　焊条电弧焊 V 型坡口对接平焊

(一)焊接工艺卡

<table>
<tr><td colspan="4">焊接工艺卡(虚拟实训)</td><td>焊接工艺编号</td><td>ONEW-8</td></tr>
<tr><td rowspan="12">适用范围</td><td>材料牌号</td><td colspan="2">Q235B</td><td colspan="2">焊接层次及顺序简图</td></tr>
<tr><td>试件规格</td><td colspan="2">12 mm</td><td colspan="2" rowspan="10">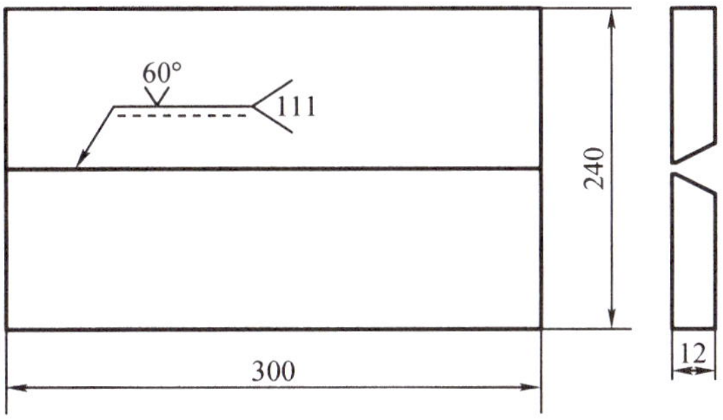
</td></tr>
<tr><td>接头种类</td><td colspan="2">对接接头</td></tr>
<tr><td>坡口形式</td><td colspan="2">V 型坡口</td></tr>
<tr><td>焊接位置</td><td colspan="2">平位</td></tr>
<tr><td>焊接方法</td><td colspan="2">焊条电弧焊</td></tr>
<tr><td rowspan="2">焊接电源</td><td>种类</td><td>直流</td></tr>
<tr><td>极性</td><td>反接</td></tr>
<tr><td colspan="2">坡口角度/(°)</td><td>60±2</td></tr>
<tr><td colspan="2">钝边/mm</td><td>1.5</td></tr>
<tr><td colspan="2">组对间隙/mm</td><td>2</td></tr>
<tr><td colspan="5">背面清根:</td></tr>
</table>

焊前预热	加热方式	—	层间温度	—
	温度范围	—	测温方法	—
焊后热处理	种类	—	保温时间	—
	加热方式	—	冷却方式	—
	温度范围	—	测温方法	—

焊接工艺参数

焊层	焊材型号	焊材规格/mm	焊接电流/A	电弧电压/V	焊接速度/(cm/min)	气体流量/(L/min)	钨极直径/mm	喷嘴直径/mm	线能量/(kJ/cm)
1 层 1 道	J507	ϕ3.2	80~90						
2 层 1 道	J507	ϕ3.2	130~140						
3 层 1 道	J507	ϕ3.2	135~145						

备注:低氢型焊条需烘干,温度为 350~400 ℃。

（二）工作准备

1. 试件尺寸

Q235B 模拟工件，尺寸为长 300 mm×宽 120 mm 厚×12 mm（2 件）。

2. 焊接设备

选用 ONEW-360AR 焊接操作训练仪，同时检查设备状态以及电源是否饱和良好。

3. 辅助器具

在焊工操作作业区附近应准备好虚拟仿真焊接实训项目指导书和焊接支架以及焊板。

（三）实训步骤

1. 装配与定位焊

预留反变形：3°~4°。

装配间隙：3.2~4.0 mm，如图 3-94 所示。

错边量：≤1 mm。

点固位置：试板焊缝两端点固焊长度为 10 mm。

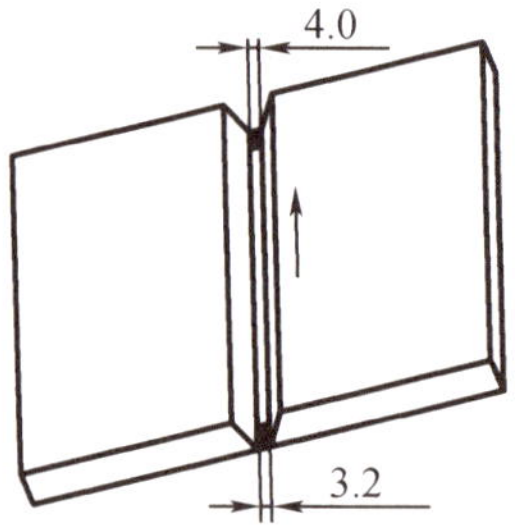

图 3-94　V 型坡口对接平焊装配示意图

2. 操作要点

（1）打底焊

①引弧位置。打底焊始焊时，在焊件左端定位焊缝的始焊处引弧，稍作停顿预热，横向摆动向右施焊。电弧到达定位焊右侧前沿时，下压焊条，将坡口根部熔化并击穿，形成熔孔。

②控制熔孔。焊接过程不应有明显熔孔出现，熔孔大小如图 3-95 所示。熔孔大小可通过改变焊接速度、摆动频率和焊条角度调整。

③运条方式、焊条角度和熔池控制。采用连弧焊法，锯齿形横向摆动，坡口两侧稍停顿，短弧连续施焊；保持熔池形状大小均匀一致；焊条与焊件之间的角度如图 3-96 所示。

④焊道接头。接头前收弧时，焊条回拉 10~15 mm，接头处呈斜面状。焊道接头采用热接法或冷接法，采用冷接法时，将弧坑处打磨成缓坡后再焊接。

（2）填充焊

①填充施焊前，先清除前道焊缝的焊渣、飞溅物等。

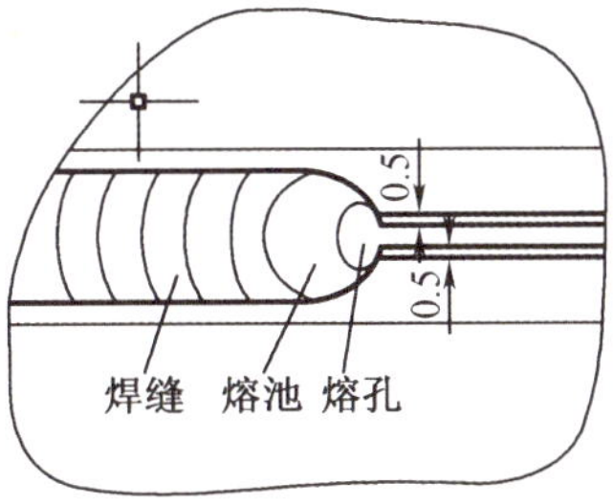

图 3-95　板平焊时的熔孔

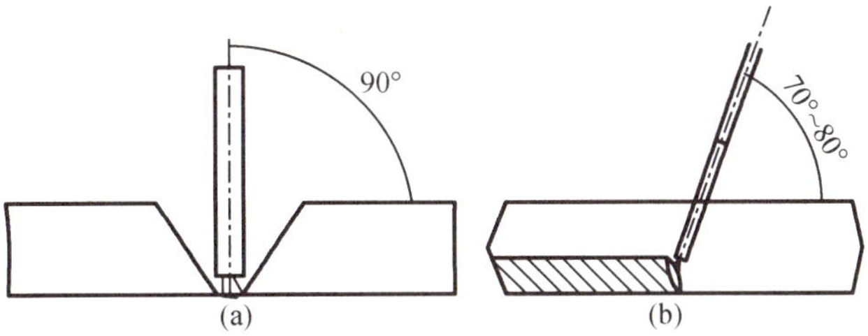

图 3-96　打底焊焊条与焊件之间的角度

②填充层焊接时的焊条角度如图 3-97 所示。填充焊与打底焊相比,焊条摆动幅度大些,在坡口两侧停留时间稍长,应保证焊道平整并略下凹,第二道填充层焊缝厚度应低于母材表面 0.5~1.5 mm。

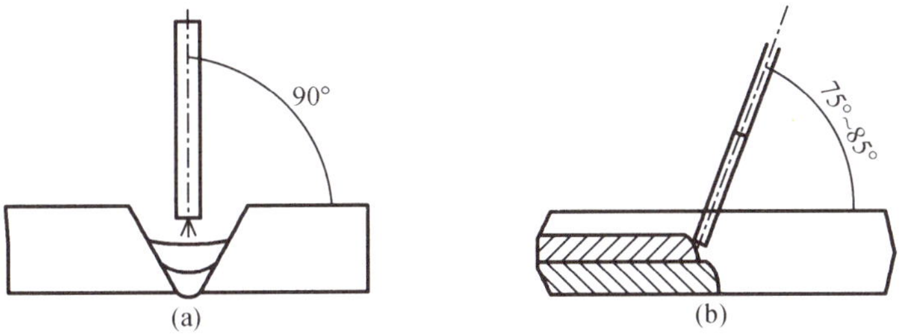

图 3-97　填充层焊接时焊条与焊件之间的角度

③填充焊接头方法如图 3-98 所示,在弧坑前 10 mm 处引弧,回焊至弧坑处,沿弧坑形状将弧坑填满,不需下压电弧,之后再正常施焊。

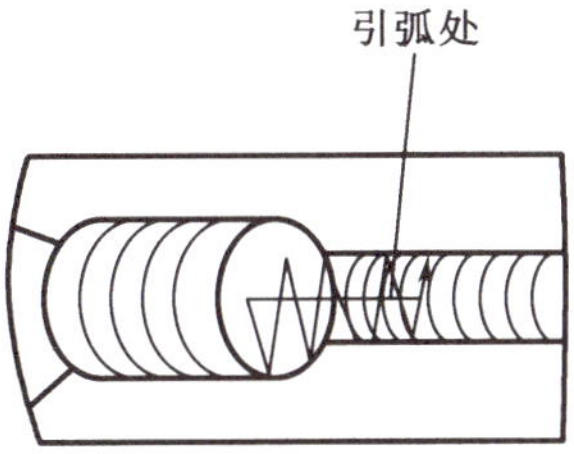

图 3-98　填充焊接头方法

(3)盖面焊

①盖面层施焊时,焊条角度、运条和接头方法与填充层相同。

②焊条摆动幅度和运条速度要均匀一致,熔合好坡口两侧棱边,控制每侧增宽量。

(四)技术要求

(1)焊缝表面不得有裂纹、夹渣、焊瘤、未熔合等缺陷。

(2)焊缝宽度为 17~20 mm。

(3)焊缝表面波纹均匀,与母材圆滑过渡。

模拟训练九　焊条电弧焊 V 型坡口对接立焊

(一)焊接工艺卡

<table>
<tr><td colspan="4">焊接工艺卡(虚拟实训)</td><td>焊接工艺编号</td><td>ONEW-9</td></tr>
<tr><td rowspan="12">适用范围</td><td>材料牌号</td><td colspan="2">Q235B</td><td colspan="2">焊接层次及顺序简图</td></tr>
<tr><td>试件规格</td><td colspan="2">12 mm</td><td colspan="2" rowspan="10">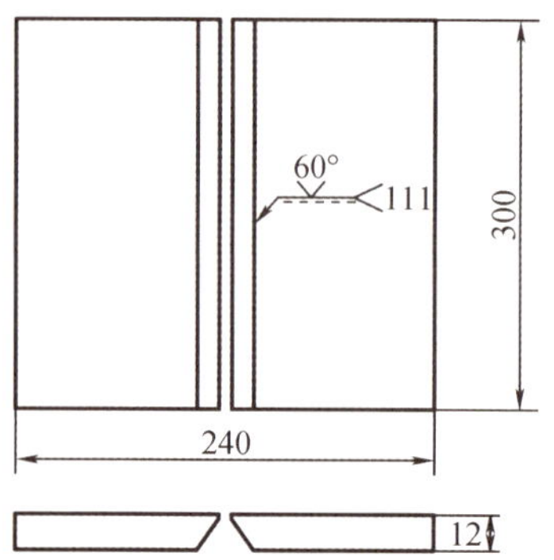
</td></tr>
<tr><td>接头种类</td><td colspan="2">对接接头</td></tr>
<tr><td>坡口形式</td><td colspan="2">V 型坡口</td></tr>
<tr><td>焊接位置</td><td colspan="2">立位</td></tr>
<tr><td>焊接方法</td><td colspan="2">焊条电弧焊</td></tr>
<tr><td rowspan="2">焊接电源</td><td>种类</td><td>直流</td></tr>
<tr><td>极性</td><td>反接</td></tr>
<tr><td colspan="2">坡口角度/(°)</td><td>60±2</td></tr>
<tr><td colspan="2">钝边/mm</td><td>1. 5</td></tr>
<tr><td colspan="2">组对间隙/mm</td><td>2</td></tr>
<tr><td colspan="5">背面清根:</td></tr>
</table>

焊前预热	加热方式	—	层间温度	—
	温度范围	—	测温方法	—
焊后热处理	种类	—	保温时间	—
	加热方式	—	冷却方式	—
	温度范围	—	测温方法	—

焊接工艺参数

焊层	焊材型号	焊材规格/mm	焊接电流/A	电弧电压/V	焊接速度/(cm/min)	气体流量/(L/min)	钨极直径/mm	喷嘴直径/mm	线能量/(kJ/cm)
1 层 1 道	J507	ϕ3. 2	80~90						
2 层 1 道	J507	ϕ3. 2	135~145						
3 层 1 道	J507	ϕ3. 2	130~140						

备注:低氢型焊条需烘干,温度为 350~400 ℃。

(二)工作准备

1. 试件尺寸

Q235B 模拟工件,尺寸为长 300 mm×宽 120 mm 厚×12 mm(2 件)。

2. 焊接设备

选用 ONEW-360AR 焊接操作训练仪,同时检查设备状态以及电源是否饱和良好。

3. 辅助器具

在焊工操作作业区附近应准备好虚拟仿真焊接实训项目指导书和焊接支架以及焊板。

(三)实训步骤

1. 装配与定位焊

预留反变形:3°~4°。

装配间隙:3.2~4.0 mm。

错边量:≤1 mm。

点固位置:试板焊缝两端,点固焊长度为 10 mm,如图 3-99 所示。

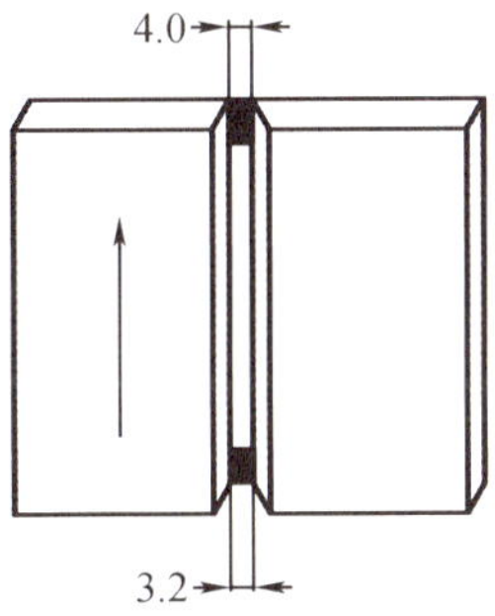

图 3-99　V 型坡口对接立焊装配与定位

2. 操作要点

(1)打底焊

①引弧位置。打底层施焊时,在焊件下端定位焊缝上面 10~20 mm 的坡口面处引弧,然后迅速向下拉至定位焊缝上,停顿预热 1~2 s,再向上摆动运条。到达定位焊缝上沿时,加大焊条下倾角度,压低电弧,坡口根部熔化并被击穿,形成熔孔。

②运条方式和焊条角度。采用连弧焊法,焊条做锯齿形横向摆动,坡口两侧停顿,短弧、连续施焊;向上运条要均匀,间距不宜过大;焊条与焊件之间角度如图 3-100 所示。

③控制熔孔和熔池。合适的熔孔大小如图 3-101 所示,熔池表面呈水平的椭圆形,如图 3-102 所示,使电弧的 1/3 对着坡口间隙,2/3 覆盖在熔池上。

④焊道接头。接头收弧时,焊条向左或向下方回拉 10~15 mm,接头处呈斜面状;采用热接法或冷接法接头,接头时在弧坑下方 10 mm 处引弧,摆动向上施焊;到原弧坑处,焊条倾角大于正常焊接角度 10°,电弧向焊根背面压送,稍停留,当根部被击穿并形成熔孔时,焊条倾角恢复到正常角度,横向摆动向上焊接。

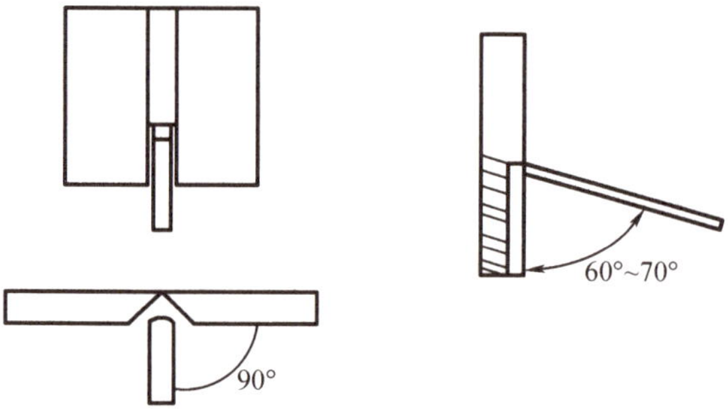

图 3-100　打底焊焊条与焊件之间角度

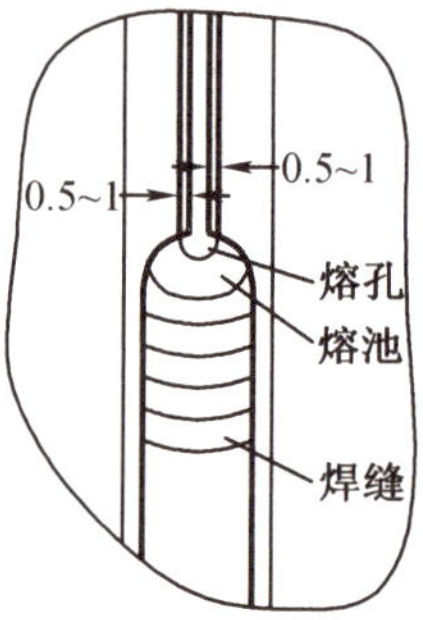

图 3-101　板立焊时的熔孔

(a) 温度正常时熔池为水平椭圆形　　(b) 温度高时熔池向下凸出

图 3-102　打底焊熔池表面形状

(2) 填充焊

①填充层施焊前,应彻底清除前焊道焊渣、飞溅物等。

②填充焊可以焊 1 层 1 道或 2 层 2 道。施焊时的焊条角度应比打底层下倾 10°~15°。运条方法同打底层,摆动幅度增大,在坡口两侧略停顿,稍加快焊条摆动速度。各层焊道应平整或呈凹形,如图 3-103 所示,填充层焊缝厚度应低于坡口表面 1~1.5 mm。

(a) 合格的焊道表面平整　　(b) 焊道凸出太高

图 3-103　填充焊焊道表面形状

③填充焊接头时,在弧坑上方 10 mm 处引弧,电弧拉至弧坑处,沿弧坑的形状将弧坑填满,再正常焊接。

(3) 盖面焊

①盖面层施焊时,焊条角度、运条和接头方法与填充层相同。

②在焊缝坡口两侧应压低电弧,并停顿,稍微加快摆动速度,避免咬边和焊瘤的产生;接头处还应避免过高或脱节。

(四)技术要求

(1)焊缝表面不得有裂纹、夹渣、焊瘤、未熔合等缺陷。

(2)焊缝宽度为 17~20 mm。

(3)焊缝表面波纹均匀,与母材圆滑过渡。

模拟训练十　焊条电弧焊 V 型坡口对接横焊

(一)焊接工艺卡

<table>
<tr><td colspan="5">焊接工艺卡(虚拟实训)</td><td>焊接工艺编号</td><td>ONEW-10</td></tr>
<tr><td rowspan="12">适用范围</td><td>材料牌号</td><td colspan="3">Q235B</td><td colspan="2">焊接层次及顺序简图</td></tr>
<tr><td>试件规格</td><td colspan="3">12 mm</td><td colspan="2" rowspan="10">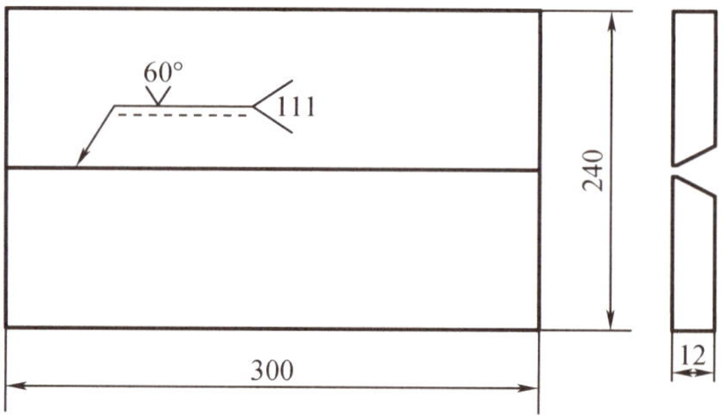
</td></tr>
<tr><td>接头种类</td><td colspan="3">对接接头</td></tr>
<tr><td>坡口形式</td><td colspan="3">V 型坡口</td></tr>
<tr><td>焊接位置</td><td colspan="3">横位</td></tr>
<tr><td>焊接方法</td><td colspan="3">焊条电弧焊</td></tr>
<tr><td rowspan="2">焊接电源</td><td>种类</td><td colspan="2">直流</td></tr>
<tr><td>极性</td><td colspan="2">反接</td></tr>
<tr><td colspan="2">坡口角度/(°)</td><td colspan="2">60±2</td></tr>
<tr><td colspan="2">钝边/mm</td><td colspan="2">1.5</td></tr>
<tr><td colspan="2">组对间隙/mm</td><td colspan="2">2</td></tr>
<tr><td colspan="6">背面清根：</td></tr>
</table>

<table>
<tr><td rowspan="2">焊前预热</td><td>加热方式</td><td>—</td><td>层间温度</td><td>—</td></tr>
<tr><td>温度范围</td><td>—</td><td>测温方法</td><td>—</td></tr>
<tr><td rowspan="3">焊后热处理</td><td>种类</td><td>—</td><td>保温时间</td><td>—</td></tr>
<tr><td>加热方式</td><td>—</td><td>冷却方式</td><td>—</td></tr>
<tr><td>温度范围</td><td>—</td><td>测温方法</td><td>—</td></tr>
</table>

焊接工艺参数

焊层	焊材型号	焊材规格/mm	焊接电流/A	电弧电压/V	焊接速度/(cm/min)	气体流量/(L/min)	钨极直径/mm	喷嘴直径/mm	线能量/(kJ/cm)
1 层 1 道	J507	ϕ3.2	80~90						
2 层 3 道	J507	ϕ3.2	130~140						
3 层 4 道	J507	ϕ3.2	135~145						

备注：低氢型焊条需烘干，温度为 350~400 ℃。

(二)工作准备

1. 试件尺寸

Q235B 模拟工件,尺寸为长 300 mm×宽 120 mm 厚×12 mm(2 件)。

2. 焊接设备

选用 ONEW-360AR 焊接操作训练仪,同时检查设备状态以及电源是否饱和良好。

3. 辅助器具

在焊工操作作业区附近应准备好虚拟仿真焊接实训项目指导书和焊接支架以及焊板。

(三)实训步骤

1. 装配与定位焊

预留反变形:3°~ 4°。

装配间隙:3.2~4.0 mm。

错边量:≤1 mm。

点固位置:试板焊缝两端点固焊,长度为 10 mm,如图 3-104 所示。

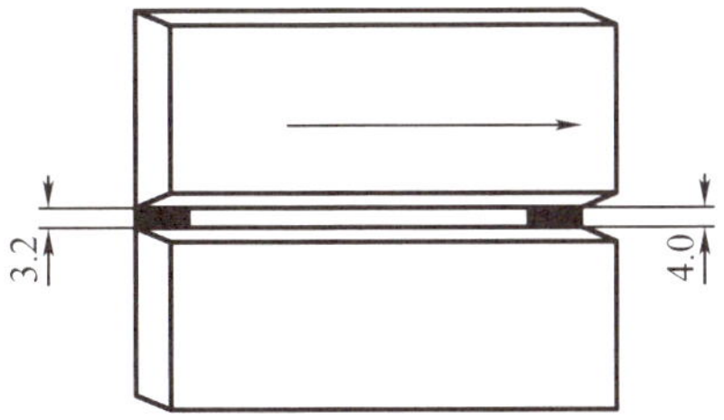

图 3-104　V 型坡口对接横焊装配与定位

2. 操作要点

(1)打底焊

①引弧位置。打底焊时在始焊端定位焊缝处引弧,上下摆动向右焊接,到达定位焊缝前沿时,电弧向焊根背面压送,稍停顿,根部被熔化击穿,形成熔孔。

②运条方式和焊条角度。采用连弧焊法锯齿形运条,上下摆动,短弧,向右连续施焊。焊条角度如图 3-105 所示,运条方法如图 3-106 所示。

③控制熔孔和熔池。电弧在上坡口根部停留时间比在下坡口停留时间稍长,使上坡口根部熔化 1~1.5 mm,下坡口根部熔化 0.5~1 mm,如图 3-107 所示。电弧的 1/3 用来熔化和击穿坡口根部,控制熔孔,电弧的 2/3 覆盖在熔池上,保持熔池形状均匀一致。

④焊道接头。采用热接法或冷接法接头。收弧时,焊条向焊接反方向的下坡口面回拉 10~15 mm,逐渐抬起焊条,形成缓坡;在距弧坑前约 10 mm 的上坡口面将电弧引燃,电弧移至弧坑前沿时,压向焊根背面,稍作停顿,形成熔孔后,电弧恢复到正常焊接长度,再继续施焊。冷接法焊接前,先将收弧处焊道打磨成缓坡,再按热接法的引弧位置和操作方法焊接。

(2)填充焊

①填充焊施焊前先清除前焊缝焊渣、飞溅物等。

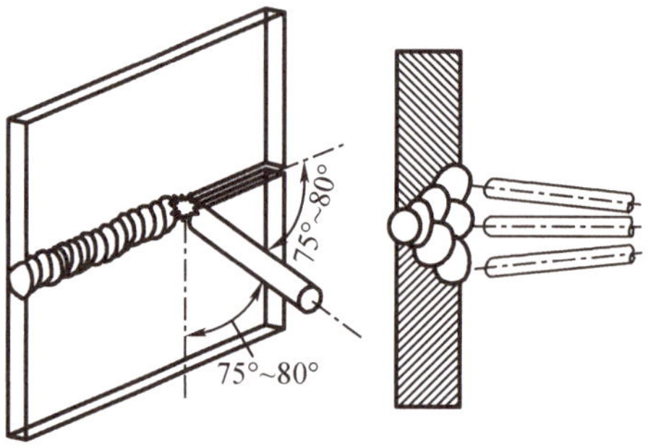

图 3-105　打底焊焊条角度

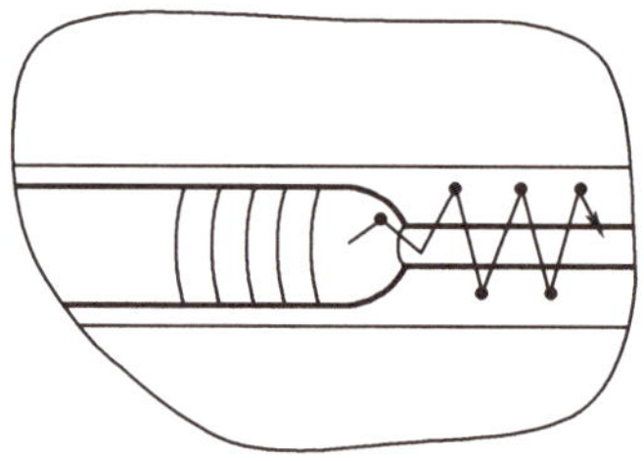

图 3-106　打底焊运条方法

②填充焊可焊 1 层或焊 2 层。如果焊 2 层,第一层填充焊为单焊道,其焊条角度与打底层相同,但摆幅稍大。第二层填充层焊两道焊缝,先焊下焊缝,后焊上焊缝。焊条角度如图 3-108 所示。焊下面填充焊道时,电弧对准前层焊道下沿,稍摆动,熔池压住焊道的 1/2~2/3;焊上面填充焊道时,电弧对准前层焊道上沿并稍摆动,熔池填满空余位置。填充层焊缝焊完后,其表面应距下坡口表面约 2 mm,距上坡口表面约 0.5 mm。不要破坏坡口棱边。

③填充焊接头时,在弧坑前 10 mm 处引弧,电弧回焊至弧坑处,沿弧坑的形状将弧坑填满,再继续正常施焊。

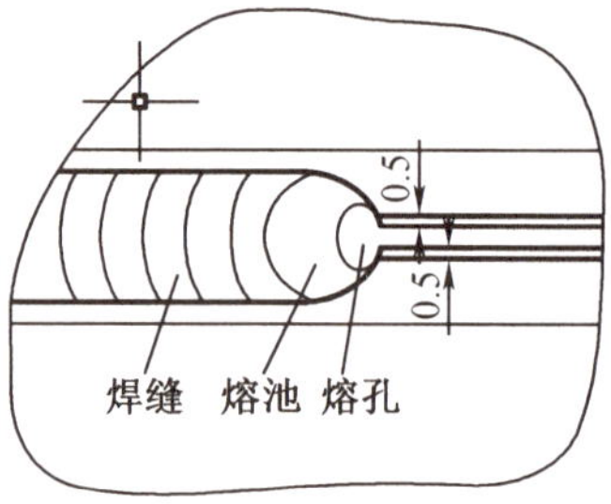

图 3-107　板横焊时的熔孔

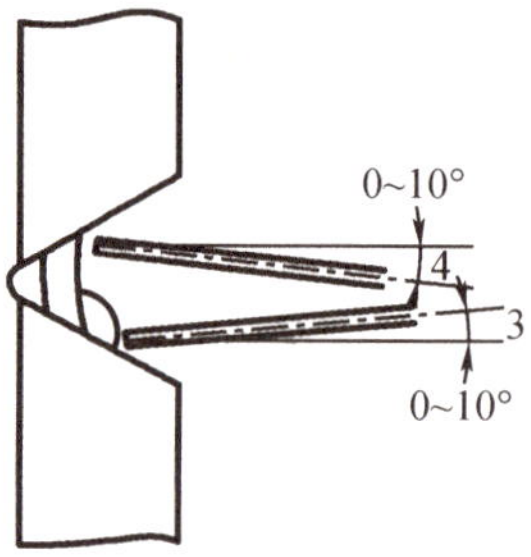

3、4—第 3、第 4 条焊道

图 3-108　第二层填充焊道焊条角度

(3)盖面焊

①盖面层施焊时,焊条与焊件角度如图 3-109 所示。盖面层焊缝焊 3 道,由下至上焊接。每条盖面焊道要依次压住前焊道的 1/2~2/3。

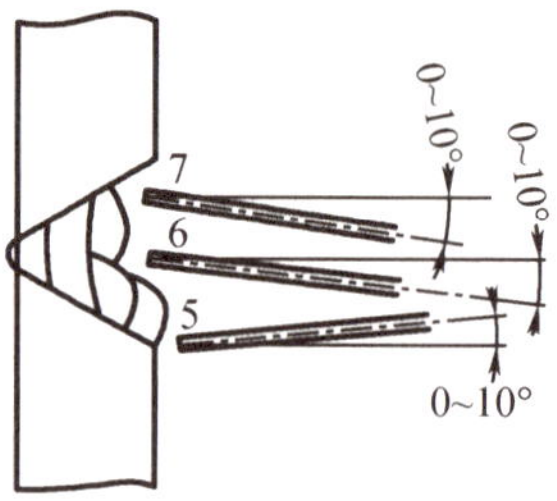

5、6、7—第 5、第 6、第 7 条焊道。

图 3-109　盖面焊的焊条角度

②上面最后一条焊道施焊时，适当增大焊接速度或减小焊接电流，调整焊条角度，避免液态金属下淌和产生咬边。

(四)技术要求

(1)焊缝表面不得有裂纹、夹渣、焊瘤、未熔合等缺陷。

(2)焊缝宽度为 17~20 mm。

(3)焊缝表面波纹均匀，与母材圆滑过渡。

模拟训练十一　焊条电弧焊 V 型坡口对接仰焊

(一)焊接工艺卡

<table>
<tr><td colspan="4">焊接工艺卡(虚拟实训)</td><td>焊接工艺编号</td><td>ONEW-11</td></tr>
<tr><td rowspan="12">适用范围</td><td>材料牌号</td><td colspan="2">Q235B</td><td colspan="2">焊接层次及顺序简图</td></tr>
<tr><td>试件规格</td><td colspan="2">12 mm</td><td colspan="2" rowspan="10">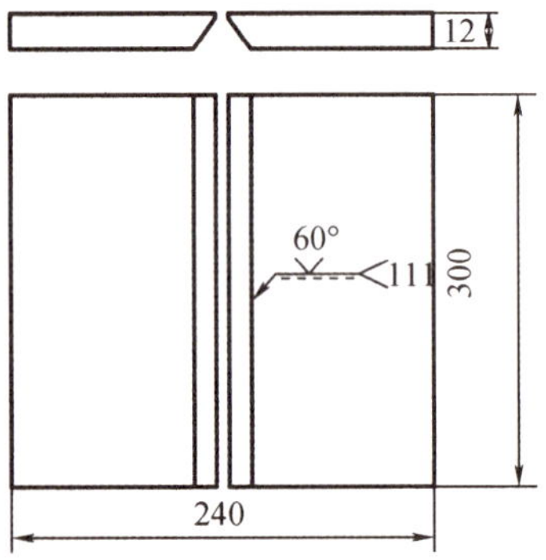</td></tr>
<tr><td>接头种类</td><td colspan="2">对接接头</td></tr>
<tr><td>坡口形式</td><td colspan="2">V 型坡口</td></tr>
<tr><td>焊接位置</td><td colspan="2">仰位</td></tr>
<tr><td>焊接方法</td><td colspan="2">焊条电弧焊</td></tr>
<tr><td rowspan="2">焊接电源</td><td>种类</td><td>直流</td></tr>
<tr><td>极性</td><td>反接</td></tr>
<tr><td colspan="2">坡口角度/(°)</td><td>60±2</td></tr>
<tr><td colspan="2">钝边/mm</td><td>1. 5</td></tr>
<tr><td colspan="2">组对间隙/mm</td><td>2</td></tr>
<tr><td colspan="5">背面清根：</td></tr>
</table>

焊前预热	加热方式	—	层间温度	—
	温度范围	—	测温方法	—
焊后热处理	种类	—	保温时间	—
	加热方式	—	冷却方式	—
	温度范围	—	测温方法	—

焊接工艺参数

焊层	焊材型号	焊材规格/mm	焊接电流/A	电弧电压/V	焊接速度/(cm/min)	气体流量/(L/min)	钨极直径/mm	喷嘴直径/mm	线能量/(kJ/cm)
1 层 1 道	J507	ϕ3. 2	80~90						
2 层 1 道	J507	ϕ3. 2	135~145						
3 层 1 道	J507	ϕ3. 2	130~140						

备注：低氢型焊条需烘干，温度为 350~400 ℃。

(二)工作准备

1. 试件尺寸

Q235B 模拟工件,尺寸为长 300 mm×宽 120 mm 厚×12 mm(2 件)。

2. 焊接设备

选用 ONEW-360AR 焊接操作训练仪,同时检查设备状态以及电源是否饱和良好。

3. 辅助器具

在焊工操作作业区附近应准备好虚拟仿真焊接实训项目指导书和焊接支架以及焊板。

(三)实训步骤

1. 装配与定位焊

预留反变形:3°~4°。

装配间隙:3.2~4.0 mm。

错边量:≤1 mm。

点固位置:试板焊缝两端点固焊长度为 10 mm。如图 3-110 所示。

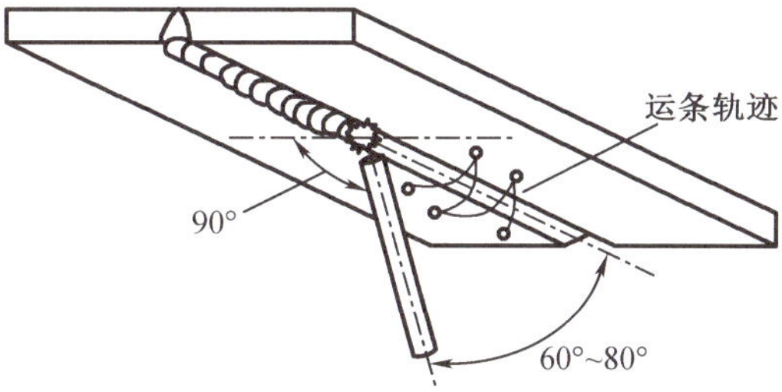

图 3-110　V 型坡口对接仰焊装配与定位

2. 操作要点

(1)打底焊

①引弧位置。打底焊时在试板小间隙定位焊缝处引弧,停顿预热,焊条拉到坡口间隙处,电弧向上顶送,坡口根部熔化并击穿形成熔孔。

②运条方式和焊条角度。采用小幅度锯齿形运条,横向摆动,短弧,向前连续施焊。焊条角度如图 3-111 所示。

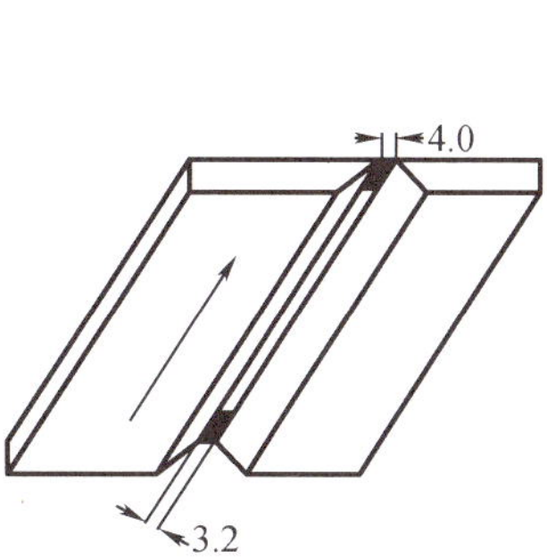

图 3-111　打底焊焊条与焊件之间的角度

③控制熔孔和熔池。电弧在坡口根部两侧稍作停留，停顿时间比其他板试件焊接位置短些，坡口根部两侧应熔化 0.5～1 mm，要保持熔池小而且浅。

④焊道接头。收弧时，焊条向焊接反方向的左侧或右侧坡口面回拉 10～15 mm，使接头处呈斜面状。焊道接头采用热接法或冷接法。在距弧坑前约 10 mm 处的坡口面将引燃电弧移至弧坑前沿时，向焊根背面顶送，稍作停顿，形成熔孔后，电弧再恢复到正常焊接长度，继续焊接。采用冷接法时，将弧坑处打磨成缓坡后再施焊。

(2)填充焊

①填充焊施焊前清除前焊缝焊渣、飞溅物等。

②焊条角度和运条方法与打底焊相同，摆动幅度大些，横向摆动到拐角处稍作停留。焊第二层填充焊缝时，焊缝中间运条速度要稍快，形成焊缝中部略呈凹形。填充层焊缝厚度应低于母材表面 1 mm 左右。

③填充焊接头时，在弧坑前 10 mm 处引弧，电弧回焊至弧坑处，沿弧坑的形状将弧坑填满，再正常施焊。

(3)盖面焊

盖面层施焊时，焊条角度、运条方法、接头方式均同填充层。坡口两侧应压低电弧并停顿，从一侧摆到另侧时应稍快些，避免咬边和焊瘤的产生。

(四)技术要求

(1)焊缝表面不得有裂纹、夹渣、焊瘤、未熔合等缺陷。

(2)焊缝宽度为 17～20 mm。

(3)焊缝表面波纹均匀，与母材圆滑过渡。

模拟训练十二　焊条电弧焊管对接垂直固定

(一)焊接工艺卡

<table>
<tr><td colspan="4">焊接工艺卡(虚拟实训)</td><td>焊接工艺编号</td><td>ONEW-12</td></tr>
<tr><td rowspan="12">适用范围</td><td>材料牌号</td><td colspan="2">Q235B</td><td colspan="2">焊接层次及顺序简图</td></tr>
<tr><td>试件规格</td><td colspan="2">12 mm</td><td colspan="2" rowspan="10">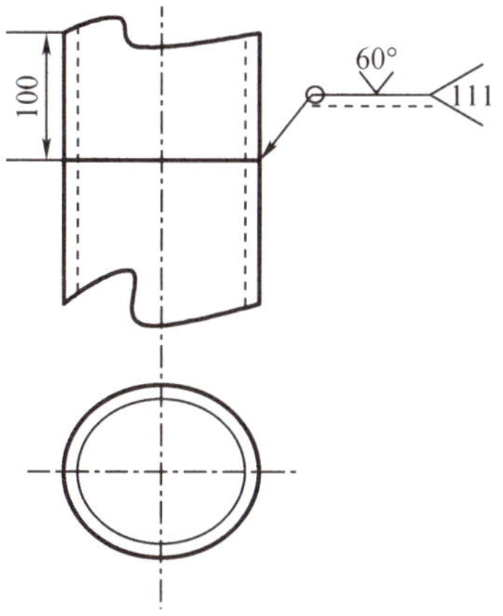
</td></tr>
<tr><td>接头种类</td><td colspan="2">对接接头</td></tr>
<tr><td>坡口形式</td><td colspan="2">V 型坡口</td></tr>
<tr><td>焊接位置</td><td colspan="2">全位置</td></tr>
<tr><td>焊接方法</td><td colspan="2">焊条电弧焊</td></tr>
<tr><td rowspan="2">焊接电源</td><td>种类</td><td>直流</td></tr>
<tr><td>极性</td><td>反接</td></tr>
<tr><td colspan="2">坡口角度/(°)</td><td>62±2</td></tr>
<tr><td colspan="2">钝边/mm</td><td>1.5</td></tr>
<tr><td colspan="2">组对间隙/mm</td><td>2</td></tr>
<tr><td colspan="5">背面清根：</td></tr>
</table>

<table>
<tr><td rowspan="2">焊前预热</td><td>加热方式</td><td>—</td><td>层间温度</td><td>—</td></tr>
<tr><td>温度范围</td><td>—</td><td>测温方法</td><td>—</td></tr>
<tr><td rowspan="3">焊后热处理</td><td>种类</td><td>—</td><td>保温时间</td><td>—</td></tr>
<tr><td>加热方式</td><td>—</td><td>冷却方式</td><td>—</td></tr>
<tr><td>温度范围</td><td>—</td><td>测温方法</td><td>—</td></tr>
</table>

焊接工艺参数

焊层	焊材型号	焊材规格/mm	焊接电流/A	电弧电压/V	焊接速度/(cm/min)	气体流量/(L/min)	钨极直径/mm	喷嘴直径/mm	线能量/(kJ/cm)
1 层 1 道	J507	ϕ3.2	80～90						
2 层 2 道	J507	ϕ3.2	135～145						
3 层 3 道	J507	ϕ3.2	130～140						

备注：低氢型焊条需烘干，温度为 350～400 ℃。

(二)工作准备

1. 试件尺寸

Q235B 模拟工件,尺寸为 133 mm×100 mm×12 mm(2 件)。

2. 焊接设备

选用 ONEW-360AR 焊接操作训练仪,同时检查设备状态以及电源是否饱和良好。

3. 辅助器具

在焊工操作作业区附近应准备好虚拟仿真焊接实训项目指导书和焊接支架以及焊板。

(三)实训步骤

1. 装配与定位焊

(1)在保证管子轴线中心对正的前提下,按圆周方向均布定位焊。

(2)定位焊 2~3 处,每处 10~15 mm,采用 ϕ2.5 mm 焊条,注意点焊方向与焊接方向一致。

(3)根部间隙 2~4 mm,为了保证坡口根部焊透,应采用单面焊双面成形技术施焊。焊接时,为控制熔池温度,获得些椭圆形外形,可采用断弧焊法击穿钝边进行焊接。如图 3-112 所示。

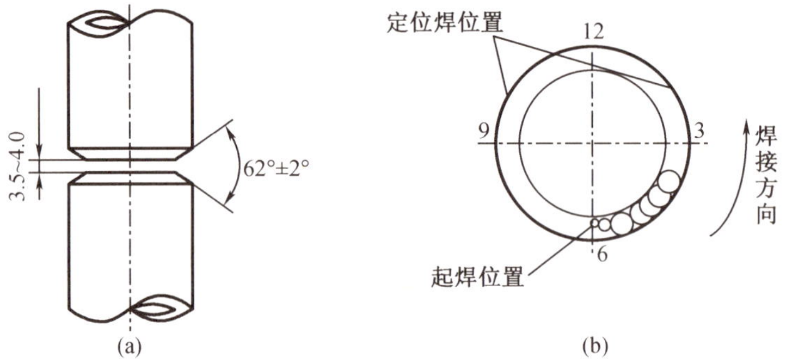

图 3-112　管焊接定位焊的装配与定位

2. 操作要领

(1)打底焊

①水平固定管焊接常从管子底部的仰焊位置开始,分两半焊接。两半部焊接都按照仰一立一平的顺序进行。

②焊接水平固定管起焊时,应从仰焊部位中心线提前 5 mm 处开始。

③接头时尽量采用热接法。即快速更换焊条,在熔池还处在红热状态时,在熔池后面焊道上 5~10 mm 处引燃电弧,焊至熔孔压低电弧,做一个稳弧动作,击穿坡口钝边,听到管内焊透声后即可进行正常焊接。如图 3-113 所示。

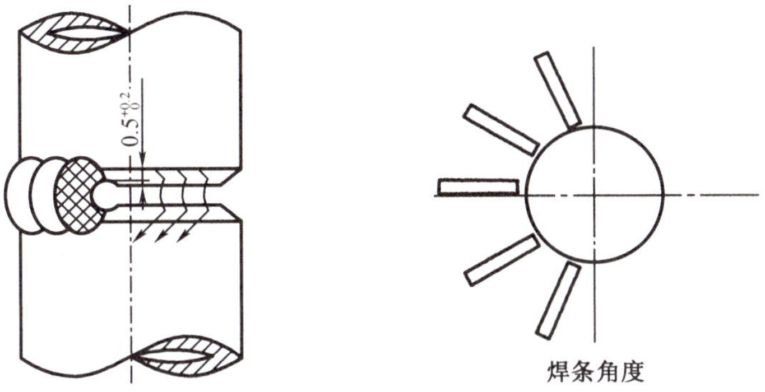

(a)

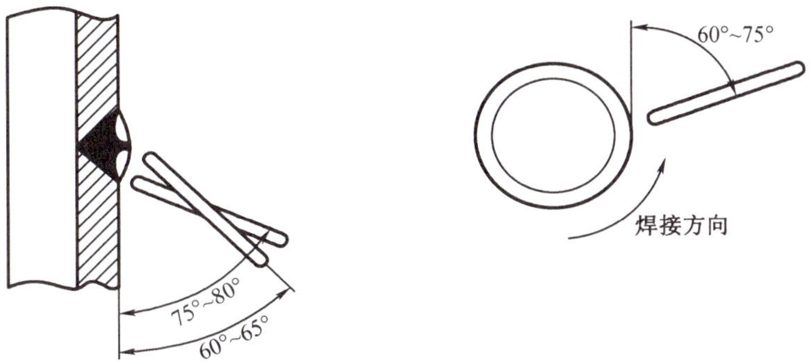

(b)

图 3-113　管对接垂直固定打底焊

(2)填充焊

①填充焊时的焊条角度同打底焊相同，清理和修整打底层焊渣和局部凸起部分。

②运条方法采用月牙形或锯齿形运条。焊接时，运条到坡口两侧要稍作停顿，以保证焊道与母材的良好熔合又不咬边。填充层的最后一层，不能高出管子外壁表面，又要留出坡口边缘，低于母材表面 1~1.5 mm 形成凹槽。

③接头时，迅速更换焊条，在弧坑上方 10~15 mm 处引燃电弧，把焊条拉至收弧处焊道中间，压住 2/3 熔池稍加停顿，形成熔池后横向摆动，当看到收弧处完全熔化时，即进行正常焊接。

(3)盖面焊

①引弧操作及接头方法与填充焊相同。为使表面焊缝中间稍凸起一些并与母材圆滑过渡，运条可采用月牙形法。

②焊条摆动稍慢而平稳，运条至两侧要稍作停顿，防止咬边。

③要严格控制弧长，尽量保持焊缝宽窄一致，波纹均匀，两侧坡口边缘线各熔化 1~2 mm。

(四)技术要求

(1)焊缝表面不得有裂纹、夹渣、焊瘤、未熔合等缺陷。

(2)焊缝宽度为 17~20 mm。

(3)焊缝表面波纹均匀，与母材圆滑过渡。

模拟训练十三　焊条电弧焊管对接水平固定

(一)焊接工艺卡

焊接工艺卡(虚拟实训)				焊接工艺编号	ONEW-13
适用范围	材料牌号	Q235B		焊接层次及顺序简图	
	试件规格	12 mm		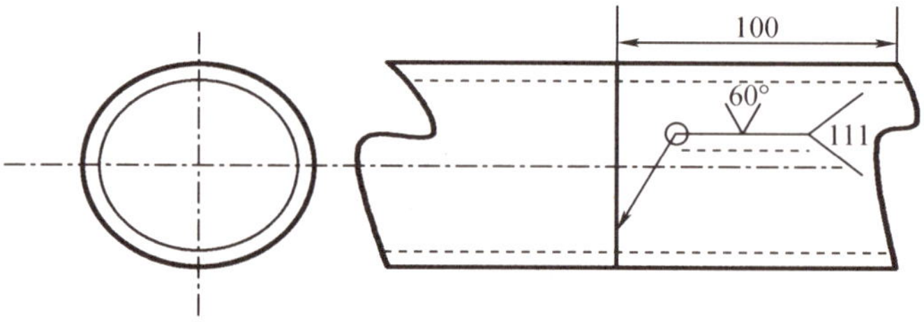 	
	接头种类	对接接头			
	坡口形式	V 型坡口			
	焊接位置	全位置			
	焊接方法	焊条电弧焊			
	焊接电源	种类	直流		
		极性	反接		
	坡口角度/(°)		62±2		
	钝边/mm		1.5		
	组对间隙/mm		2		
	背面清根:				

焊前预热	加热方式	—	层间温度	—
	温度范围	—	测温方法	—
焊后热处理	种类	—	保温时间	—
	加热方式	—	冷却方式	—
	温度范围	—	测温方法	—

焊接工艺参数

焊层	焊材型号	焊材规格/mm	焊接电流/A	电弧电压/V	焊接速度/(cm/min)	气体流量/(L/min)	钨极直径/mm	喷嘴直径/mm	线能量/(kJ/cm)
1 层 1 道	J507	ϕ3.2	80~90						
2 层 1 道	J507	ϕ3.2	135~145						
3 层 1 道	J507	ϕ3.2	130~140						

备注:低氢型焊条需烘干,温度为 350~400 ℃。

(二)工作准备

1. 试件尺寸

Q235B 模拟工件,尺寸为长 133 mm×宽 100 mm×厚 12 mm(2 件)。

2. 焊接设备

选用 ONEW-360AR 焊件操作训练仪,同时检查设备状态以及电源是否饱和良好。

3. 辅助器具

在焊工操作作业区附近应准备好虚拟仿真焊接实训项目指导书和焊接支架以及焊板。

(三)实训步骤

1. 装配与定位焊

(1)在保证管子轴线中心对正的前提下,按圆周方向均布定位焊。

(2)定位焊 2~3 处,每处 10~15 mm,采用 2.5 mm 焊条,注意点焊方向与焊接方向一致。

(3)根部间隙 3.5~4.0 mm,为了保证坡口根部焊透,应采用单面焊双面成形技术施焊。焊接时,为控制熔池温度,获得些椭圆形外形,可采用断弧焊法击穿钝边进行焊接。如图 3-114 所示。

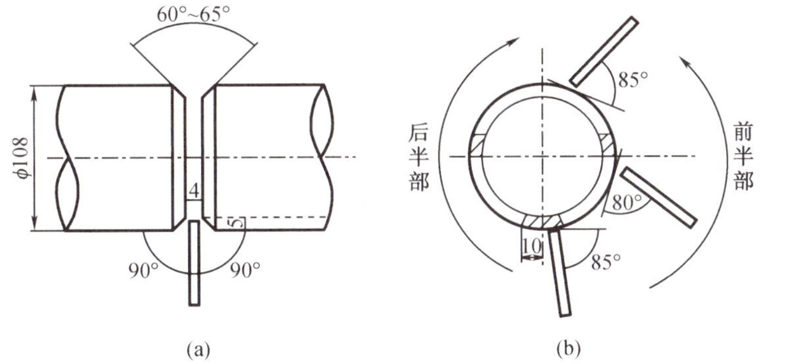

图 3-114　管对接水平固定装配与定位

2. 焊接

(1)打底焊

一般采用稍作摆动的直线运条法。可在仰焊位置中心线前 10~20 mm 的坡口一边引弧。应注意避免在坡口或对口中心引弧,以避免造成缺陷。引燃电弧后,用长弧把焊缝根部预热 2~3 s,接着马上压低电弧,托住铁水并用电弧击穿焊缝根部,若过程正常,则向上连续焊接,若出现熔孔,则可用一字形往复运条法将熔孔堵好后,再继续向上焊。当运条到定位焊缝时,必须用电弧击穿根部间隙,使之充分熔合,在焊接过程中,从下往上焊,位置不断变化,因此,焊条角度也必须相应改变,以上为前半部分的焊接;后半部分焊缝焊接的操作方法与前半部分相似,但上下接头一定要接好,仰焊接头时,应把先焊的焊缝端头用电弧割去一部分(5~10 mm),这样既可把可能存在的缺陷去除,又可以形成缓坡形割缝,对焊接有力。接头处焊接时要使原焊缝充分熔化,并使之形成熔孔,以保证根部焊透;平焊接头时,应压低电弧,焊条前后摆动,推开熔渣,并击穿根部以保证焊透,熄弧前添满弧坑。

(2)填充焊

填充层的焊接相对比较容易,但工艺参数选择不当也会出现气孔、夹渣、层间未焊透等缺陷。填充层焊波较宽,一般采用月牙形或锯齿形运条进行连续焊接,在坡口两侧应稍作停留,焊角角度也要相应有所变化。

(3)盖面焊

盖面时,可采用月牙运条,摆动要慢而稳,使焊波均匀美观。一般每边宽度要比坡口增宽 1.5 mm 左右。余高一般仰焊部位为 0.5~3 mm,其他部位为 0.5~2.5 mm,严重的咬边(深度大于 0.5 mm)、余高过高或不足,以及过度陡急等均不允许。

(四)技术要求

(1)焊缝表面不得有裂纹、夹渣、焊瘤、未熔合等缺陷。

(2)焊缝宽度为 17~20 mm。

(3)焊缝表面波纹均匀,与母材圆滑过渡。

模拟训练十四　焊条电弧焊骑坐式管板垂直俯位焊接

(一)焊接工艺卡

<table>
<tr><td colspan="4">焊接工艺卡(虚拟实训)</td><td colspan="2">焊接工艺编号</td><td colspan="2">ONEW-14</td></tr>
<tr><td rowspan="12">适用范围</td><td>材料牌号</td><td colspan="2">Q235B</td><td colspan="4">焊接层次及顺序简图</td></tr>
<tr><td>试件规格</td><td colspan="2">6 mm、12 mm</td><td colspan="4" rowspan="10">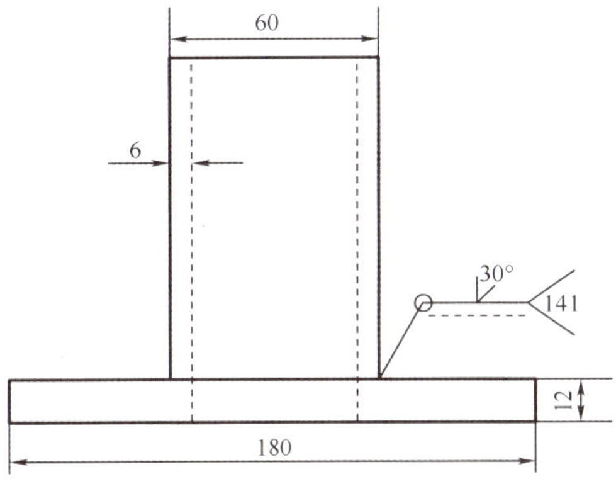
</td></tr>
<tr><td>接头种类</td><td colspan="2">对接接头</td></tr>
<tr><td>坡口形式</td><td colspan="2">V 型坡口</td></tr>
<tr><td>焊接位置</td><td colspan="2">横位</td></tr>
<tr><td>焊接方法</td><td colspan="2">焊条电弧焊</td></tr>
<tr><td rowspan="2">焊接电源</td><td>种类</td><td>直流</td></tr>
<tr><td>极性</td><td>反接</td></tr>
<tr><td colspan="2">坡口角度/(°)</td><td>30±2</td></tr>
<tr><td colspan="2">钝边/mm</td><td>1.5</td></tr>
<tr><td colspan="2">组对间隙/mm</td><td>2</td></tr>
<tr><td colspan="7">背面清根:</td></tr>
<tr><td colspan="2" rowspan="2">焊前预热</td><td colspan="2">加热方式</td><td>—</td><td>层间温度</td><td colspan="2">—</td></tr>
<tr><td colspan="2">温度范围</td><td>—</td><td>测温方法</td><td colspan="2">—</td></tr>
<tr><td colspan="2" rowspan="3">焊后热处理</td><td colspan="2">种类</td><td>—</td><td>保温时间</td><td colspan="2">—</td></tr>
<tr><td colspan="2">加热方式</td><td>—</td><td>冷却方式</td><td colspan="2">—</td></tr>
<tr><td colspan="2">温度范围</td><td>—</td><td>测温方法</td><td colspan="2">—</td></tr>
</table>

焊接工艺参数

焊层	焊材型号	焊材规格/mm	焊接电流/A	电弧电压/V	焊接速度/(cm/min)	气体流量/(L/min)	钨极直径/mm	喷嘴直径/mm	线能量/(kJ/cm)
1 层 1 道	J507	ϕ3.2	95~110						
2 层 2 道	J507	ϕ3.2	115~120						

备注:低氢型焊条需烘干,温度为 350~400 ℃。

(二)工作准备

1. 试件尺寸

Q235B 模拟工件,尺寸为板:长 180 mm×宽 180 mm×厚 12 mm;管:ϕ60 mm×100 mm×6 mm(各一件)。

2. 焊接设备

选用 ONEW-360AR 焊接操作训练仪,同时检查设备状态以及电源是否饱和良好。

3. 辅助器具

在焊工操作作业区附近应准备好虚拟仿真焊接实训项目指导书和焊接支架以及焊板。

(三)实施焊接

1. 装配与定位焊

装配时要使用正式焊接用的焊条和工艺参数。焊接定位焊缝的位置如图 3-115 所示。通常定位焊缝都是 3 处,按圆周方向均匀分布。定位焊缝也可以只焊两点,第三点作为引弧开始焊接的位置。

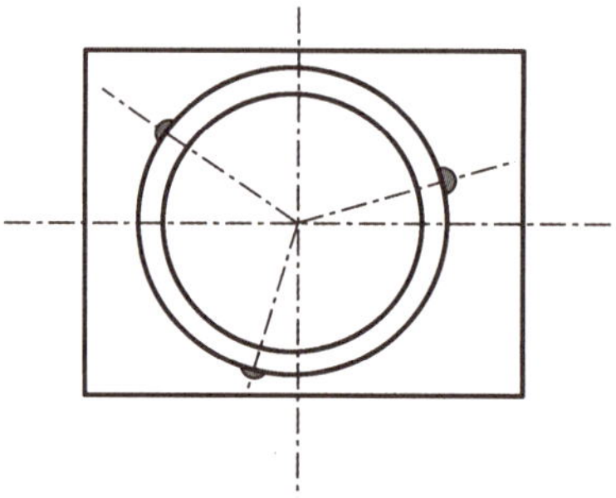

图 3-115　骑坐式管板垂直俯位焊接的装配与定位

焊接骑坐式管板的定位焊缝时要特别注意,装配定位焊后的试件,定位焊缝不能太高,每段定位焊缝的长度应在 10 mm 左右,管子内壁与板孔应保证同心、无错边,保证焊透,且不能有缺陷。试件装配的定位焊缝可选用正式焊缝、点固焊缝和连接板三种形式。

2. 打底焊

(1)引弧

打底焊时采用划擦法将电弧在坡口内引燃,稍作稳弧预热,向坡口根部顶送,待根部熔化,形成熔孔迅速压低电弧使电弧透过背面 2/3 稍作摆动后拉断电弧。

(2)运条方式

焊条角度和电弧的控制熔孔形成后,采用小幅度锯齿形上下摆动连弧焊接。

(3)焊道接头

焊道接头采用热接法或冷接法。更换焊条前,电弧回拉并熄弧,使坡口处呈斜坡状,在距缓坡底部约 10 mm 处引弧,电弧移至弧坑前沿,顶送焊条,形成新的熔孔后,再继续焊接。封闭接头采用冷接法接头。接头前,先将待焊的焊缝两端打磨成斜面,然后再按冷接法接头。

若采用热接法，前提是要焊条焊完，立即更换好焊条，趁熔池还未完全冷却，立即在原弧坑前面 10–15 mm 处引弧，然后退到原弧上，重新形成熔孔后，再继续焊，直至焊完打底焊道。操作时热接法较难掌握。若采用冷接法，则先敲掉原熔池处的熔渣，最好能用角向磨光机或电磨头，将弧坑处打磨成斜面，再接头。

3. 盖面焊

盖面焊必须保证管子不咬边和焊脚对称，其焊条角度如图 3–116 所示。盖面焊前先除净打底层焊道上的焊渣，并将局部凸起处磨平。焊接时要保证熔合良好，并掌握好两道焊道的位置，避免形成凹槽或凸起，第 3 条焊道应覆盖第 2 条焊道上面的 1/2 或 2/3。

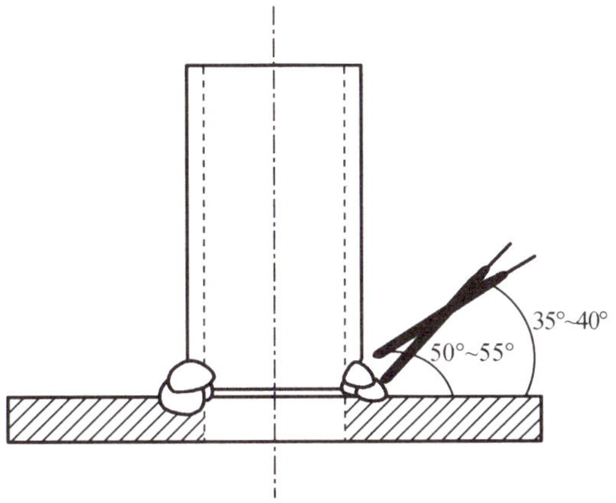

图 3–116　骑坐式管板垂直俯位焊接盖面焊焊条与焊件角度

（四）技术要求

（1）焊缝表面不得有裂纹、夹渣、焊瘤、未熔合等缺陷。

（2）焊脚高度为 6 mm。

（3）焊缝表面波纹均匀，与母材圆滑过渡。

模拟训练十五　焊条电弧焊骑坐式管板水平固定焊接

(一)焊接工艺卡

焊接工艺卡(虚拟实训)				焊接工艺编号	ONEW-15
适用范围	材料牌号	Q235B		焊接层次及顺序简图	
	试件规格	6 mm、12 mm		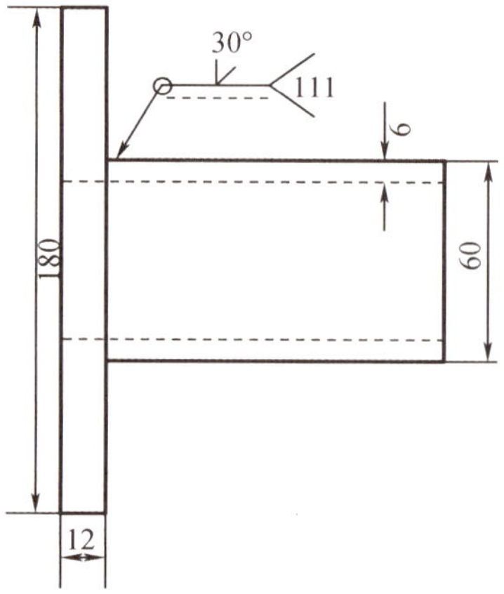	
	接头种类	对接接头			
	坡口形式	V 型坡口			
	焊接位置	全位置			
	焊接方法	焊条电弧焊			
	焊接电源	种类	直流		
		极性	反接		
	坡口角度/(°)		30±2		
	钝边/mm		1.5		
	组对间隙/mm		2		
	背面清根:				

焊前预热	加热方式	—	层间温度	—
	温度范围	—	测温方法	—
焊后热处理	种类	—	保温时间	—
	加热方式	—	冷却方式	—
	温度范围	—	测温方法	—

焊接工艺参数

焊层	焊材型号	焊材规格/mm	焊接电流/A	电弧电压/V	焊接速度/(cm/min)	气体流量/(L/min)	钨极直径/mm	喷嘴直径/mm	线能量/(kJ/cm)
1 层 1 道	J507	ϕ3.2	95~110						
2 层 1 道	J507	ϕ3.2	115~120						

备注:低氢型焊条需烘干,温度为 350~400 ℃。

(二)工作准备

1. 试件尺寸

Q235B 模拟工件,尺寸为板:长 180 mm×宽 180 mm×厚 12 mm;管:ϕ60 mm×100 mm×6 mm(各一件)。

2. 焊接设备

选用 ONEW-360AR 焊接操作训练仪,同时检查设备状态以及电源是否饱和良好。

3. 辅助器具

在焊工操作作业区附近应准备好虚拟仿真焊接实训项目指导书和焊接支架以及焊板。

(三)实施焊接

1. 装配定位焊

①管子钝边为 0.5~1 mm;②装配间隙为 3 mm;③定位焊长度为 10~15 mm。

2. 注意事项

(1)管板水平固定焊,施焊时分两个半圈,各两层,每半圈都存在仰、立、平三种不同位置的焊接。

(2)保持运条时焊条与环形焊缝的角度控制在 60°~70°。

3. 打底焊

(1)打底焊时采用断弧焊,始焊端焊条应在仰焊 6 点位置前 5~8 mm 处的坡口处内引弧,如图 3-17 所示,焊条在根部与板之间做微小的横向摆动,当母材熔化的铁水与焊条的熔滴连在一起后,按正常手法进行。

(2)灭弧动作要快,不要拉长电弧,同时灭弧与接弧时间要短,灭弧的频率为每分钟 50~60 次。每次重新引燃电弧时,焊条中心要对准熔池前沿焊接方向 2/3 处,每接弧一次焊缝增长 2 mm 左右。

(3)焊接时电弧在管和板上要稍作停留,并在板侧的停留时间要长一些。

(4)焊接过程中要使熔池大小的形状保持一致,使熔池中的铁水清晰明亮。溶孔始终深入每侧母材 0.5~1 mm。

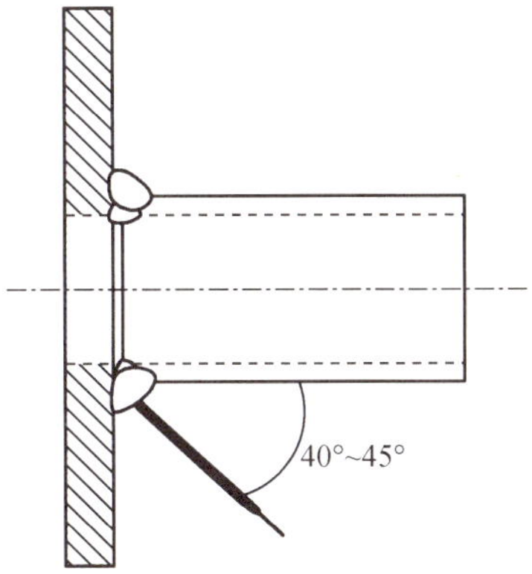

图 3-117　骑坐式管板水平固定焊示意图

(5)更换焊条时,当熔池冷却后,必须将收弧处打磨出斜坡方向再接头。

(6)收弧时,将焊条逐渐引向坡口斜前方,或将电弧往回拉一小段,再慢慢提高电弧,使熔池逐渐缩小填满弧坑后熄弧。

4. 盖面焊

(1)管板盖面焊接采用断弧焊操作,如图 3-118 所示。要特别注意的是,仰焊起焊时母材温度低,如焊条不摆到坡口边缘,铁水会很快收缩回来,产生咬边,焊缝成形也会又高又窄,达不到圆滑过度的效果,还容易产生表面未熔合缺陷。从熔池形状分析如果成下坠椭圆形,焊出的成形肯定不好,可能会产生焊瘤。因此仰焊盖面起焊点要充分预热,焊条与管子的夹角成 60°~70°,引燃电弧后拉长电弧进行预热,等焊条头上的第一滴熔化铁水坠落后再将焊条送进,前 5 mm 需要做 Z 字形运条连弧焊,特别强调焊条必须摆到两边坡口边缘。

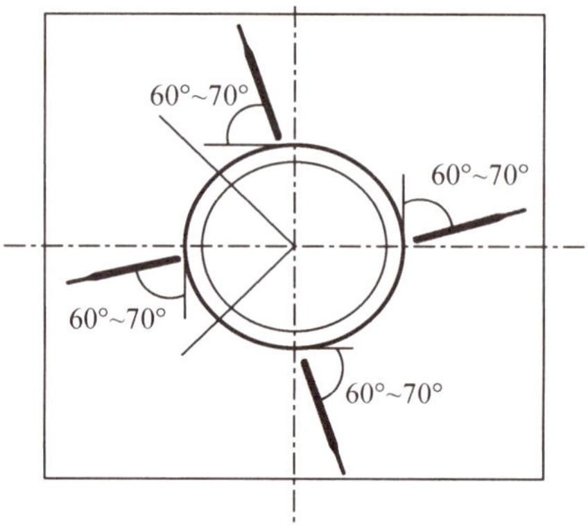

图 3-118　盖面焊示意图

(2)起头一段焊完随后采用断弧焊接,作三角形摆动运条,即熔池中心起弧,熔池中心收弧,摆动至距离坡口边缘 0.5 mm 处收弧,此时可看出熔池在扩散时已熔化两边坡口,熔池宽度为坡口宽度+0.5 mm,这与仰焊起焊时的运条有明显的区别。

(3)停弧时看到的熔池是扁椭圆形,焊接过程中要时刻观察熔池形状,熔化铁水一定要润湿到坡口边缘,避免产生表面未熔。盖面焊接时电流应比打底时大 5 A。

(4)焊接盖面立焊至平焊爬坡位置(3 点~1 点处)焊条角度要及时变换,电弧不要太低,焊条与熔池保持 2 mm 距离,保证熔池内铁水自由流动,后一个熔池压前一个熔池的 2/3,熔化时间要短,看熔化的铁水将坡口填满再熄弧,焊缝高出母材 1~1.5 mm 最好,焊条在坡口中心做 2~3 mm 摆动。

(5)焊到 1~12 点位置时焊接速度要适中,焊条角度必须调整,前进时速度不能过慢,否则铁水与药皮混在一起堆积产生满溢,此位置必须连弧焊,搭接前面焊缝的 5~10 mm 后熄灭电弧,待熔池缩小到原来 1/3 时再送一滴铁水即可结束焊接。焊出的焊缝光滑、平整,不易产生满溢、过烧等缺陷。

(四)技术要求

(1)焊缝表面不得有裂纹、夹渣、未熔合等缺陷。

(2)焊脚高度为 6 mm。

(3)焊缝表面波纹均匀,与母材圆滑过渡。

项目四

CO_2气体保护电弧焊

项目描述

CO_2 气体保护焊是以 CO_2 气体作为保护介质，使电弧及熔池与周围空气隔离，防止空气中氧、氮、氢对熔滴和熔池金属产生有害作用，从而获得优良机械保护性能的一种电弧焊，亦称 CO_2 电弧焊。其焊接过程如图 4-1 所示。

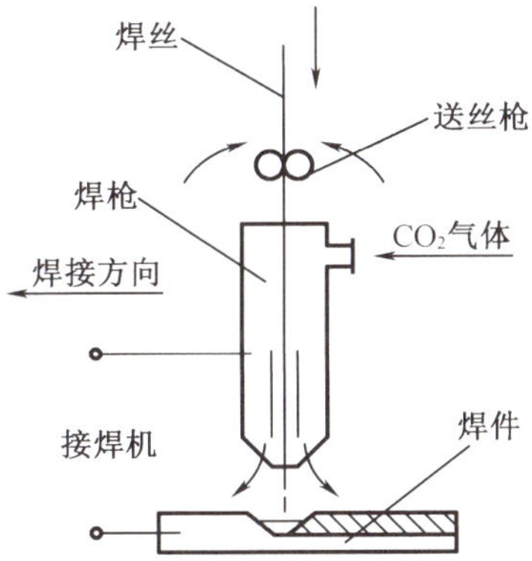

图 4-1　CO_2 气体保护焊过程示意图

知识目标

掌握 CO_2 气体保护焊的基本原理，焊接材料构成和焊接设备构成；掌握 CO_2 气体保护焊实操技能；掌握焊接虚拟仿真设备 CO_2 气体保护焊技能训练。

任务一　CO_2气体保护焊的基础知识

一、CO_2 气体保护焊特点

CO_2 气体保护焊按焊丝直径可分为细丝 CO_2 气体保护焊（$\phi0.5 \sim 1.2$ mm）和粗丝 CO_2

气体保护焊($\phi \geq 1.6$ mm),按操作方法可分为 CO_2 半自动焊和 CO_2 自动焊。

CO_2 气体保护焊与埋弧自动焊和焊条电弧焊相比,具有以下优点:

(1)焊接成本低。CO_2 气体价廉易得,国内供应较为充足,其成本只有埋弧自动焊和焊条电弧焊的 40%~50%。

(2)生产率高。CO_2 气体保护焊电流密度大,热量集中,电弧穿透力强,熔深大而且焊丝的熔化率高,熔敷速度快,焊后焊渣少不需清理,因此生产率比焊条电弧焊提高 1~4 倍。

(3)适用范围广,可以进行全位置焊接。薄板焊接时,不仅焊缝成形美观、速度快,而且变形和应力小。

(4)抗锈能力强,焊缝含氢量低,抗裂性好。

(5)采用明弧焊,电弧可见性好,易对准焊缝,观察和控制焊接过程较方便。

(6)操作简单。CO_2 气体保护焊采用自动送丝,操作简单,容易掌握。

由于 CO_2 气体保护焊具有以上优点,因此,在汽车制造业、船舶制造业、动力机械、金属结构、石油化学工业及冶金工业等领域得到了广泛应用。

二、CO_2 气体保护焊设备

CO_2 焊机由焊接电源、自动或半自动焊枪、送丝机构、供气系统和控制系统等几个部分组成。图 4-2 为 CO_2 气体保护焊焊接设备示意图。

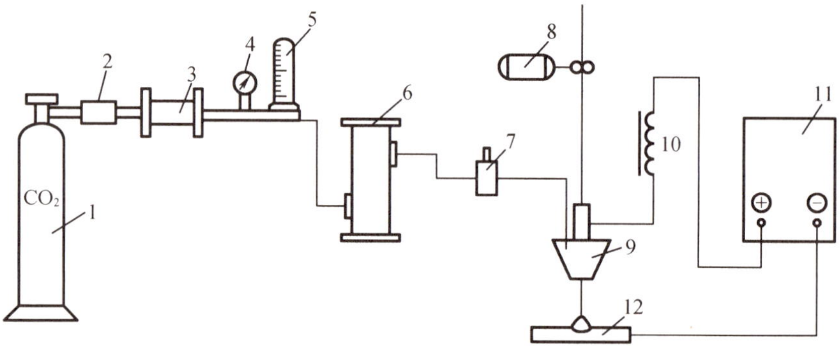

1—CO_2 气瓶;2—预热器;3—高压干燥器;4—气体减压阀;5—气体流量计;6—低压干燥器;7—气阀;8—送丝机构;9—焊枪;10—可调电感;11—焊接电源;12—工件。

图 4-2 CO_2 气体保护焊焊接设备示意图

1. 焊接电源

CO_2 气体保护焊的电源均为直流,要求电源有平硬外特性曲线。主要采用硅整流电源。

硅整流电源由焊接变压器、整流器、电感器、接触器及保护元件等组成,按电压调节方式不同可分为抽头式变压器硅整流电源、磁放大器式弧焊整流器、可控硅式弧焊整流器。

2. 送丝系统

CO_2 气体保护焊主要采用等速送丝式焊机,其焊接电流是通过送丝速度来调节的,送丝机构的质量好坏,直接关系到焊接过程的稳定性。因此要求送丝系统要能维持并保证送丝均匀而平稳,且能使送丝速度在一定范围内进行无级调节,以满足不同直径焊丝及焊接工艺参数的要求。

CO_2 半自动焊的送丝方式有三种，即推丝式、推拉丝式、拉丝式，如图 4-3 所示。

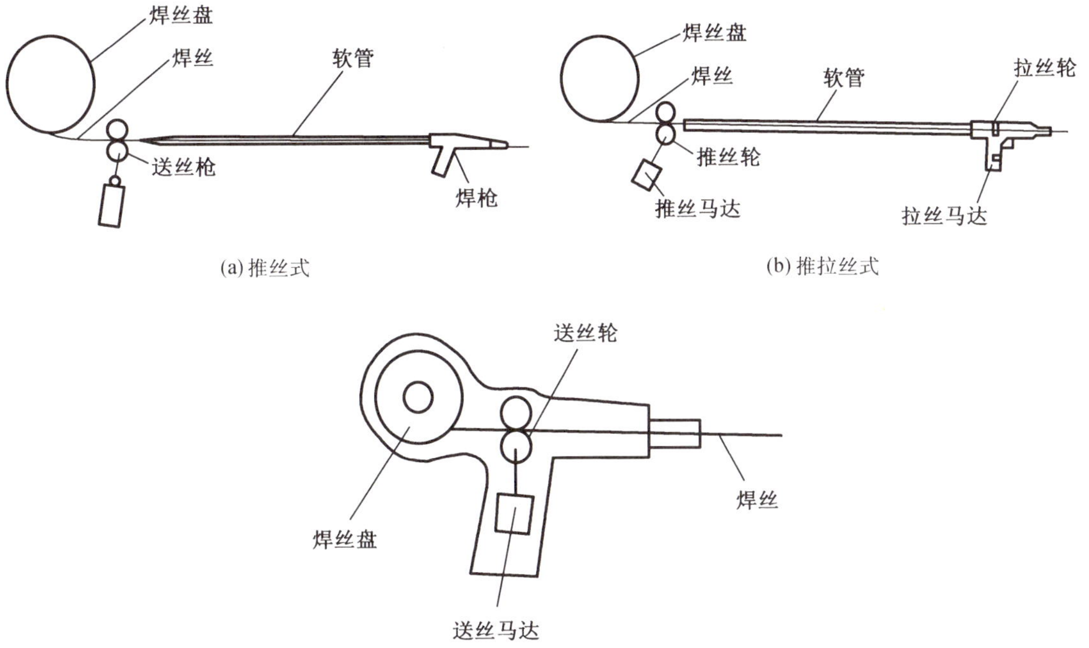

(c) 拉丝式(盘枪式)

图 4-3　CO_2 半自动焊的三种送丝形式示意图

(1) 推丝式送丝系统：焊丝由送丝滚轮推入送丝软管，再经焊枪上的导电嘴送至焊接电弧区。其特点是结构比较简单、轻便，操作和维修都很方便，因此应用最为广泛。但是这种送丝方式，焊丝要经过一段较长的软管，阻力很大，特别是焊丝直径较小时(小于 0.8 mm)，送丝往往不够均匀可靠，所以这种方式的送丝软管不能太长，一般在 2~5 m。

(2) 拉丝式送丝系统：它的特点是把送丝电动机、减速箱、送丝滚轮和小型焊丝盘都装在焊枪上，省去软管。拉丝式送丝方式没有送丝软管阻力，细焊丝也能均匀稳定地送进。其结构紧凑，焊枪活动范围大，但比较笨重，增加了焊工的劳动强度，操作也不够灵活。主要适用于细焊丝(焊丝直径小于 0.8 mm)的焊接。

(3) 推拉丝式送丝系统：它的送丝动作是通过安装在焊枪内的拉丝电动机和送丝装置内的推丝电动机两者同步运转来完成的。一般说来，推丝电动机是主要动力，它保证焊丝等速送进，而拉丝电动机只是起将送丝软管中焊丝拉直的作用。这样就不会发生焊丝弯曲或送丝中断的现象。推拉式送丝软管可达 20~30 m，大大扩大了半自动焊的操作范围。但由于这种方式结构比较复杂，焊枪比较笨重，维修也比较困难，故应用不多。

3. 半自动焊枪

焊枪的主要作用是导电、送丝和输送保护气体。

半自动焊枪按使用电流的大小，可分为自冷式和水冷式两种。通常焊接电流在 250 A 以下采用自冷式，焊接电流在 250 A 以上采用水冷式。

半自动焊枪有两种结构形式，即手枪式和弯管式。根据不同位置的焊缝，可采用不同形式的半自动焊枪。

空间位置一般采用手枪式焊枪。其特点是送丝阻力比较小，但焊枪重心不在手握部分，操作时不太灵活。

水平位置焊缝，多用弯管式焊枪。其特点是重心在手握部分，操作比较灵活，但送丝阻力较大，焊枪的喷嘴一般为圆柱形，孔径一般在 12~25 mm，采用导热性较好的紫铜材料。

焊枪导电嘴的孔径(D)根据焊丝直径(d)确定，其关系式为：

$d \leq 1.6$ mm 时，$D=d+(0.1\sim0.3)$ mm；

$d=2\sim3$ mm 时，$D=d+(0.4\sim0.6)$ mm。

导电嘴的长度一般为细丝 25 mm，粗丝 35 mm 左右。

导电嘴的材料一般采用紫铜，也有用铬青铜或磷青铜的。

4. 供气系统

供气系统的作用是将钢瓶中高压 CO_2 液体处理成合乎质量要求的、具有一定流量的 CO_2 气体，并使之均匀畅通地从焊枪喷嘴喷出。供气系统通常由钢瓶、预热器、减压阀、干燥器和流量计等组成。

预热器的作用是防止瓶阀和减压器因冻结而堵塞气路。预热器一般采用电热式，使用电阻丝加热，功率在 100~150 W。在开气瓶之前，应先将预热器通电加热。

减压阀的作用是将高压的 CO_2 气体变为低压的气体，并保持气体的压力在供气过程中稳定。一般 CO_2 气体的工作压力为 0.1~0.2 MPa，故可直接用低压力的乙炔减压阀或用氧气减压阀改装而成。

干燥器的作用是吸收 CO_2 气体中的水分。干燥器内装有干燥剂，如硅胶、脱水硫酸铜、无水二氯化钙等。

根据干燥器位置不同，分为高压干燥器和低压干燥器两种。高压干燥器在减压阀之前，低压干燥器在减压阀之后，可以根据钢瓶中的 CO_2 的纯度选用其中一个或两个都用，如果 CO_2 纯度满足要求，亦可不设干燥器。

流量计是用于测量 CO_2 气体流量的装置。常用的有转子式流量计，也可采用减压阀和流量计一体式，即 301-1 型浮标式流量计。其流量调节范围有 0~15 L/min 和 0~30 L/min 两种，可根据需要使用。

气阀是用来控制保护气体通、断的装置。可直接采用机械气阀开关来控制，当要求准确控制时，可用电磁气阀由控制系统来完成气体的通断。

5. 控制系统

控制系统主要完成送丝拖动系统的控制、供气系统的控制、供电系统的控制以及焊接操作程序的控制等几个部分的控制要求。

对供气系统的控制分三步进行：第一步提前送气 1~2 s，然后引弧；第二步焊接，控制均匀送气；第三步收弧，滞后 2~3 s 停气，继续保护弧坑区的熔池金属不受空气的有害作用。

供电系统的控制是指电源的通断与焊丝送给的配合关系。供电可在送丝之前接通，亦可与送丝同时接通。而在停电时，要求送丝先停，而后再断电，使电弧在焊丝伸出端“返烧”借以填补弧坑，也能避免焊丝末端与熔池粘连。

半自动焊接操作控制程序如下：

启动→提前送气(1~2 s)→送丝，供电(开始焊接)

停止→停丝，停电（焊接停止）（2～3 s）→停止送气（滞后停气）

6. CO_2 电弧焊机举例

NBC-250 型 CO_2 半自动焊机主要由焊接电源、晶闸管送丝电动机调速控制、供气控制以及焊接操作程序控制等部分组成。其最大焊接电流为 250 A，可用于板厚为 1～5 mm 的低碳钢、低合金结构的全位置对接、搭接以及角接焊缝的焊接。焊机采用等速送丝系统，焊丝驱动为拉丝式，焊丝直径为 0.8～1.2 mm，焊接电流范围为 60～250 A，空载电压调节范围为 17～27 V，额定输入功率为 9 kW，额定负载持续率为 60%。

（1）焊接电源：焊接电源为平特性三相硅整流器。焊接变压器通过粗调和细调可调节初级线圈的匝数，一共能调出 20 级输出电压。

（2）调速控制：调速主电路采用晶闸管和二极管组成的桥式全控电路。调节晶闸管的导通角，即可调节送丝电机的电枢电压和电机转速，从而调节送丝速度和焊接电流。

（3）供气控制：采用并联电容延时环节控制保护气体的提前送给和滞后关断，即在通电、送丝之前先通气，停电、停丝后再关气。

（4）操作过程：焊前准备，合上电源开关，闭合电源控制箱上的转换开关，闭合 CO_2 气体预热开关，预热器开始工作，对气体进行加热。

焊接时按下焊枪上的微动开关，电路自动实现先通气、延时接通电源、送进焊丝、引弧焊接等动作。

停止焊接时，只需松开焊枪上的微动开关，就可自动切断焊接电源，停止送丝，返烧熄弧，滞后停气。

7. 焊机的安装

（1）查清电源的电压、开关和熔丝的容量，必须符合焊机铭牌上的要求。

（2）焊接电源的导电外壳必须可靠接地，地线截面必须大于 12 mm^2。

（3）用电缆将焊接电源输出端的负极和工件接好，将正极与送丝机接好。CO_2 气体保护焊通常采用直流反接，如果用于堆焊，最好采用直流正接。

（4）将流量计至焊接电源和焊接电源至送丝机处的送气管道接好。

（5）将预热器接好。

（6）将焊枪与送丝机接好。

（7）接好焊接电源至供电电源开关间的电缆。

8. 焊机的保养

（1）操作者必须掌握焊机的一般构造，电器原理以及使用方法。

（2）必须建立焊机定期维修制度。

（3）经常检查电源和控制部分的接触器及继电器触点的工作情况，发现烧损或接触不良应及时更换或修理。

（4）经常检查送丝电动机和小车电机的工作状态，发现碳刷磨损或打火时接触不良要及时更换或修理。

（5 ）经常检查送丝滚轮的压紧情况和磨损程度。

（6）定期检查送线软管的工作情况，及时清理管内污垢。

（7）检查导电嘴和焊丝的接触情况，发现导电嘴孔径严重磨损时应及时更换。

（8）检查导电嘴与导电杆之间的绝缘情况，防止喷嘴带电，并及时清除附着的飞溅金属。

(9)经常检查供气系统工作情况,防止漏气、焊枪分流环堵塞、预热器以及干燥器工作不正常等问题,保证 CO_2 气流均匀畅通。

(10)工作完毕或因故离开,要关闭气路,切断一切电源。

(11)当焊机出现故障时,不要随便拨弄电器元件,应停机停电,检查修理。

9. CO_2 电弧焊机常见故障及排除方法

CO_2 电弧焊机故障的判断方法,一般采用直接观察法、表测法、示波器波形检测法和新元件代入等方法。检修和消除故障的一般步骤是,从故障发生部位开始逐级向前检查。对于被检修的各个部分,首先检查易损、易坏、经常出毛病的部件,随后再检查其他部件。

CO_2 焊机常见故障的产生原因及排除方法如表 4-1。

表 4-1 CO_2 电弧焊机常见故障产生原因及排除

故障特征	产生原因	排除方法
焊丝送给不均匀	1. 送丝电机电路故障 2. 减速箱故障 3. 送丝滚轮压力不当或磨损 4. 送丝软管接头处堵塞或内层弹簧管松动 5. 焊枪导电部分接触不好或导电嘴孔径大小不合适 6. 焊丝绕制不好,时松时紧或有弯折	1. 检修电机电路 2. 检修 3. 调整滚轮压力或更换 4. 清洗或修理 5. 检修或更换导电嘴 6. 调直焊丝
焊接过程中发生熄弧和焊接规范不稳	1. 导电嘴打弧烧坏 2. 焊丝送给不均匀,导电嘴磨损过大 3. 焊接规范选择不合适 4. 焊件和焊丝不清洁,接触不良 5. 焊接回路各部件接触不良 6. 送丝滚轮磨损	1. 更换导电嘴 2. 检查送丝系统,更换导电嘴 3. 调整焊接规范参数 4. 清理焊件和焊丝 5. 检查电路元件及导线连接 6. 更换滚轮
焊丝停止送进和焊丝点击不转	1. 送丝滚轮打滑 2. 焊丝与导电嘴熔合 3. 焊丝卷曲卡在焊丝进口管处 4. 保险丝烧断 5. 电动机电源变压器损坏 6. 电动机碳刷磨损 7. 焊枪开关接触不良或控制线路断线 8. 控制继电器烧坏或其他接触点烧损 9. 调速电路故障	1. 调整滚轮压力 2. 连同焊丝拧下导电嘴,更换 3. 将焊丝退出,剪去一段焊丝 4. 更换 5. 检修或更换 6. 换碳刷 7. 检修和接通线路 8. 换继电器或修理触点 9. 检修
焊丝在送给滚轮和软管进口之间发生卷曲和打结	1. 弹簧管堵塞或内径太小 2. 送丝滚轮离软管接头进口太远 3. 送丝滚轮压力太大,焊丝变形 4. 焊丝与导电嘴配合太紧 5. 软管接头内径太大或磨损严重 6. 导电嘴与焊丝粘住或熔合	1. 清洗或更换弹簧管 2. 移近近距离 3. 适当调整压力 4. 更换导电嘴 5. 更换接头 6. 更换导电嘴

表 4-1(续)

故障特征	产生原因	排除方法
气体保护不良	1. 电磁气阀故障 2. 电磁气阀电源故障 3. 气路堵塞 4. 气路接头漏气 5. 喷嘴因飞溅而阻塞 6. 减压表冻结	1. 修理电磁气阀 2. 修理电源 3. 检查气路导管 4. 紧固接头 5. 清除飞溅物 6. 查清冻结原因，可能是气体消耗量过大、预热器断路或未接通

三、焊丝

在焊接低碳钢和低合金钢时，为了防止气孔，减少飞溅，保证焊缝具有较高的机械性能，必须采用含有 Si、Mn 等脱氧元素的焊丝。

H08Mn2SiA 焊丝是目前 CO_2 气体保护焊中应用最为广泛的一种焊丝。它有较好的工艺性能、较高的机械性能以及抗热裂纹能力，适宜于焊接低碳钢和屈服强度 $\sigma_s \leq 490$ MPa 的低合金钢及焊后抗拉强度 $\sigma_b \leq 1\ 200$ MPa 的低合金高强度钢。对于强度等级要求高的钢种，应当采用焊丝成分中含有 Mo 的 Hl0MnSiMo 等焊丝。

CO_2 气体保护焊使用的焊丝直径有：0.5，0.6，0.8，1.0，1.2，1.6，2.0，2.4，2.5，3.0，4.0，5.0（单位：mm）等几种。半自动焊主要用细焊丝，直径为 0.5~1.2 mm。自动焊除可采用细焊丝外，还可采用直径为 1.6~5.0 mm 的粗焊丝。焊丝表面有镀铜和不镀铜两种。镀铜的目的是防止焊丝生锈，有利于焊丝的存放和改善导电性。

四、CO_2 气体

其用途是在进行 CO_2 焊接时，有效地保护电弧和金属熔池区免受空气的侵袭。由于 CO_2 气体具有氧化性，在焊接过程中，产生氢气孔的可能性较小。

工业上一般使用瓶装液态 CO_2，既经济又方便。规定钢瓶主体喷成银白色，用黑漆标明“二氧化碳”字样。

容量为 40 L 的标准钢瓶，可灌入 25 kg 液态的 CO_2，约占钢瓶容积的 80%，其余 20%的空间充满了 CO_2 气体，气瓶压力表上指示的就是这部分气体的饱和压力，它的值与环境温度有关。温度高时，饱和气压增高；温度降低时，饱和气压降低。0 ℃时，饱和气压为 3.63 MPa；20 ℃时，饱和气压为 5.72 MPa；30 ℃时，饱和气压达 7.48 MPa。因此应防止 CO_2 气瓶靠近热源或让烈日曝晒，以免发生爆炸事故。如果需要了解瓶内 CO_2 余量，一般用称钢瓶质量的办法来测量。

采用瓶装液态 CO_2 供气时，为了减少瓶内水分与空气含量，提高输出 CO_2 气体纯度，一般采取以下措施：

（1）鉴于在温度高于−11 ℃时，液态 CO_2 比水轻，将新灌气瓶倒置 1~2 h 后，打开阀门，可排出沉积在下面的自由状态的水。根据瓶中含水量的不同，每隔 30 min 左右放一次水，需放水 2~3 次，然后将气瓶放正。

（2）使用前，先打开瓶口阀门，放气 2~3 min，以排除装瓶时混入的空气和水分，然后再套接输气管。

（3）在气路中串接干燥器，进一步减少 CO_2 气体的水分。

（4）气瓶中压力降到 1 MPa 时，停止用气。

五、焊接工艺参数的选择

CO_2 气体保护焊的工艺参数主要包括焊丝直径、焊接电流、电弧电压、焊接速度、焊丝伸出长度、电源极性、回路电感以及气体流量。

1. 焊丝直径的选择

焊丝直径的选择应以焊件厚度、焊接位置及生产率的要求为依据，同时还必须兼顾到熔滴过渡的形式以及焊接过程的稳定性。一般细焊丝用于焊接薄板，随着焊件厚度的增加，焊丝直径要求增加。

焊丝直径的选择可见表 4-2。

表 4-2　不同焊丝直径的适用范围

单位：mm

焊丝直径	熔滴过渡形式	焊件厚度	焊缝位置
0.5~0.8	短路过渡 滴状过渡	1.0~2.5 2.5~4	全位置 水平位置
1.0~1.2	短路过渡 滴状过渡	2~8 2~12	全位置 水平位置
1.6	短路过渡	3~12	水平、立、横、仰
≥1.6	滴状过渡	>6	水平

2. 焊接电流的选择

焊接电流应根据工件的厚度、坡口形式、焊丝直径和所需的熔滴过渡形式来选择。

电流范围为 60~250 A 时，主要适于直径为 0.5~1.6 mm 焊丝的短路过渡全位置焊接。

焊接电流大于 250 A 时，一般都采用滴状过渡来焊接中厚板结构。

3. 电弧电压的选择

通常细丝焊接时电弧电压为 16~24 V，粗丝焊接时，电弧电压为 25~36 V。采取短路过渡时，电弧电压与焊接电流有一个最佳配合范围，见表 4-3。

4. 焊接速度的选择

应根据焊件材料的性质与厚度来确定。一般 CO_2 半自动焊的焊接速度在 15~40 m/h 的范围内，自动焊时在 15~80 m/h 的范围内。

表 4-3 CO_2 短路过渡时电弧电压与焊接电流关系

焊接电流/A	电弧电压/V	
	平焊	立焊和仰焊
75~120	18~21.5	18~19
130~170	19.5~23	18~21
180~210	20~24	18~22
220~260	21~25	—

5. 焊丝伸出长度的选择

焊丝伸出长度也称平伸长度，是指焊丝从导电嘴伸出到工件除弧长外的那段距离，以“L”表示，可按下式确定。

短路过渡时：

$$L_s = 10d(\text{mm})$$

式中 d——焊丝直径，mm。

滴状过渡时，L_s 为 20~40 mm。

6. 电源极性的选择

为了减少飞溅，保持焊接过程的稳定，CO_2 气体保护焊一般都采用直流反极性焊接。但在大电流和高速 CO_2 电弧焊、堆焊和铸铁补焊以及采用活化处理焊丝焊接时，多采用正极性焊接。

7. 回路电感的选择

应根据焊丝直径、焊接电流大小、电弧电压高低来选。

8. 气体流量的选择

进行细焊丝短路过渡焊接时，CO_2 气体的流量通常为 5~15 L/min，粗丝焊接时约为 20 L/min。

为了保证 CO_2 保护气体具有足够的挺度，当焊接电流增大，焊接速度加快，焊丝伸出长度较长以及在室外焊接时，气体流量必须加大。

总之，确定焊接工艺参数的程序是根据板厚、接头形式、焊接操作位置以及熔滴过渡形式等确定焊丝直径和焊接电流，然后确定其他参数。最后通过试焊验证，满足焊接过程稳定，飞溅少，焊缝外形美观，无烧穿、咬边、气孔和裂纹，并保证充分焊透等要求，则为合适的焊接工艺参数。

六、接头的坡口尺寸和装配间隙

1. 颗粒过渡时，坡口角度应开得小些，钝边应适当大些。装配间隙要求较严，对接间隙不能超过 1 mm。对于直径为 1.6 mm 的焊丝，钝边可以为 4~6 mm，坡口角度可为 45°左右。

2. 短路过渡时，钝边较小，也可以不留钝边，间隙可稍加些。要求高时，装配间隙应不大于 1.5 mm，根部上、下错边允许为±1 mm。

七、常见缺陷及产生原因

1. 气孔

当焊丝与焊件清理不良，焊丝内硅锰含量不足，CO_2气体纯度较低，CO_2 气体保护不良时，易产生气孔。

2. 裂纹

当焊丝、焊件有油、锈及水分，电流与电压匹配不合理，母材与焊缝金属含碳量高，焊接顺序不当，焊接应力过大时，易引起裂纹。

3. 咬边

当弧长太长、电流太大、焊速过快或焊枪位置不当时，容易引起咬边。

4. 夹渣

前层焊缝的熔渣去除不干净，小电流、低速度时熔敷量过多，在坡口内进行左焊法，焊接熔渣流到熔池前面去，焊丝摆动过大时，容易引起夹渣。

5. 飞溅严重

由于短路过渡时，电感量不适当，焊接电流和电压匹配不当，焊丝和焊件清理不良而引起。

6. 焊缝形状不规则

由于焊丝未经校直或校直不好，导电嘴磨损严重而引起电弧摆动，焊丝伸出长度过大，焊接速度过低而引起。

7. 烧穿

焊接电流过大，焊接速度过慢，坡口间隙过大易引起烧穿。

任务二　CO_2气体保护焊操作技能

一、操作准备

1. 设备

NBC-250 型 CO_2 气体保护半自动焊机，CO_2 气瓶，301-1 型浮子式流量计，减压阀，预热器及干燥器。

2. 实习焊件

低碳钢板，每组两块，长度为 250 mm，宽为 120 mm，厚度为 8 mm。

3. 焊丝

H08MnSiA 系列，直径为 1.2 mm。

4. CO_2 气体纯度

CO_2 含量>99.5%，O_2<0.1%，H_2O<2 g/m^3。

5. 焊条

E4303，直径为 4 mm。

6. 设备检查

(1)检查送丝滚轮压力是否合适，送丝软管是否通畅，送丝压力是否合适。

(2)清理焊枪喷嘴。在喷嘴上涂硅油可防止飞溅金属黏附在喷嘴上，或者采用机械方法清理喷嘴。

(3)检查继电器触点接触是否良好。若有烧伤应仔细打磨烧伤处，使其接触良好。

7. 焊丝盘绕

将烘干过的焊丝按顺序盘绕至焊丝盘内，以免使用时紊乱，发生缠绕，影响正常送丝。

二、操作注意事项

1. 选择正确的持枪姿势

正确的持枪姿势应满足如下条件：

(1)操作时用身体的某个部位承担焊枪的重力，通常手臂处于自然状态，手腕能灵活带动焊枪平移或转动，不感到太累。

(2)焊接时，软管电缆最小曲率半径应大于 300 mm，并可随意拖动焊枪。

(3)焊接时能清楚、方便地观察熔池，并能维持焊枪倾角不变。

(4)能保证焊枪在需要焊接的范围内自由移动。

2. 保持焊枪与工件合适的相对位置主要是正确控制焊枪与工件间的倾角和喷嘴高度。在这种位置焊接时，焊工既能方便地观察熔池，控制焊缝形状，又能可靠地保护熔池，防止出现缺陷。

3. 保持焊枪匀速向前移动

焊工应根据焊接电流的大小、熔池的形状、工件熔合情况、装配间隙、钝边大小等情况，调整焊枪移动速度，力争匀速前进。

4. 保持摆幅一致的横向摆动。

三、操作要领

1. 焊前清理

焊前清理主要是对焊件、焊丝表面的油、锈、水分等脏物进行仔细清理。

2. 装配定位焊

定位焊可使用优质焊条进行手弧焊或直接采用 CO_2 半自动焊进行。定位焊的长度和间距，根据板厚和焊件的结构形式而定，一般长度为 30~250 mm 为宜，间距以 100~300 mm 为宜。

实操训练一　平敷焊

用 250 mm×120 mm×8 mm 低碳钢板一块，以划针在钢板上沿 250 mm 方向每 30 mm 划一条准线，然后按下列工艺参数进行平敷焊练习。

焊丝：H08MnSiA，直径为1.2 mm；

焊接电流：110～120 A；

电弧电压：20～22 V；

焊接速度：20～25 m/h；

CO_2 气体流量：9～11 L/min。

(1)操作姿势根据工作台的高度，身体呈站立或下蹲姿势，上半身稍向前倾，脚要站稳，肩部用力使臂膀抬至保持水平，右手握焊枪，但不要握得太死，要自然，并用手控制枪柄上的开关，左手持面罩，准备焊接。

(2)引弧采用爆裂引弧法。引弧前先按焊枪上的控制开关，点动送出一段焊丝，焊丝伸出长度小于喷嘴与工件间应保持的距离，超长部分应剪去。若焊丝端部出现球状时，必须预先剪去，否则引弧困难。

将焊枪按要求(保持合适的倾角和喷嘴高度)放在引弧处。

按动焊枪上的控制开关，焊机自动提前送气，延时接通电源，自动送丝，当焊丝碰撞工件短路后，自动引燃电弧。

短路时，焊枪有自动顶起的倾向，故引弧时要稍用力压焊枪，防止焊枪抬起太高，电弧太长而熄灭。

为了保证引弧处的质量，对接焊应采用引弧板，或在距板材端部 2～4 mm 处引弧，然后缓慢引向接缝的端头，待焊缝金属熔合后，再以正常焊接速度前进。通过多次反复的引弧练习要做到引弧准，建立电弧稳定燃烧过程快。

(3)直线移动焊丝焊接法。所谓直线移动焊丝是指只沿准线直线运动不做摆动，这样焊出的焊道宽度较窄。

起始端在一般情况下焊道要高些而熔深要浅些。为了克服这一缺点，在引弧之后，先将电弧稍微拉长一些，对焊道端部进行适当的预热，然后再压缩电弧进行起端的焊接。这样可以获得有一定熔深和成形比较整齐的焊道。

引弧并使焊道的起始端充分熔合后，要使焊丝保持一定的高度和角度，并以稳定的速度沿准线向前移动。

根据焊丝的运动方向有右向焊法和左向焊法。右向焊时，熔池能得到良好的保护，其加热集中，热量可以充分利用；由于电弧吹力的作用，将熔池金属推向后方，可以得到外形比较饱满的焊道。但右焊法不易准确掌握焊接方向，容易焊偏。而左向焊时，电弧对焊件金属有预热作用，能得到较大的熔深时，虽然观察熔池困难些，但能准确地掌握焊接方向，不易焊偏。

一般 CO_2 半自动焊都采用带有前倾角的左向焊法,前倾角为 10°~15°。如图 4-4 所示。

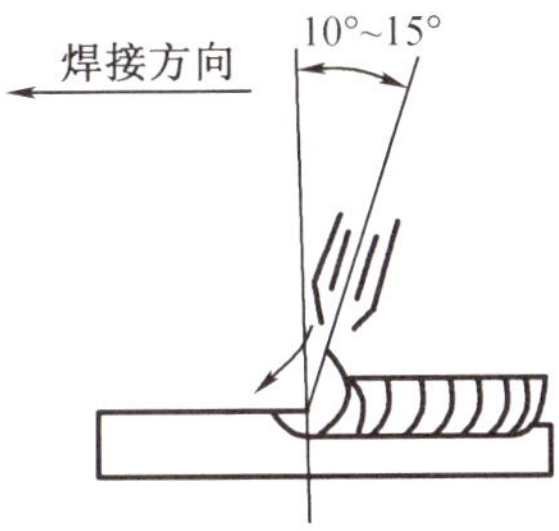

图 4-4　带有前倾的左向焊法

收弧时,应注意将收尾处的弧坑填满。一般说来,采用细丝 CO_2 短路过渡焊接,其电弧长度短,弧坑较小,不需作专门的处理,只要按焊机的操作程序收弧即可。若采用粗丝大电流焊接并使用长弧时,由于电弧电流及电弧吹力都大,如果收弧过快,会产生弧坑缺陷,所以,在收弧时应在弧坑处稍停留片刻,然后缓慢抬起焊枪,在熔池凝固前必须继续送气。

焊道接头时,先将待焊接头处用角向磨光机打磨成斜面,然后在斜面顶部引弧,引燃电弧后,将电弧移至斜面底部,转一圈返回引弧处后再继续向左焊接。

(4)横向摆动运丝焊接法。进行 CO_2 气体保护焊时,为了获得较宽的焊缝,往往采用横向摆动运丝法。这种运丝方式是沿焊接方向,在焊缝中心线两侧作横向交叉摆动。根据 CO_2 半自动电弧焊的特点,有锯齿形、月牙形、正三角形、斜圆圈形等几种摆动方式,如图 4-5 所示。横向摆动运丝角度和起始端的运丝要领完全和直线焊接时一样。

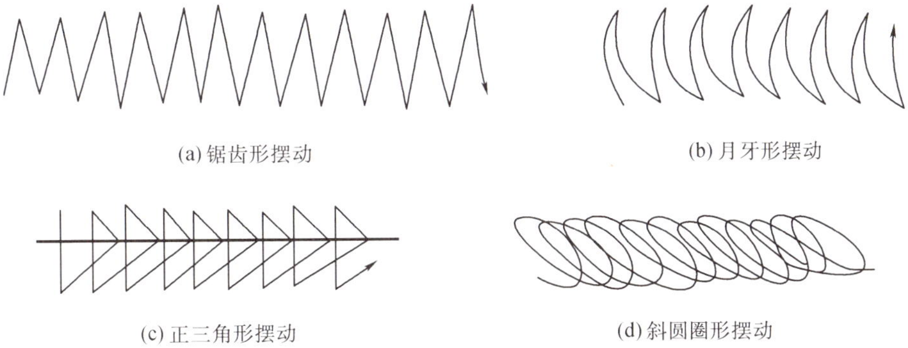

(a)锯齿形摆动　(b)月牙形摆动　(c)正三角形摆动　(d)斜圆圈形摆动

图 4-5　CO_2 半自动焊时焊枪的各种摆动方式

横向摆动运丝法有以下基本要求:

①运丝时以手腕作辅助,以手臂操作为主来控制和掌握运丝角度。

②左右摆动的幅度要一致,若不一致,会出现熔深不良的现象。一般 CO_2 气体保护焊摆动的幅度要比手工弧焊小些。

③进行锯齿形和月牙形等摆动时,为了避免焊缝中心过热,摆到中心时,要加快速度,而到两侧时,则应稍微停顿一下。

④为了降低熔池温度,避免铁水漫流,有时焊丝可以作小幅度的前后摆动。进行这种摆动时,也要注意摆动均匀,并控制向前移动焊丝的速度也要均匀。

实操训练二　开坡口水平对接焊

(一)坡口加工与装配定位焊

取长 250 mm×宽 120 mm×厚 8 mm 低碳钢板两块,沿 250 mm 方向用机械切削法加工出如图 4-6 所示 V 型坡口。然后用 E4303 焊条(直径 4 mm),以 180~210 A 的焊接电流用焊条电弧焊将实习焊件定位焊到长 300 mm×宽 100 mm×厚 2 mm 的低碳钢垫板上。其装配定位焊形式如图 4-7 所示。

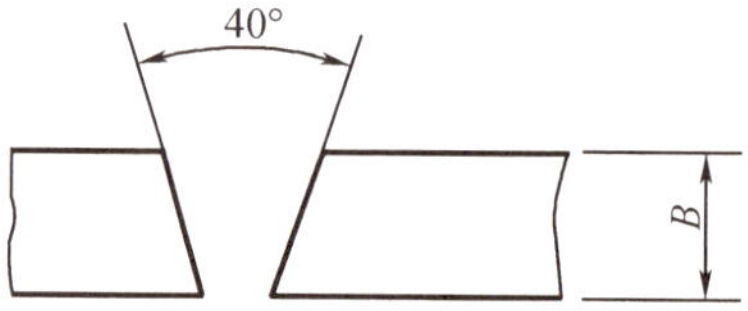

图 4-6　实习焊件的坡口尺寸

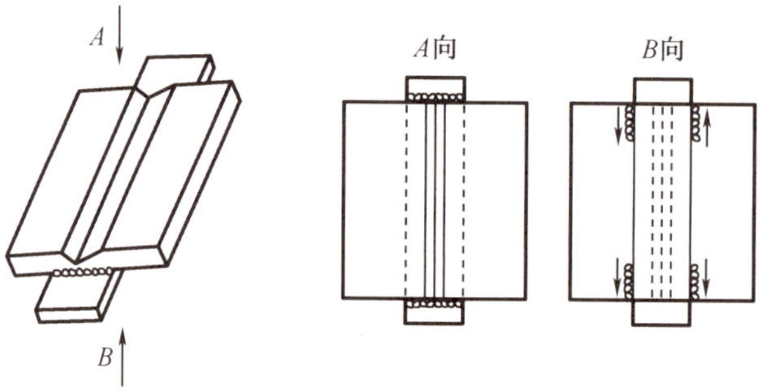

图 4-7　实习焊件装配定位焊示意图

(二)焊接工艺参数的选择

焊丝:H08MnSiA,直径为 1.2 mm;

焊接电流:140~160 A;

电弧电压:21~23 V;

焊接速度:15~25 m/h;

CO_2 气体流量:10~15 L/min。

(三)水平对接焊练习

采用左向焊法。焊丝向前倾角为 10°~15°。第一层采用直线移动运丝法进行焊接。以后各层采用月牙形或锯齿形摆动运丝法焊接。焊到最后一层的前一层焊道时，焊道应比焊件金属表面低 0.5~1.0 mm，以免坡口边缘熔化，导致盖面焊道产生咬边或焊偏现象。

多层焊时，要注意防止未熔合、夹渣、气孔等缺陷。发现缺陷应采取措施及时排除，以保证焊接质量。为了减少变形，在焊接过程中可按焊条电弧焊方式采用分段焊。

实操训练三 T 型接头和搭接接头的焊接

T 型接头焊件的定位焊如图 4-8 所示。

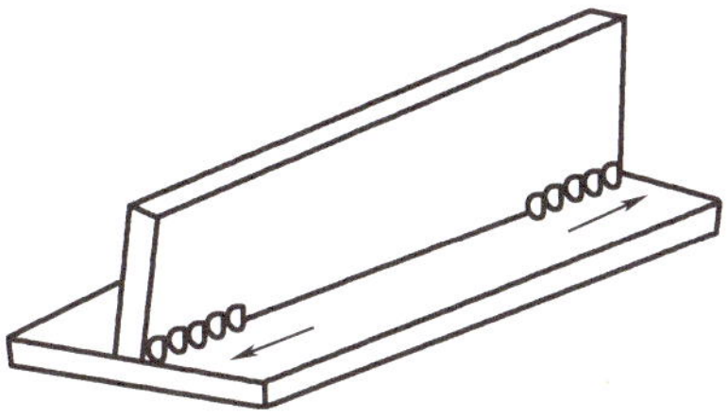

图 4-8 T 型接头焊件的定位焊

焊接练习时，采用 H08Mn2SiA 焊丝，直径为 1.2 mm。焊接工艺参数如下所示。

第一层。

焊接电流：150~170 A；

电弧电压：21~23 V；

焊接速度：20~30 m/h；

气体流量：10~15 L/min；

焊脚尺寸：6~6.5 mm。

其他各层。

焊接电流：130~150 A；

电弧电压：20~22 V；

焊接速度：15~25 m/h；

气体流量：10~15 L/min；

焊脚尺寸：6~6.5 mm。

进行 T 型接头焊接时，极易产生咬边、未焊透、焊缝下垂等现象。为了防止这些缺陷，在操作时，除了正确选用焊接工艺参数外，还要根据板厚和焊脚尺寸来控制焊丝的角度。不等厚度焊件的 T 型接头平角焊时，要使电弧偏向厚板，以使两板加热均匀。如图 4-9 所示。在等厚度板上进行 T 型接头焊接时，一般焊丝与水平板夹角为 40°~50°。当焊脚尺寸在 5 mm 以下时，可按图 4-10 中 *A* 的方式将焊丝指向夹角处。如果焊脚尺寸为 5 mm 以上时，可将焊丝水平移开，离夹角处 1~2 mm，这时可以得到等脚的焊缝（图 4-10 中 *B*），否则容易造成垂直板产生咬边和水平板产生焊瘤的缺陷。焊接过程中焊丝的前倾角度为 10°~25°，采用左向焊法，如图 4-11 所示。

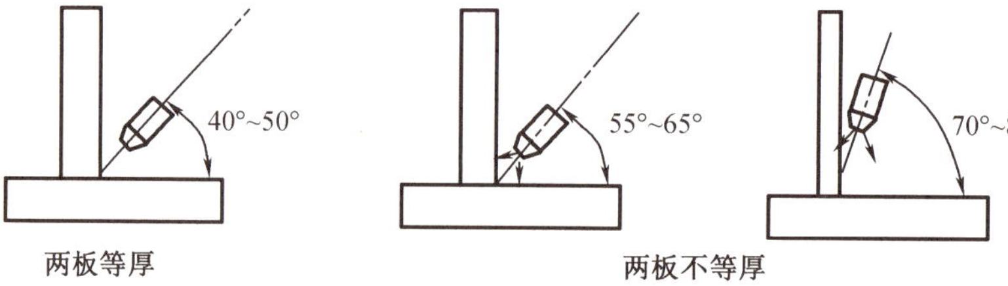

图 4-9　T 型接头焊接时焊丝的角度

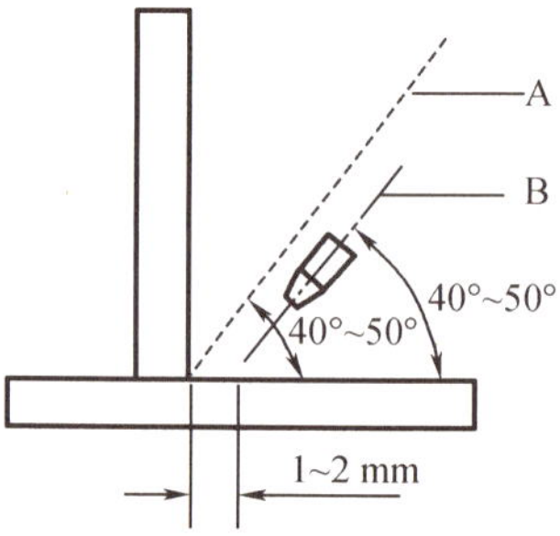

图 4-10　T 型接头平角焊时的焊丝位置

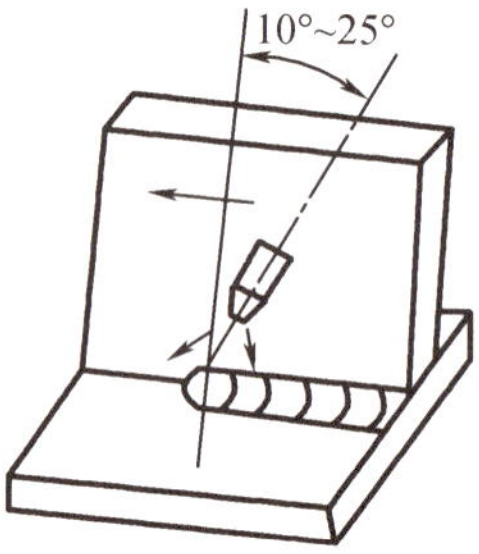

图 4-11　焊丝前倾角

焊脚尺寸小于 8 mm 时，都可采用单层焊。

（1）焊脚尺寸小于 5 mm 时，可用直线移动法和短路过渡法进行均匀速度焊接。

（2）焊脚尺寸在 5~8 mm 时，可采用斜圆圈形运丝法，并以左焊法进行焊接。如图 4-12 所示。其运丝要领为：$a \to b$ 慢速，保证水平厚板有足够的熔深，并充分焊透；$b \to c$ 稍快，防止熔化金属下淌；c 处，稍作停顿，保证垂直板熔深，并要注意防止咬边现象产生，$c \to b \to d$ 稍慢，保证根部焊透和水平板熔深；$d \to e$ 稍慢，在 e 处稍作停留。

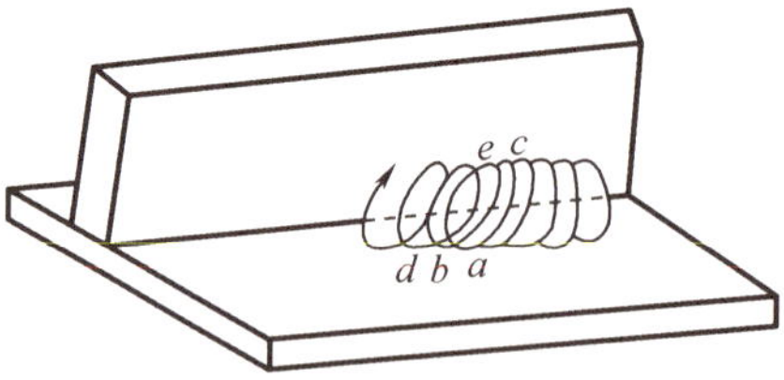

图 4-12　T 型接头角焊时的斜圆圈形运丝法

焊脚尺寸为 8~9 mm 时，焊缝可用两层两道焊，第一层用直线移动运丝法施焊，电流稍大，以保证足够的熔深。第二层，电流稍偏小，用斜圆圈形左焊法焊接。

焊脚尺寸大于 9 mm 时，仍采用多层多道焊，其焊接层数可参照手弧焊的平角焊多层焊方式进行。但采用横向摆动时，第一道（第一层）采用直线移动运丝法焊接，第二层以后可采用斜圆圈法和直线移动法交叉进行焊接。

若遇到搭接接头的角焊时，如果上下板的板厚不等，焊丝对准的位置应有所区别，当上板的厚度较薄时对准 A 点，上板的厚度较厚时应对准 C 点。如图 4-13 所示。

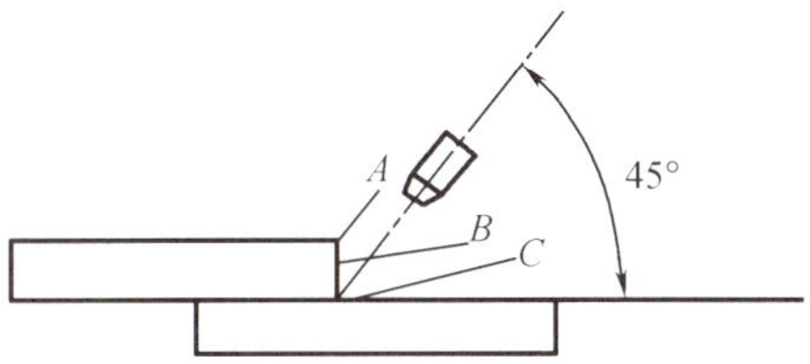

图 4-13　搭接焊缝的焊丝位置

实操训练四　CO_2 气体保护灶立焊

(一) 立焊的方式

CO_2 气体保护焊的立焊有两种方式，一种是向上立焊，另一种是向下立焊。手弧焊因为向下立焊时需要专用焊条才能保证焊缝形成，故通常采用向上立焊。而进行 CO_2 气体保护焊时，采用细丝短路过渡焊接，取向下立嘴能获得很好的焊缝成形。焊接时，焊丝的倾角如图 4-14 所示。向下立焊时，由于 CO_2 气流和电弧吹力对熔池金属有承托作用，使熔池金属不易下坠流淌，而且操作十分方便，焊缝成形也很美观。

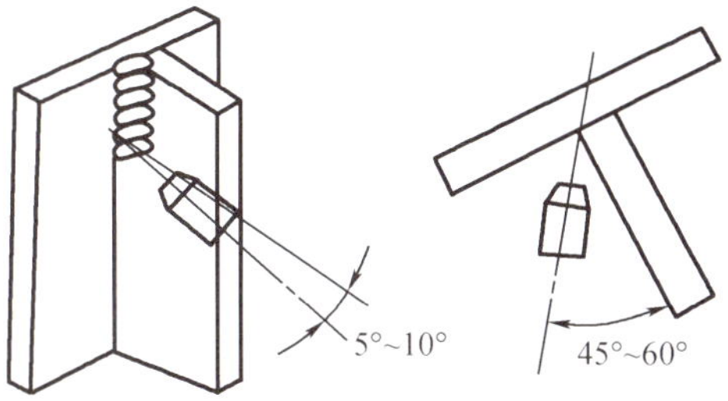

图 4-14　立焊时焊丝的位置

如果像焊条电弧焊那样，采用向上立焊，那么会因铁水的重力作用，导致熔池金属下淌，又加上电弧的吹力作用，熔深更增加，焊道窄而高，故一般不采用这种操作方法。

若采用直径为 1.6 mm 或更粗的焊丝，进行细颗粒过渡焊接时，可采用向上立焊。为了克服熔深大、焊道窄而高的缺点，宜取横向摆动运丝法，但电流需取下限值，用于焊接厚度较大的焊件。

(二) 立焊的运丝

有直线移动运丝法和横向摆动运丝法两种。

直线移动运丝法适用于薄板对接的向下立焊，向上立焊的开坡口对接焊的第一层和 T

型接头立焊的第一层。

向上立焊的多层焊,一般在第二层以后采用横向摆动运丝法。为了获得较好的焊缝成形多采用正三角形摆动运丝法,也可采用月牙形横向摆动运丝法。

(三)基本操作技术

先在长 250 mm×宽 120 mm×厚 8 mm 的侧立低碳钢板上进行敷焊形式的立焊操作练习。首先反复练习直线移动运丝法,进而再练习用月牙形和正三角形摆动运丝法进行立焊。

操作练习时,采用 H08Mn2SiA 焊丝,直径为 1.2 mm,其工艺参数如下所示。

直线移动运丝法。

焊接电流:110~120 A;

电弧电压:18~19 V;

焊接速度:20~22 m/h;

气体流量:10~15 L/min。

小月牙形摆动运丝法。

焊接电流:130~140 A;

电弧电压:19~20 V;

焊接速度:18~20 m/h;

气体流量:10~15 L/min。

正三角形摆动运丝法。

焊接电流:140~150 A;

电弧电压:20~21 V;

焊接速度:15~18 m/h;

气体流量:10~15 L/min。

操作姿势:面对焊件,上身立稳,脚呈半开步,右手握住焊枪后,手腕能自由活动,肘关节不能贴住身体;左手持面罩,进行焊接。

通过练习,掌握立焊的操作要领及各种运丝法在立焊中的应用。且焊道成形要整齐,宽度要均匀,高度要合适。

(四)T 型接头立焊

实习焊件如图 4-15 所示。

取板厚为 8 mm 的焊件,采用直径为 1.2 mm 的 H08Mn2SiA 焊丝,其工艺参数同上所述。

运丝特点为:

第一层,采用直线移动运丝法,向下立焊。如图中“1”所示。

第二层,采用小月牙形摆动运丝法,向下立焊,如图中“2”所示。

第三层,采用正三角形摆动运丝法,向上立焊,如图中“3”所示。

立焊时的焊丝角度，向下立焊如图 4-14 所示，向上立焊参照手工电弧时的焊条角度。

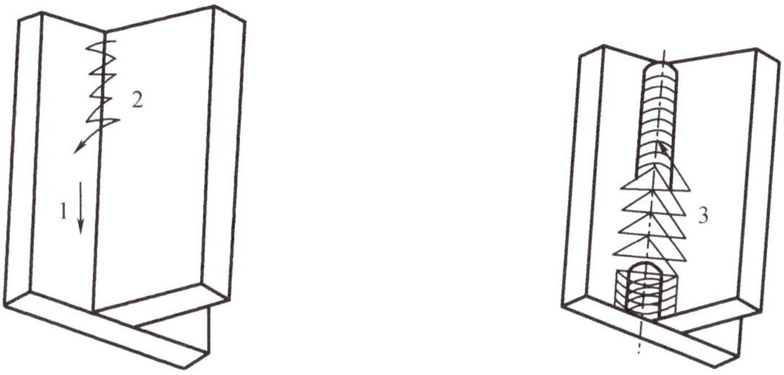

(a) 向下立焊　　(b) 向上立焊

1—直线移动运丝法；2—小月牙形摆动运丝法；3—正三角形摆动运丝法。

图 4-15　向下立焊与向上立焊

（五）开坡口立对焊

实习焊件同开坡口水平对接焊用实习焊件。焊丝选用 H08Mn2SiA，直径 1.2 mm，焊接工艺参数同上所述。

操作时，焊丝角度如图 4-16 所示。采用向下立焊法焊接。运丝时，第一层采用直线移动法，第二层采用小月牙形摆动。施焊盖面焊道时，要特别注意咬边的现象。

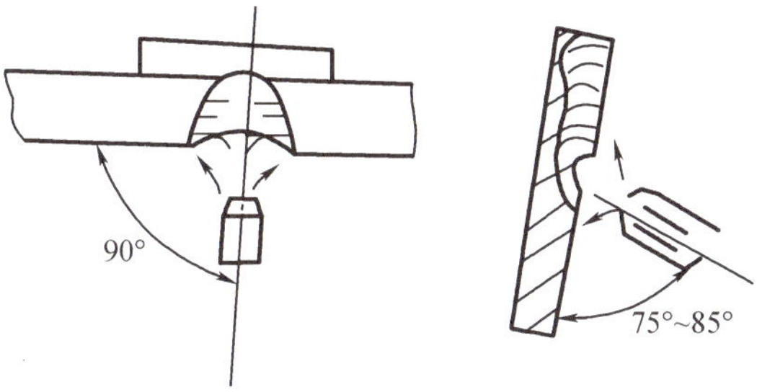

(a)　　(b)

图 4-16　开坡口立对焊时焊丝角度

实操训练五　CO_2 气体保护焊横焊

横焊时，由于熔化金属受重力作用下淌，容易产生咬边、焊瘤和未焊透等缺陷。因此横焊时，采用的措施也和立焊差不多。采用直径较小的焊丝，以适当的电流、短路过渡法和适当的运丝角度来保证焊接过程稳定和获得成形良好的焊缝。

(一)横焊的运丝法和焊丝角度

CO_2 气体保护焊横焊时,一般采用直线移动运丝法,为了防止熔池温度过高,铁水下淌,焊丝可作小幅度的往复摆动。焊丝与焊缝垂直线间的夹角为 5°~15°,焊丝与焊道水平线的夹角为 75°~85°,如图 4-17 所示。在进行多层多道横焊时,有时也模拟手弧焊的方式采取斜圆圈形或锯齿形摆动法,但摆幅比手弧焊要小些。

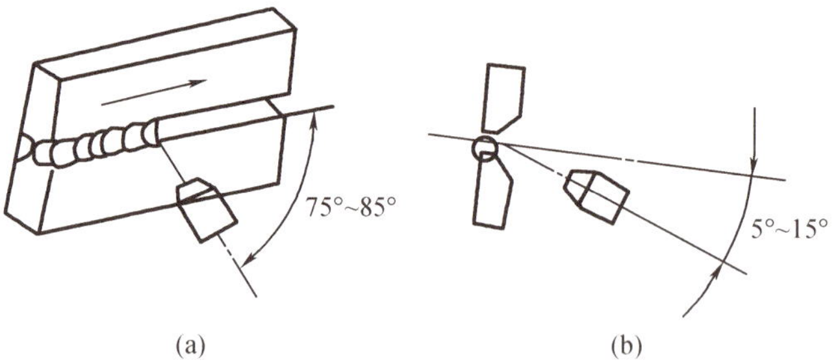

图 4-17　横焊时焊丝的角度

(二)基础训练

先在平板上进行横焊的敷焊练习,实习焊件为长 250 nm×宽 120 mm×厚 8 mm 低碳钢板,焊丝选用 H08Mn2SiA,直径 1.2 mm,其焊接工艺参数如下所示。

直线移动运丝法焊时。

焊接电流:110~120 A;

电弧电压:18~19 V;

CO_2 气体流量:18~2 L/min;

焊接速度:18~20 m/h。

横向摆动法焊时。

焊接电流:130~140 A;

电弧电压:19~20 V;

CO_2 气体流量:18~22 L/min;

焊接速度:18~20 m/h。

要反复进行直线移动运丝法和横向摆动运丝法练习,练习时应保持规定的焊丝角度,并随时注意防止熔敷金属下坠现象。

(三)开坡口对接横焊

实习焊件与开坡口水平对焊实习焊件相同。焊接工艺参数同上所述,采用多层焊将坡口焊满。第一层以直线移动运丝法进行焊接,第二层以斜圆圈形横向摆动运丝法进行焊接。操作过程中注意防止上部咬边,下部出现焊瘤的现象。

实操训练六　CO_2 气体保护焊仰焊

仰焊时，应尽量采用小电流和低电压，同时选择较细的焊丝，以增加焊接过程的稳定性。一般采用右向焊法进行焊接，并适当增加 CO_2 气体流量。

（一）仰焊的运丝法和焊丝角度

仰焊时，一般采用直线移动运丝法或锯齿形摆动运丝法。焊丝角度如图 4-18 所示。

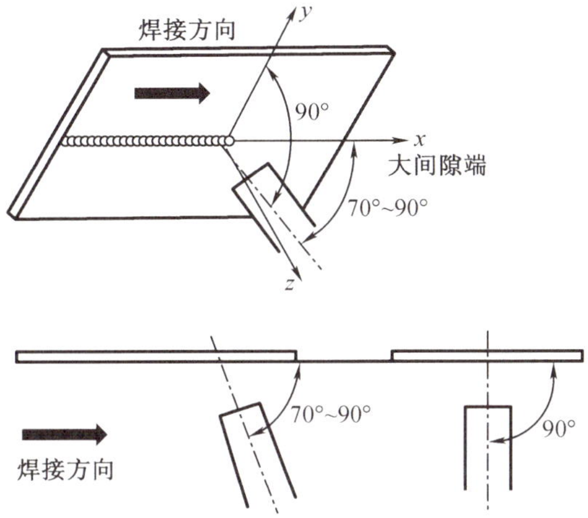

图 4-18　仰焊时焊丝的角度

（二）基础训练

先在平板上进行仰焊的敷焊练习。实习焊件为长 250 mm×宽 120 mm×厚 8 mm 低碳钢板，焊丝 H08Mn2SiA，直径 1.2 mm，焊接工艺参数如下所示。

焊接电流：90~110 A；

电弧电压：18~20 V；

气体流量：12~15 L/min；

焊接速度：18~20 m/h。

练习时，要保持规定的焊丝角度，反复进行直线移动运丝法和横向摆动运丝法，并注意防止熔敷金属下坠现象。

（三）开坡口对接仰焊

实习焊件与开坡口水平对焊实习焊件相同。采用右向焊法，用二层二道焊将坡口焊满。注意试板高度必须保证焊工单腿跪地或站着时焊枪的电缆导管有足够的长度，使腕部能有充分的空间自由动作。第一层打底焊，采用上述工艺参数，先在试板左端离端点 20 mm 左右处引弧，电弧引燃后迅速退回试板端点，开始做锯齿形横向摆动焊接。在焊接过程中要利用电弧吹力防止熔融金属下淌。焊完打底焊道后,用角向磨光机将焊道表面局部凸起处修磨平。

第二层盖面焊,采用如下焊接工艺参数。

焊接电流:120~130 A;

电弧电压:19~21 V;

气体流量:15~18 L/min;

焊接速度:18~20 m/h。

先在试板左端引弧,焊枪做锯齿形横向摆动,摆动幅度较大,保证坡口两侧熔合好,熔池两侧超出坡口棱边 0.5~1.5 mm,控制摆动幅度、频率和焊接速度,防止焊道两侧咬边,中间下坠。

四、操作要求

1. 质量评定

(1)操作质量

操作姿势要正确,要熟练掌握焊机的操作过程以及选用和调整工艺参数。

(2)焊接质量

焊缝外观成形美观整齐,飞溅少,余高合适,无明显咬边、焊瘤,无裂纹等。

2. 防辐射和防中毒

(1)防辐射的危害和灼伤

CO_2 气体保护半自动焊时,由于电流密度大,弧温高,所以紫外线比一般焊条电弧焊时强得多,容易引起电光性眼炎及皮肤裸露部分的灼伤,出现红斑等症状。因此工作时,必须穿帆布工作服,戴焊工手套,以防辐射的伤害;同时也要防飞溅灼伤,要戴表面涂有氧化锌油漆的面罩,面罩上使用 9~12 号滤光玻璃片。各焊接工作位置之间应设置专用的遮光屏。

(2)防中毒

进行 CO_2 气体保护焊时,不仅产生烟雾和金属粉尘,而且还产生 CO、臭氧、二氧化氮,这些有毒气体和烟尘对人体是有害的。因此,焊接场地要安装抽风装置,使空气对流,在一些特殊恶劣的环境下操作时,应该直接向焊工工作地输送新鲜空气。

任务三　CO_2气体保护焊虚拟仿真设备技能训练

一、CO_2 气体保护焊虚拟仿真操作

CO_2 气体保护焊模拟训练系统是可模拟以二氧化碳气体作为电弧介质,保护焊接熔池

形成及凝固形成焊缝的一种模拟系统。可对焊件进行平焊、立焊、横焊和仰焊等多种不同位置的焊接训练。

CO_2气体保护焊模拟系统分为八个模块，依次为焊接知识、焊接课程、自由训练、课程任务、课后作业、实训考试、焊接回放和个人中心，如图4-19所示。学生可根据不同需求选择相应模块。焊接知识模块主要介绍CO_2气体保护焊理论知识，焊接课程模块主要介绍CO_2气体保护焊从基础到专业进阶练习。本单元主要介绍模块中的自由训练、课程任务及课后作业模块。

（一）自由训练模块

模拟器可根据CO_2气体保护焊工作环境，焊接构件材质、尺寸、空间位置，焊接工艺参数及送丝速度调节等来进行不同项目的训练。学员在焊接操作时可看到焊缝熔池实时生成，学员的操作技能水平直接影响到了熔池成形的结果。

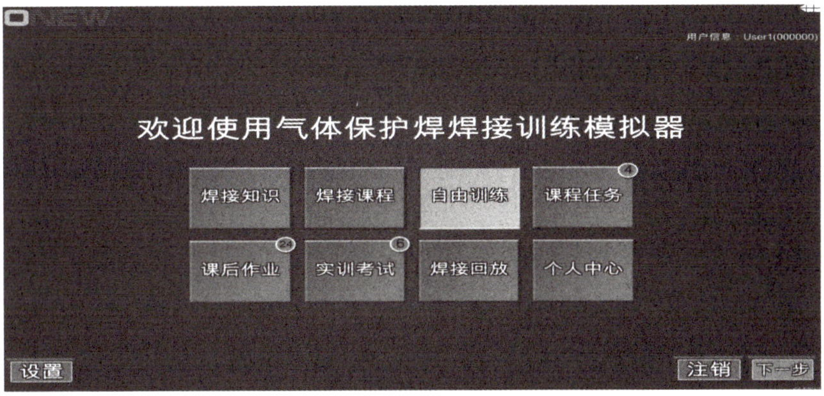

图4-19　CO_2气体保护焊模拟系统功能界面

1. 焊接环境

在实际生产中，环境因素对CO_2气体保护焊焊接质量具有很大的影响，模拟器可综合考虑室内（车间）、室外（船坞）不同条件下，正确操作CO_2气体保护焊。如图4-20所示。

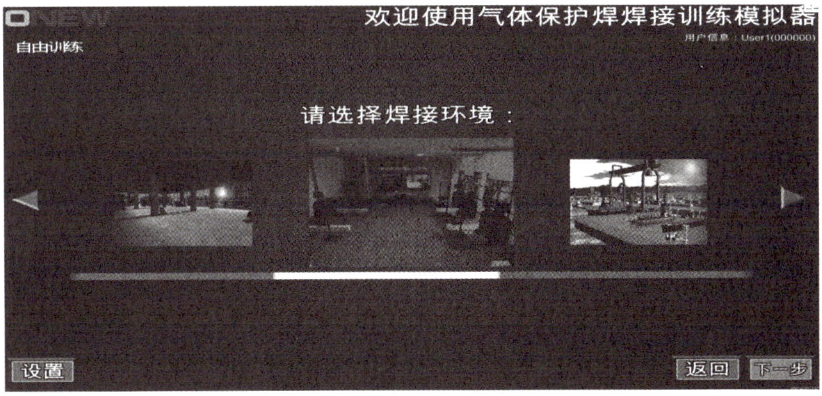

图4-20　不同环境下气保焊焊接

2. 焊接构件材质及特点

模拟器可根据生产中常用的金属材料，设定碳钢、不锈钢、铝及铝合金等材料以及构件在不同形状、工位下的焊接模拟训练。如图 4-21 所示。

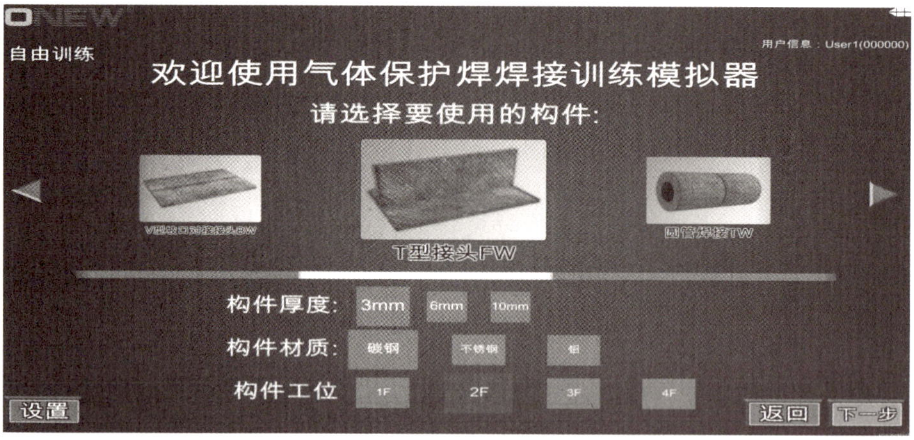

图 4-21　不同构件类型的选择

3. 工艺参数

模拟器可根据不同焊丝牌号、直径以及构件坡口形式，训练 CO_2 气体保护焊正确的参数（焊接电流、电弧电压、送丝速度、保护气体类型及流量）选择。如图 4-22、图 4-23 所示。

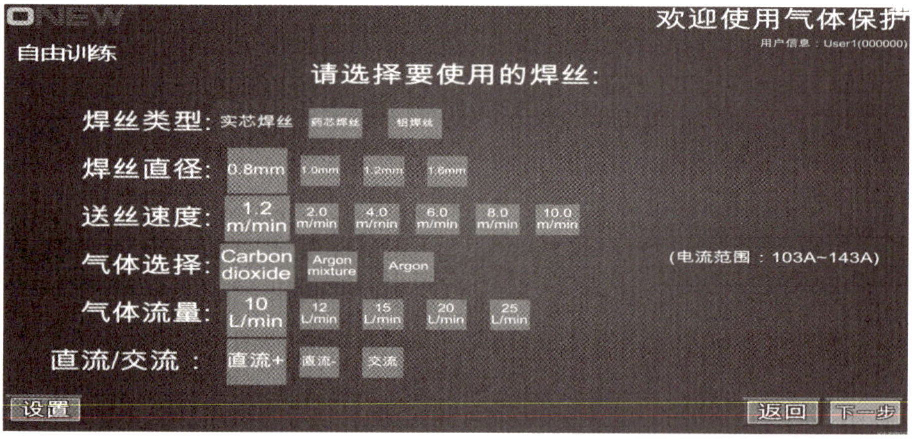

图 4-22　CO_2 气体保护焊工艺参数选择

4. 训练过程可视化

学员进行焊接训练时，屏幕可显示焊接过程，如真实场景，系统会提供实时的焊接数据，还可以切换视角。

以 3 mm 板水平位置平角焊（FW-2F）为例，其模拟器操作训练过程如图 4-24、图 4-25 所示。

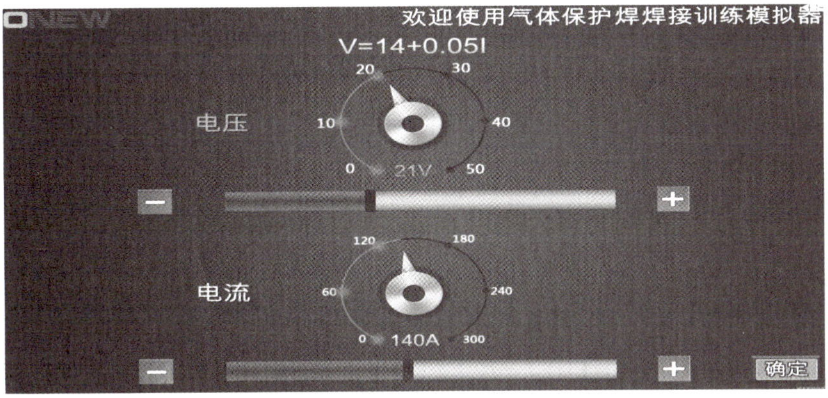

图 4-23　CO_2 气体保护焊送丝速度调节

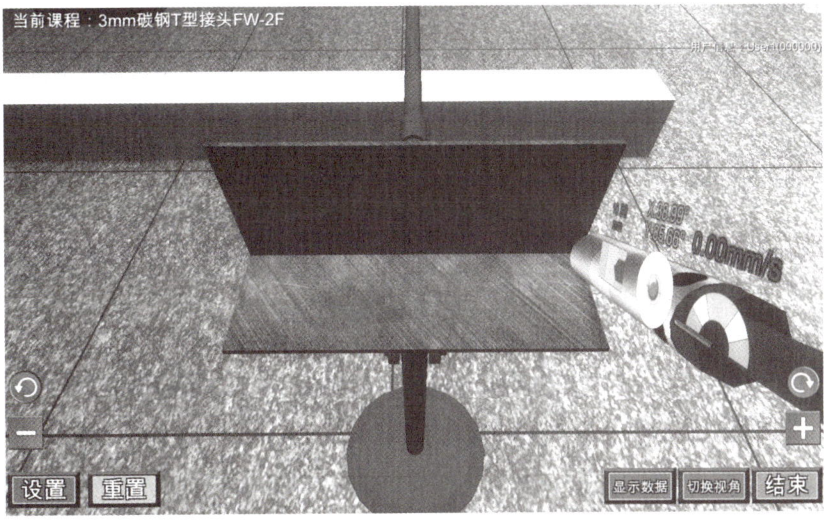

图 4-24　CO_2 气体保护焊平角焊引弧训练

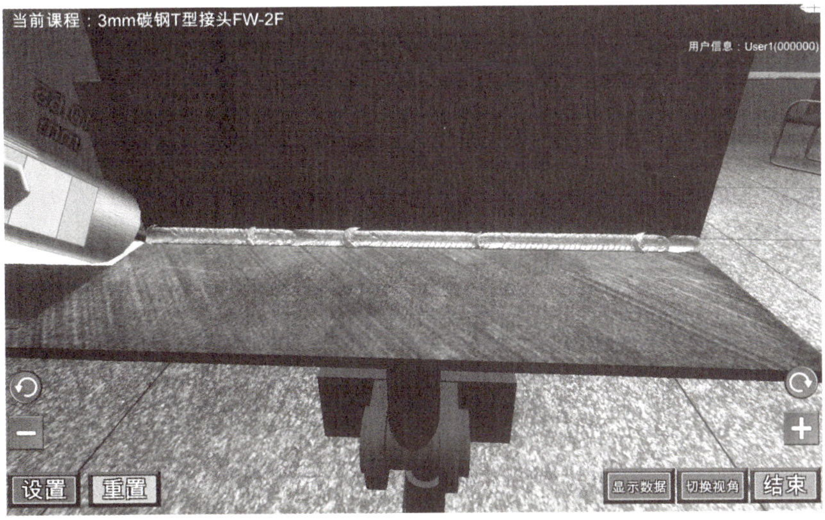

图 4-25　CO_2 气体保护焊平角焊焊缝连接训练

（二）课程任务模块

模拟器设置了大量不同构件类型及工位训练项目，教师可根据教学进程，在服务器管理系统对相应设备指定课程训练任务。如图 4-26 所示。

以 6 mm 低碳钢 V 型坡口对接接头 BW（平焊 PA/1G）为例，如图 4-27 所示。

起弧—行走（运条）—收弧操作训练过程，如图 4-28、图 4-29 所示。

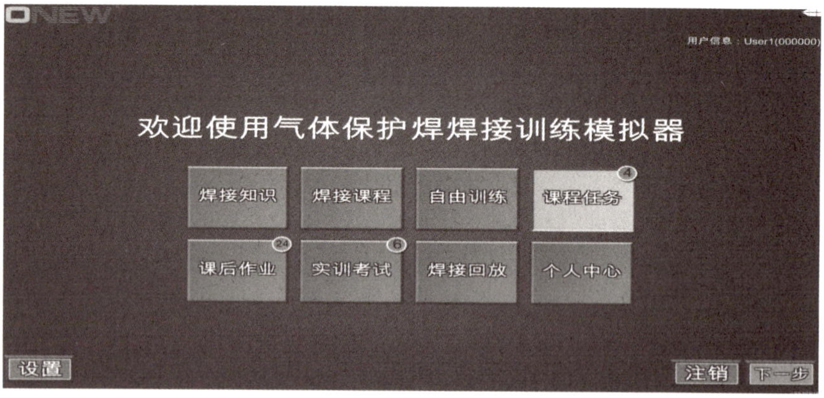

图 4-26　课程任务模块

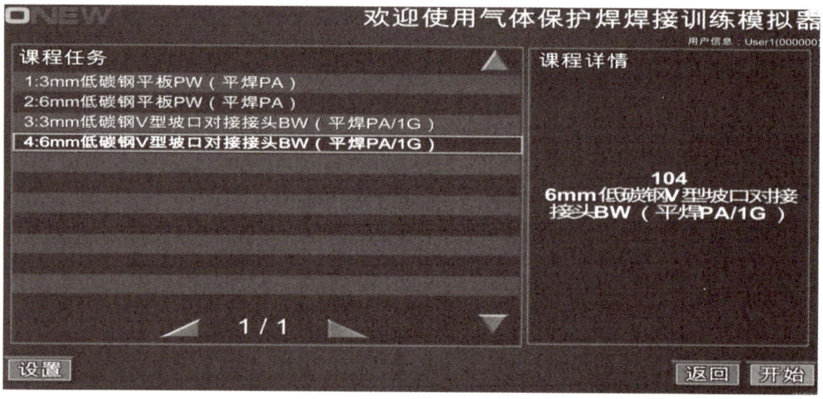

图 4-27　课程任务选择模块

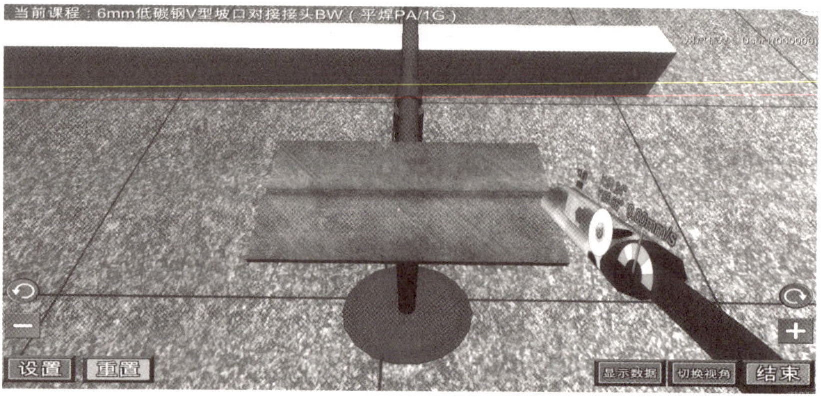

图 4-28　CO_2 气体保护焊 V 型坡口对接接头平焊起弧训练

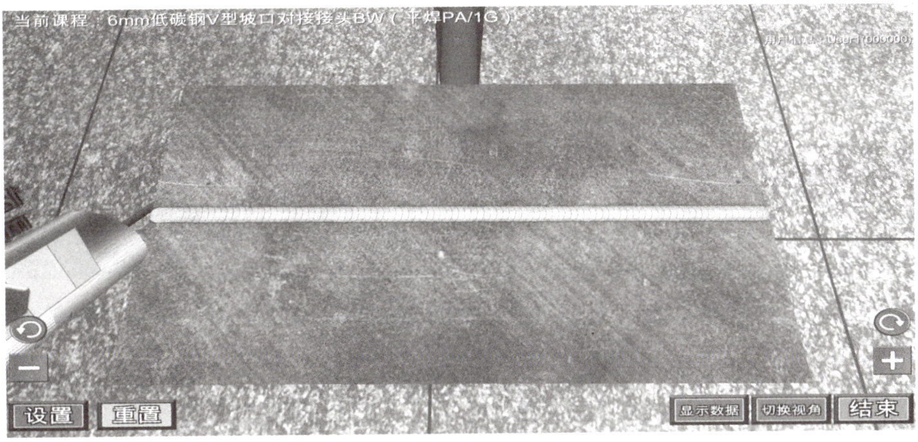

图 4-29　CO_2 气体保护焊 V 型坡口对接接头平焊运条到息弧训练

(三)课后作业模块

老师可以在服务器管理系统对相应班级指定课后作业，对学生进行加强训练。如图 4-30、图 4-31 所示。

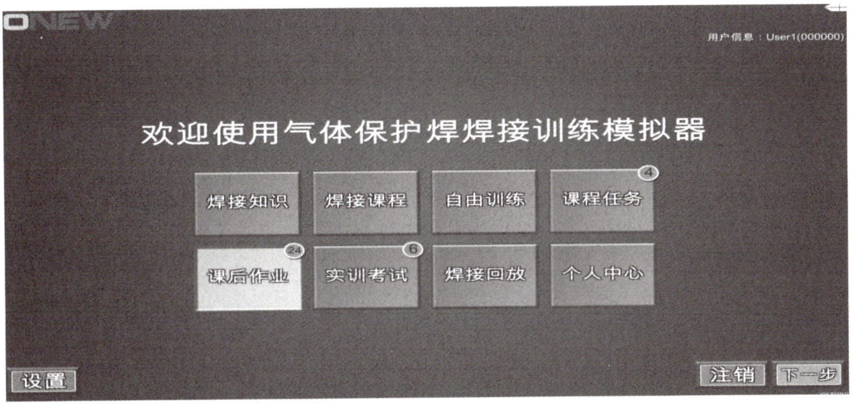

图 4-30　课后作业模块

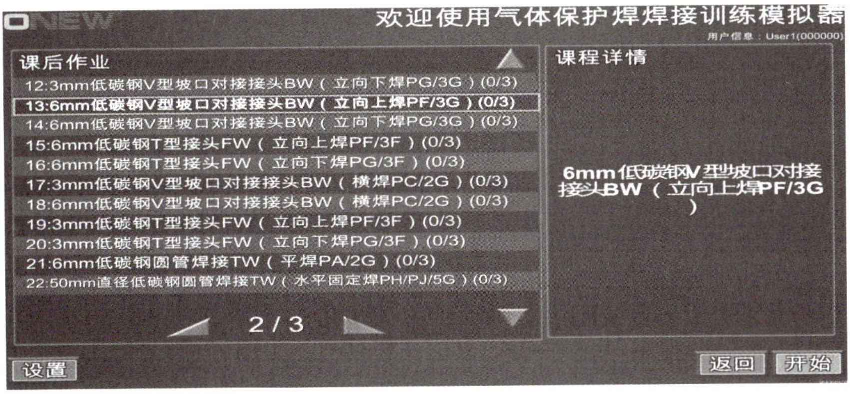

图 4-31　课后作业选定

以 6 mm 低碳钢 V 型坡口对接接头 BW(立向上焊接 PF/3G)为例,其训练过程如图 4-32、图 4-33 所示。

图 4-32　CO_2 气体保护焊 V 型坡口对接接头立向上焊接起弧训练

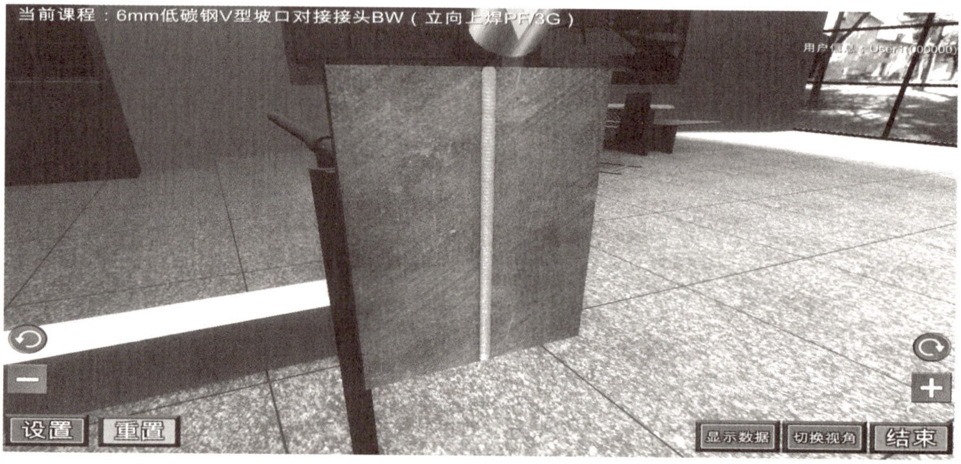

图 4-33　CO_2 气体保护焊 V 型坡口对接接头立向上焊接运条加收弧训练

二、CO_2 气体保护焊虚拟仿真训练评估

1. 训练结果信息反馈

在训练任务实施及课后作业完成中,模拟器除具有实时可视的操控信息反馈、虚拟焊缝的实时检测指导、学员操作技能的实时评定外,还可将学员施焊结果信息反馈到系统服务器控制端,教师能够监控学员的实训设备训练的状态及数据。如图 4-34 所示。

2. 上传报告

学员将训练结果评估成绩上报给指导教师。教师端管理系统与焊接模拟器是采用网络管理方式,即单台管理系统可动态地管理多台实训设备,既可以同时监控实训数据并控制多个实训设备的注册、练习、考核、焊接录像等功能，也可以点对点的方式对单台实训设备进行训练状态的监控和控制。如图 4-35 所示。

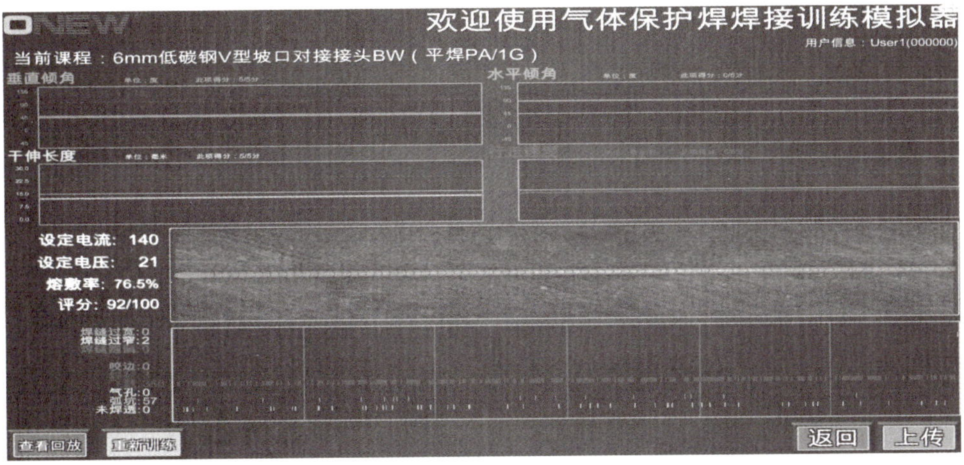

图 4-34　训练结果评定

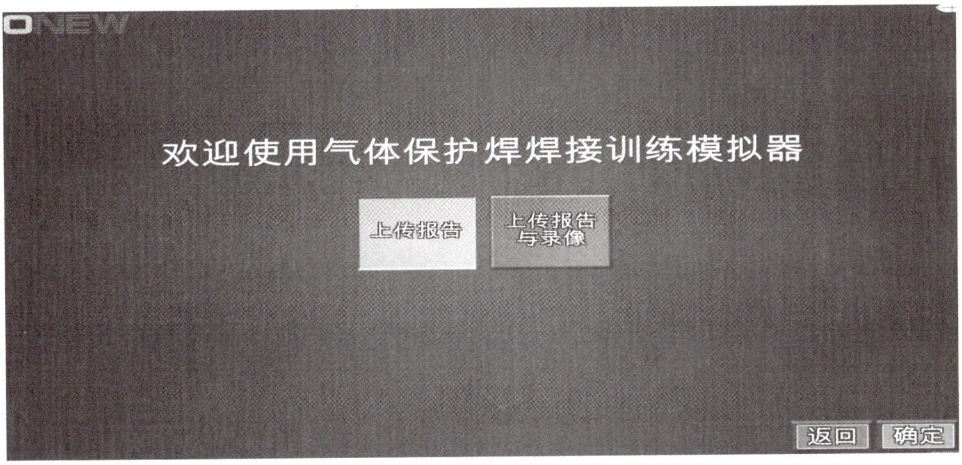

图 4-35　训练信息上传

3. 训练结果再现

教师可通过上传文件回看，再现学员焊接操作过程，可以从中纠正学员的不足，以便学员改进焊接手法，以达到 CO_2 气体保护焊训练效果。同时优秀的焊接录像还可下载导入模拟机中进行实时对比焊接学习及训练。如图 4-36～图 4-38 所示。

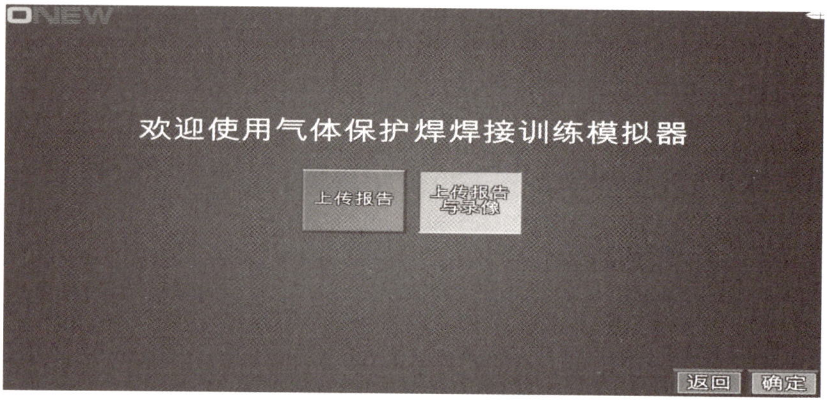

图 4-36　信息收集

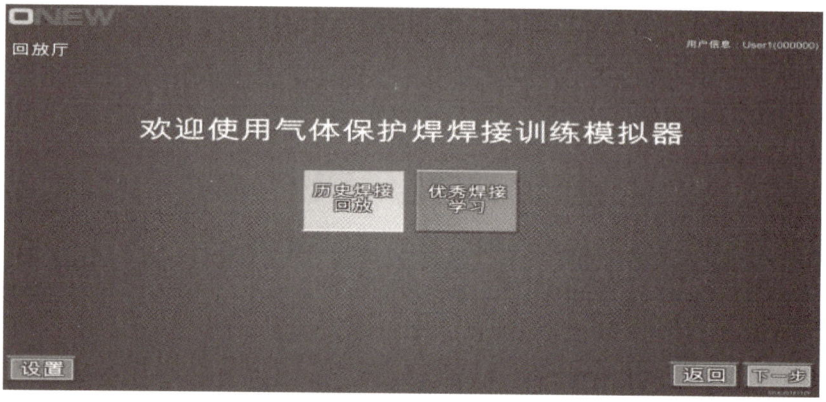

图 4-37　训练信息再现

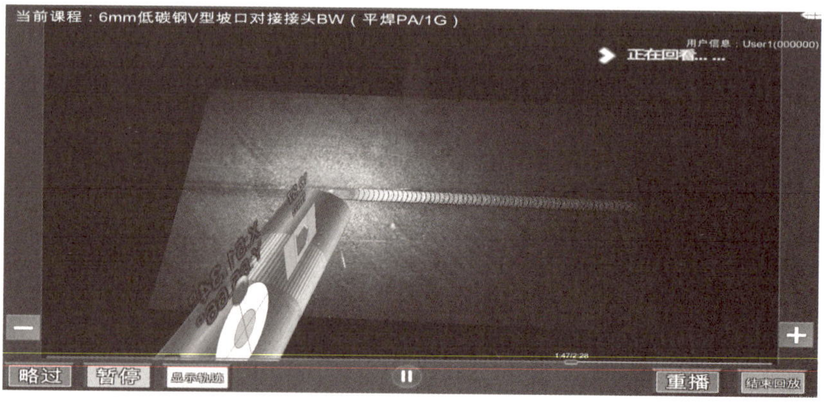

图 4-38　训练过程回放

三、气体保护焊焊接训练模拟器操作步骤

气体保护焊焊接训练模拟器操作步骤如前文图 3-78 所示。

四、CO_2 气体保护焊虚拟仿真焊接工艺卡实训工单

模拟训练一 CO_2 气体保护焊的基本操作手法

(一)焊接工艺卡

<table>
<tr><td colspan="4">焊接工艺卡(虚拟实训)</td><td>焊接工艺编号</td><td>ONEW-1</td></tr>
<tr><td rowspan="12">适用范围</td><td>材料牌号</td><td colspan="2">Q235B</td><td colspan="2">焊接层次及顺序简图</td></tr>
<tr><td>试件规格</td><td colspan="2">6 mm</td><td colspan="2" rowspan="10">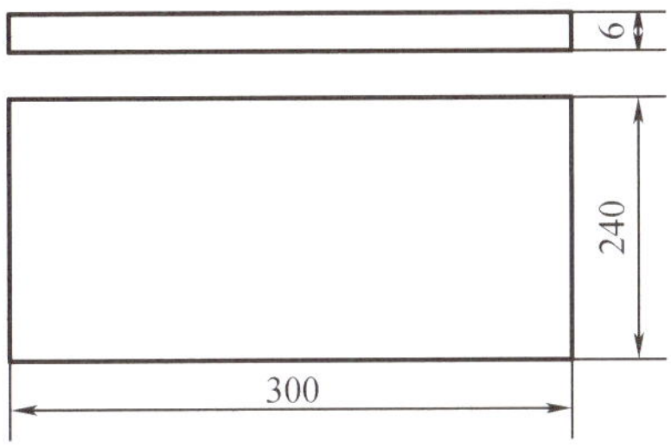
</td></tr>
<tr><td>接头种类</td><td colspan="2">—</td></tr>
<tr><td>坡口形式</td><td colspan="2">—</td></tr>
<tr><td>焊接位置</td><td colspan="2">平敷焊</td></tr>
<tr><td>焊接方法</td><td colspan="2">CO_2 气体保护焊</td></tr>
<tr><td rowspan="2">焊接电源</td><td>种类</td><td>直流</td></tr>
<tr><td>极性</td><td>反接</td></tr>
<tr><td colspan="2">坡口角度/(°)</td><td>—</td></tr>
<tr><td colspan="2">钝边/mm</td><td>—</td></tr>
<tr><td colspan="2">组对间隙/mm</td><td>—</td></tr>
<tr><td colspan="5">背面清根:</td></tr>
</table>

<table>
<tr><td rowspan="2">焊前预热</td><td>加热方式</td><td>—</td><td>层间温度</td><td>—</td></tr>
<tr><td>温度范围</td><td>—</td><td>测温方法</td><td>—</td></tr>
<tr><td rowspan="3">焊后热处理</td><td>种类</td><td>—</td><td>保温时间</td><td>—</td></tr>
<tr><td>加热方式</td><td>—</td><td>冷却方式</td><td>—</td></tr>
<tr><td>温度范围</td><td>—</td><td>测温方法</td><td>—</td></tr>
</table>

焊接工艺参数

焊层	焊材型号	焊材规格/mm	焊接电流/A	电弧电压/V	焊接速度/(cm/min)	气体流量/(L/min)	钨极直径/mm	喷嘴直径/mm	线能量/(kJ/cm)
1层1道	ER49-1	φ1.2	100~120	18~23		15			

(二)工作准备

1. 试件尺寸

Q235B 模拟工件,尺寸为长 300 mm×宽 240 mm×厚 6 mm(1 件)。

2. 焊接设备

选用 ONEW-360AR 焊接操作训练仪,同时检查设备状态以及电源是否饱和良好。

3. 辅助器具

在焊工操作作业区附近应准备好虚拟仿真焊接实训项目指导书和焊接支架以及焊板。

(三)实施焊接

1. 焊枪行走方向

熔化极气体保护电弧焊多用左焊法,其特点是易观察焊接方向。熔池在电弧力的作用下熔化金属被吹向前方,使电弧不直接作用到母材上,熔深较浅,焊道平坦且较宽,保护效果好。在要求焊缝有较大熔深和较小飞溅时,也可用右焊法,但右焊法不易得到稳定的背面焊道,焊道高而窄,易烧穿,故不宜采用。如图 4-39 所示。

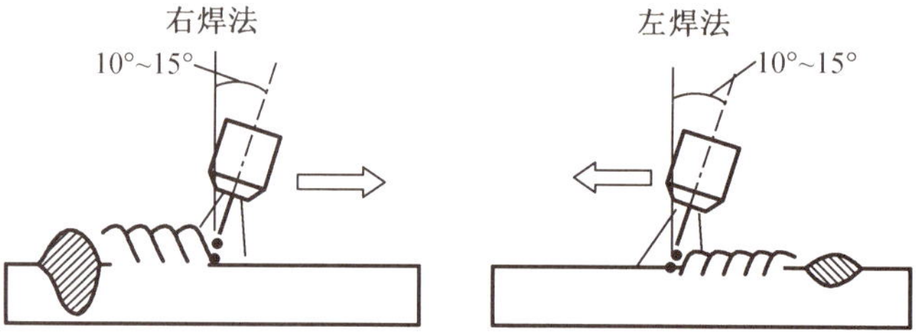

图 4-39 焊枪行走方向

2. 焊丝伸出长度

焊丝伸出长度对焊丝的熔化速度和电弧的稳定性影响较大。如果焊丝伸出长度过大,容易因过热而成段熔段,电弧失稳,操作困难,同时也会因飞溅较大而使成形恶化,严重时会破坏保护而产生气孔。当然,焊丝伸出长度过小,也会因导电嘴过热而夹住焊丝,甚致烧毁导电嘴,使焊接过程中断。如图 4-40 所示。

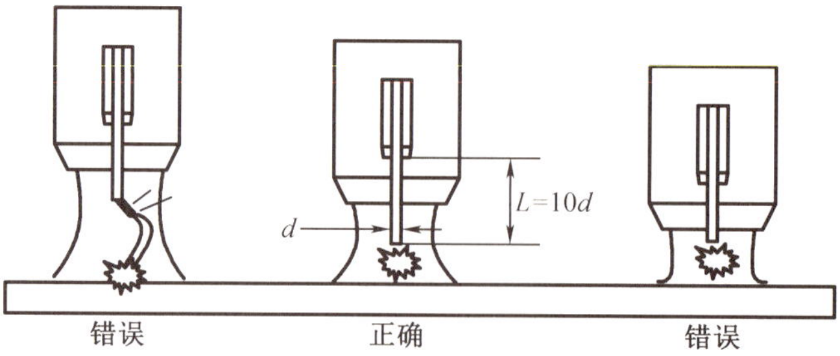

图 4-40 焊丝伸出长度

3. 熔滴过渡

熔滴过渡有短路过渡、射滴过渡和射流过渡三种,如图 4-41 所示。

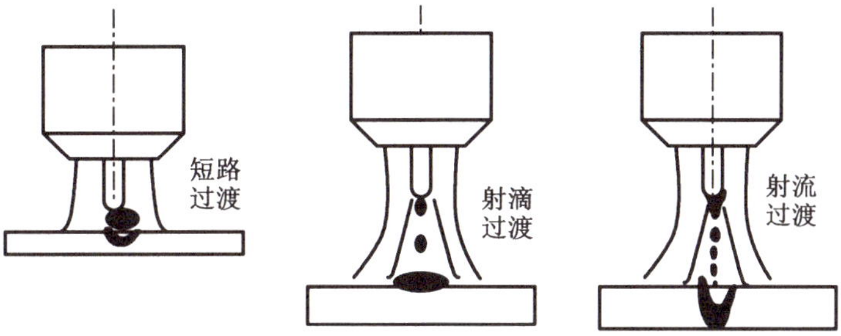

图 4-41 熔滴过渡

4. 运枪手法

平焊:划圆弧法;

立焊仰焊:反月牙形法;

横焊:直线形(多层多道焊)。

5. 焊缝的连接方法

焊缝的连接用返回式和摆动式两种方法,而不用直接式,如图 4-42 所示。

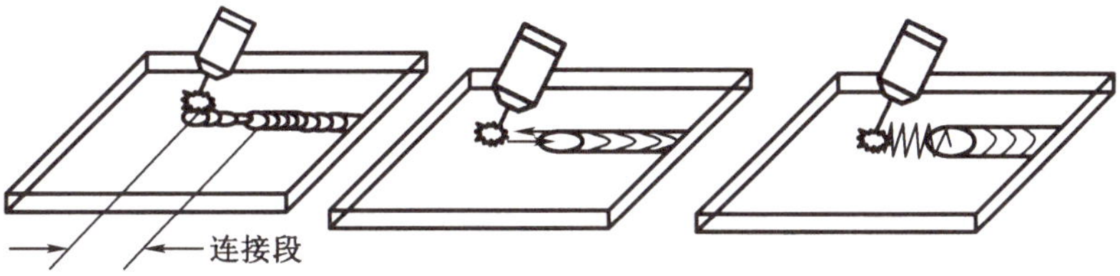

图 4-42 焊缝的连接方法

(四)技术要求

(1)焊缝表面不得有裂纹、夹渣、焊瘤、未熔合等缺陷。

(2)焊缝宽度为 6~8 mm,焊缝余高小于 2 mm,大于 0 mm。

(3)焊缝表面波纹均匀,与母材圆滑过渡。

模拟训练二　CO_2 气体保护焊 I 型坡口对接平焊

(一)焊接工艺卡

焊接工艺卡(虚拟实训)	焊接工艺编号	ONEW-2

适用范围			
材料牌号	Q235B		
试件规格	6 mm		
接头种类	对接接头		
坡口形式	I 型坡口		
焊接位置	平位		
焊接方法	CO_2 气体保护焊		
焊接电源	种类	直流	
	极性	反接	
坡口角度/(°)	—		
钝边/mm	—		
组对间隙/mm	—		
背面清根:			

焊接层次及顺序简图

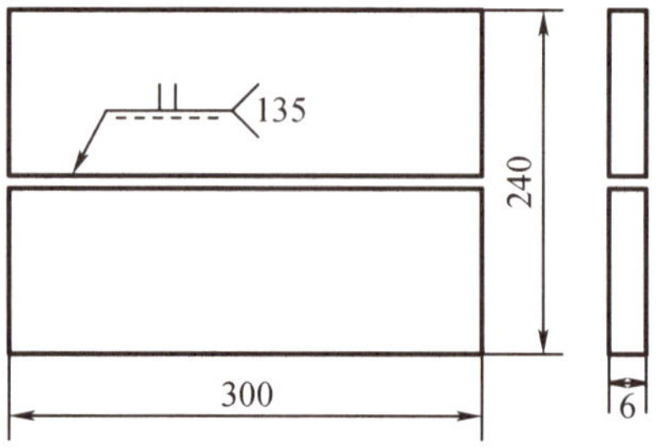

焊前预热	加热方式	—	层间温度	—
	温度范围	—	测温方法	—
焊后热处理	种类	—	保温时间	—
	加热方式	—	冷却方式	—
	温度范围	—	测温方法	—

焊接工艺参数

焊层	焊材型号	焊材规格/mm	焊接电流/A	电弧电压/V	焊接速度/(cm/min)	气体流量/(L/min)	钨极直径/mm	喷嘴直径/mm	线能量/(kJ/cm)
1 层 1 道	ER49-1	ϕ1.2	100～120	18～23		15			

(二)工作准备

1. 试件尺寸

Q235B 模拟工件,尺寸为长 300 mm×宽 120 mm×厚 6 mm(2 件)。

2. 焊接设备

选用 ONEW-360AR 焊接操作训练仪,同时检查设备状态以及电源是否饱和良好。

3. 辅助器具

在焊工操作作业区附近应准备好虚拟仿真焊接实训项目指导书和焊接支架以及焊板。

(三)实施焊接

1. 装配与定位焊

焊接操作中装配与定位焊很重要。施焊前应检查气瓶是否漏气,气体流量表是否损坏,焊枪焊嘴是否有堵塞现象,将两块矫平除锈后的试件放在焊接平台上,调整两板间距 2 mm,左手握焊帽,右手握焊枪,焊嘴对准试件右端,距试件高度 5~8 mm,引燃电弧开始施焊,施焊长度 10 mm 左右,左端与右端一致。如图 4-43 所示。

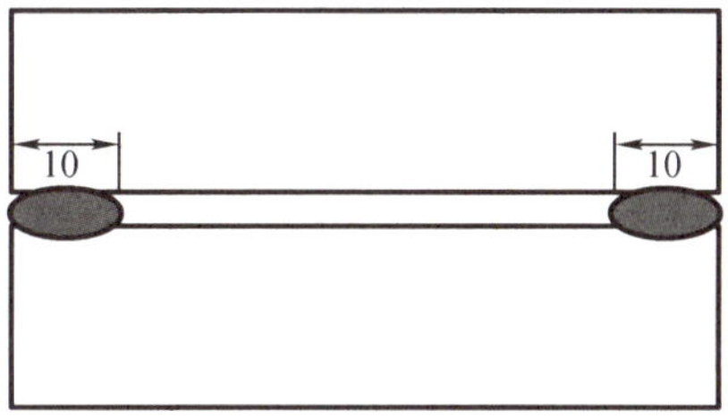

图 4-43　I 型坡口对接平焊装配与定位

2. 焊接

施焊时清理焊嘴,通常采用左焊法,由点焊处开始,焊接过程中要保持焊枪适当的倾斜和枪嘴高度,调整焊丝伸出长度 10~12 mm,气体流量为 15 L/min,焊枪工作角为 90°,前进角为 80~85°,使焊枪尽可能地匀速运动,由于板薄间隙小无须摆动,焊接时必须根据焊接实际效果判断焊接工艺参数是否合适。视熔池情况、电弧稳定性、飞溅大小及焊缝成形的好坏修正焊接工艺参数,直至满意为止。焊接结束前必须收弧,若收弧不当容易产生弧坑并出现裂纹、气孔等缺陷。如图 4-44 所示。

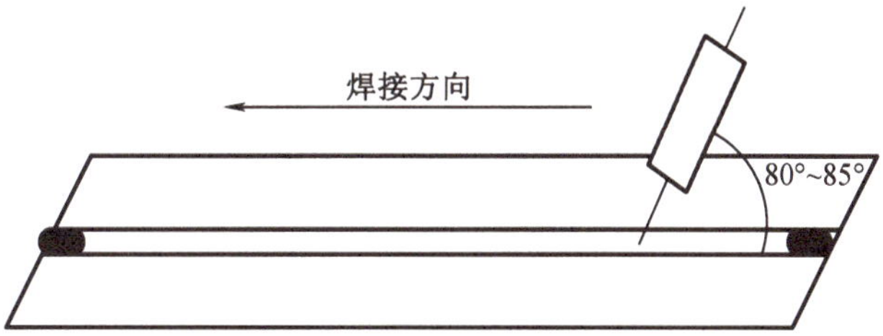

图 4-44　焊接方向及焊枪角度

(四)技术要求

(1)焊缝表面不得有裂纹、夹渣、未熔合等缺陷。

(2)焊缝宽度为 6-8 mm 焊缝余高小于 2 mm,大于 0 mm。

(3)焊缝表面波纹均匀,与母材圆滑过渡。

模拟训练三　CO_2 气体保护焊 I 型坡口对接立焊

(一)焊接工艺卡

焊接工艺卡(虚拟实训)				焊接工艺编号	ONEW-3
适用范围	材料牌号	Q235B		焊接层次及顺序简图	
	试件规格	6 mm		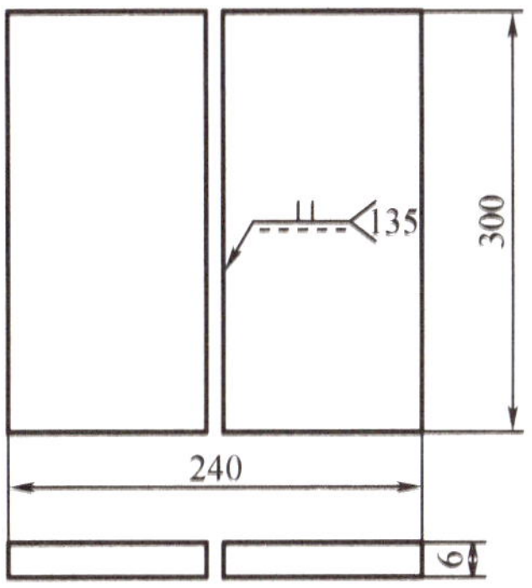	
	接头种类	对接接头			
	坡口形式	I 型坡口			
	焊接位置	立位			
	焊接方法	CO_2 气体保护焊			
	焊接电源	种类	直流		
		极性	反接		
	坡口角度/(°)		—		
	钝边/mm		—		
	组对间隙/mm		2		
	背面清根:				

焊前预热	加热方式	—	层间温度	—
	温度范围	—	测温方法	—
焊后热处理	种类	—	保温时间	—
	加热方式	—	冷却方式	—
	温度范围	—	测温方法	—

焊接工艺参数

焊层	焊材型号	焊材规格/mm	焊接电流/A	电弧电压/V	焊接速度/(cm/min)	气体流量/(L/min)	钨极直径/mm	喷嘴直径/mm	线能量/(kJ/cm)
1 层 1 道	ER49-1	ϕ1.2	100~120	18~23		15			

(二)工作准备

1. 试件尺寸

Q235B 模拟工件,尺寸为长 300 mm×宽 120 mm×厚 6 mm(2 件)。

2. 焊接设备

选用 ONEW-360AR 焊接操作训练仪,同时检查设备状态以及电源是否饱和良好。

3. 辅助器具

在焊工操作作业区附近应准备好虚拟仿真焊接实训项目指导书和焊接支架以及焊板。

(三)实施焊接

1. 装配与定位焊

焊接操作中装配与定位焊很重要。施焊前检查气瓶是否漏气、气体流量表是否损坏、焊枪焊嘴是否有堵塞现象,将两块矫平除锈后的试件放在焊接平台上,调整两板间距 2 mm,左手握焊帽,右手握焊枪,焊嘴对准试件上端,距试件高度 5~8 mm,引燃电弧开始施焊,施焊长度 10 mm 左右,下端与上端一致。如图 4-45 所示。

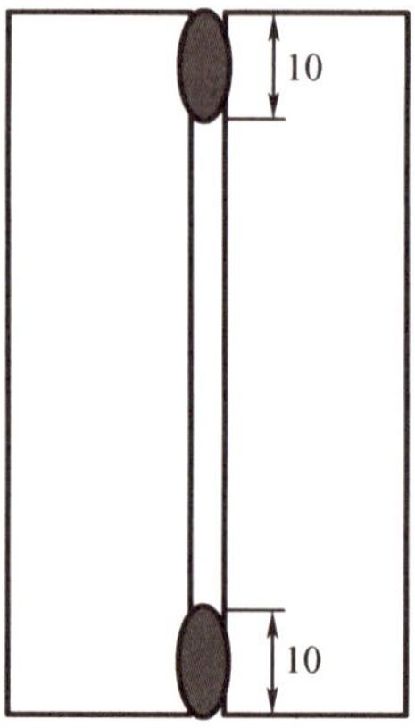

图 4-45　I 型坡口对接立焊装配与定位

2. 焊接

施焊时清理焊嘴,将点固好的母材垂直固定在焊接工作台上,由点焊处开始,焊接过程中要保持焊枪的角度和枪嘴高度,调整焊丝伸出长度 10~12 mm,气体流量为 15 L/min,焊枪工作角为 90°,前进角为 80°~90°,使焊枪尽可能地匀速运动,由于板薄间隙小无须摆动,但要注意观察两端母材的熔合情况,焊接时必须根据焊接实际效果判断焊接工艺参数是否合适。视熔池情况、电弧稳定性、飞溅大小及焊缝成形的好坏修正焊接工艺参数,直至满意为止。焊接结束前必须收弧,若收弧不当容易产生弧坑并出现裂纹、气孔等缺陷。如图 4-46 所示。

(四)技术要求

(1)焊缝表面不得有裂纹、夹渣、焊瘤、未熔合等缺陷。

(2)焊缝宽度为 6~8 mm,焊缝余高小于 2 mm,大于 0 mm。

(3)焊缝表面波纹均匀,与母材圆滑过渡。

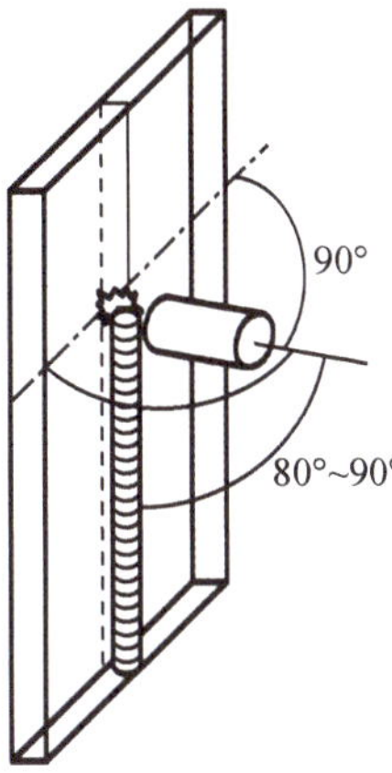

图 4-46　I 型坡口对接立焊示意图

模拟训练四　CO_2 气体保护焊 I 型坡口对接横焊

(一)焊接工艺卡

焊接工艺卡(虚拟实训)				焊接工艺编号	ONEW-4
适用范围	材料牌号	Q235B		焊接层次及顺序简图	
	试件规格	6 mm		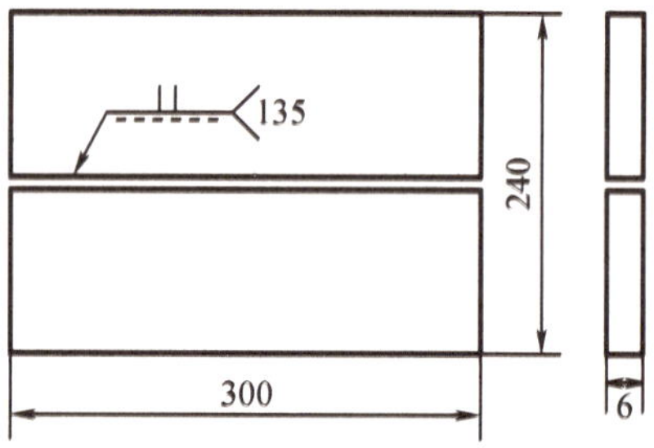	
	接头种类	对接接头			
	坡口形式	I 型坡口			
	焊接位置	横位			
	焊接方法	CO_2 气体保护焊			
	焊接电源	种类	直流		
		极性	反接		
	坡口角度/(°)		—		
	钝边/mm		—		
	组对间隙/mm		2		
	背面清根：				

焊前预热	加热方式	—	层间温度	—
	温度范围	—	测温方法	—
焊后热处理	种类	—	保温时间	—
	加热方式	—	冷却方式	—
	温度范围	—	测温方法	—

焊接工艺参数

焊层	焊材型号	焊材规格/mm	焊接电流/A	电弧电压/V	焊接速度/(cm/min)	气体流量/(L/min)	钨极直径/mm	喷嘴直径/mm	线能量/(kJ/cm)
1 层 1 道	ER49-1	$\phi 1.2$	100~120	18~23		15			

(二)工作准备

1. 试件尺寸

Q235B 模拟工件,尺寸为长 300 mm×宽 120 mm×厚 6 mm(2 件)。

2. 焊接设备

选用 ONEW-360AR 焊接操作训练仪,同时检查设备状态以及电源是否饱和良好。

3. 辅助器具

在焊工操作作业区附近应准备好虚拟仿真焊接实训项目指导书和焊接支架以及焊板。

(三)实施焊接

1. 装配与定位焊

焊接操作中装配与定位焊很重要。施焊前检查气瓶是否漏气、气体流量表是否损坏、焊枪焊嘴是否有堵塞现象,将两块矫平除锈后的试件放在焊接平台上,调整两板间距 2 mm,左手握焊帽,右手握焊枪,焊嘴对准试件右端,距试件高度 5~8 mm,引燃电弧开始施焊,施焊长度 10 mm 左右,左端与右端一致。如图 4-47 所示。

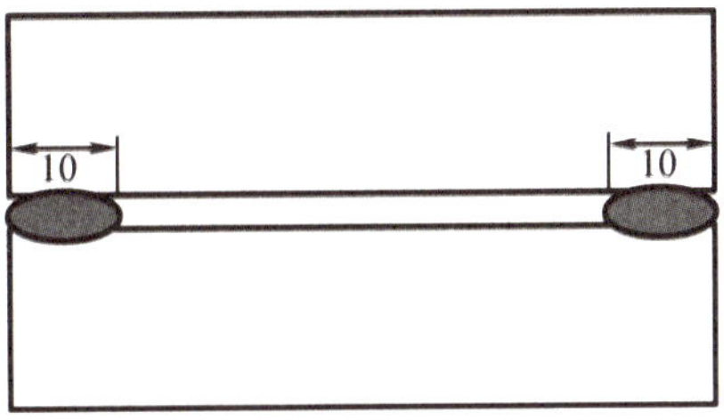

图 4-47 I 型坡口对接接头横焊装配与定位

2. 焊接

施焊时清理焊嘴,通常采用左焊法,由点焊处开始,焊接过程中要保持焊枪适当的倾斜和枪嘴高度,调整焊丝伸出长度约 10~12 mm,气体流量 15 L/min,焊枪工作角为 85°,前进角为 80°~85°,使焊枪尽可能地匀速运动,由于板薄间隙小无须摆动,但要注意观察焊缝两侧的熔合情况,焊接时必须根据焊接实际效果判断焊接工艺参数是否合适。看清熔池情况、电弧稳定性、飞溅大小及焊缝成形的好坏来修正焊接工艺参数,直至满意为止。焊接结束前必须收弧,填满弧坑若收弧不当容易产生弧坑并出现裂纹、气孔等缺陷。如图 4-48 所示。

(四)技术要求

(1)焊缝表面不得有裂纹、夹渣、焊瘤、未熔合等缺陷。

(2)焊缝宽度为 6~8 mm,焊缝余高小于 2 mm,大于 0 mm。

(3)焊缝表面波纹均匀,与母材圆滑过渡。

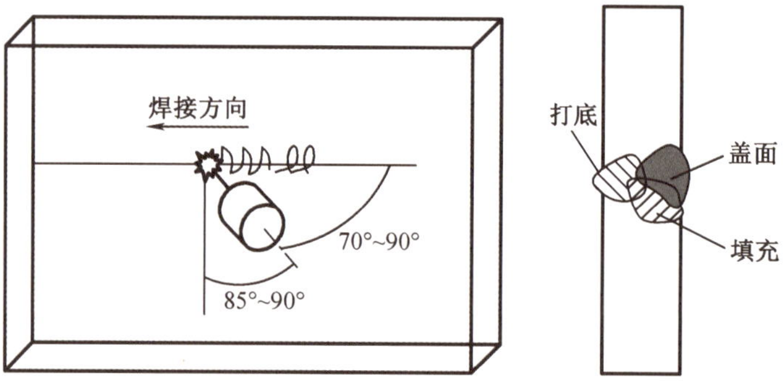

图 4-48　I 型坡口对接横焊示意图

模拟训练五　CO_2 气体保护焊 I 型坡口对接仰焊

(一)焊接工艺卡

焊接工艺卡(虚拟实训)				焊接工艺编号	ONEW-5
适用范围	材料牌号	Q235B		焊接层次及顺序简图	
	试件规格	6 mm		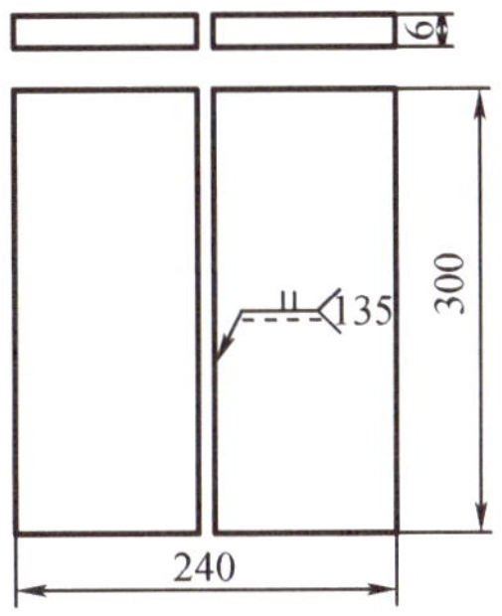	
	接头种类	对接接头			
	坡口形式	I 型坡口			
	焊接位置	仰位			
	焊接方法	CO_2 气体保护焊			
	焊接电源	种类	直流		
		极性	反接		
	坡口角度/(°)		—		
	钝边/mm		—		
	组对间隙/mm		2		
	背面清根:				

焊前预热	加热方式	—	层间温度	—
	温度范围	—	测温方法	—
焊后热处理	种类	—	保温时间	—
	加热方式	—	冷却方式	—
	温度范围	—	测温方法	—

焊接工艺参数

焊层	焊材型号	焊材规格/mm	焊接电流/A	电弧电压/V	焊接速度/(cm/min)	气体流量/(L/min)	钨极直径/mm	喷嘴直径/mm	线能量/(kJ/cm)
1 层 1 道	ER49-1	ϕ1.2	90~110	18~19		15			

(二)工作准备

1. 试件尺寸

Q235B 模拟工件,尺寸为长 300 mm×宽 120 mm×厚 6 mm(2 件)。

2. 焊接设备

选用 ONEW-360AR 焊接操作训练仪,同时检查设备状态以及电源是否饱和良好。

3. 辅助器具

在焊工操作作业区附近应准备好虚拟仿真焊接实训项目指导书和焊接支架以及焊板。

(三)实施焊接

1. 装配与定位焊

焊接操作中装配与定位焊很重要。施焊前检查气瓶是否漏气、气体流量表是否损坏、焊枪焊嘴是否有堵塞现象,将两块矫平除锈后的试件放在焊接平台上,调整两板间距 2 mm,左手握焊帽,右手握焊枪,焊嘴对准试件右端,距试件高度 5~8 mm,引燃电弧开始施焊,施焊长度 10 mm 左右,左端与右端一致。如图 4-48 所示。

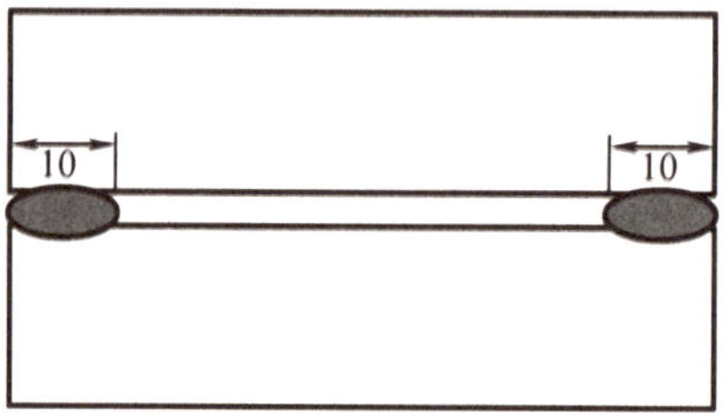

图 4-48　I 型坡口对接接头仰焊装配示意图

2. 焊接

(1)焊件厚度不超过 6 mm 时,一般可不开坡口。焊接电流比对接焊小 15%~20%,但不宜过小,否则不能得到足够的熔深。

(2)焊枪与焊接方向成 60°~80°角,与焊缝两侧成 90°角。在整个焊接过程中,焊枪保持在上述位置均匀运丝,不要中断。如图 4-49 所示。

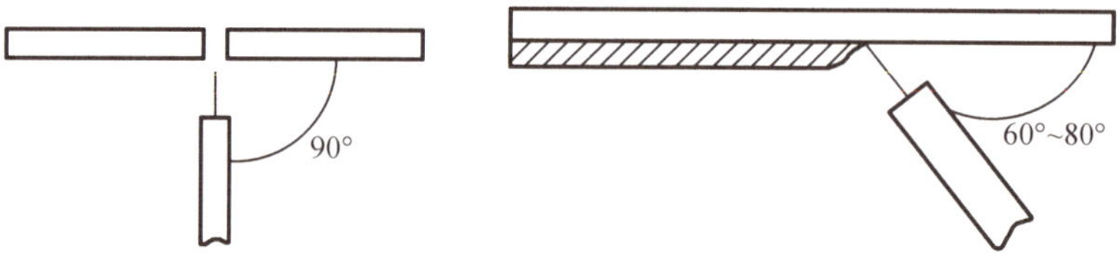

图 4-49　I 型坡口对接仰焊示意图

(3)手法可采用直线形和直线往复形(前者用于间隙较小的接头)。焊接过程中要注意控制熔池,不要太大,否则熔滴容易下淌。

(4)收尾动作要快,但要注意填满弧坑。

(四)技术要求

(1)焊缝表面不得有裂纹、夹渣、焊瘤、未熔合等缺陷。

(2)焊缝宽度为 17~18 mm。

(3)焊缝表面波纹均匀,与母材圆滑过渡。

模拟训练六　CO_2 气体保护焊 T 型接头平角焊

(一)焊接工艺卡

<table>
<tr><td colspan="4">焊接工艺卡(虚拟实训)</td><td>焊接工艺编号</td><td>ONEW-6</td></tr>
<tr><td rowspan="12">适用范围</td><td>材料牌号</td><td colspan="2">Q235B</td><td colspan="2">焊接层次及顺序简图</td></tr>
<tr><td>试件规格</td><td colspan="2">12 mm</td><td colspan="2" rowspan="10">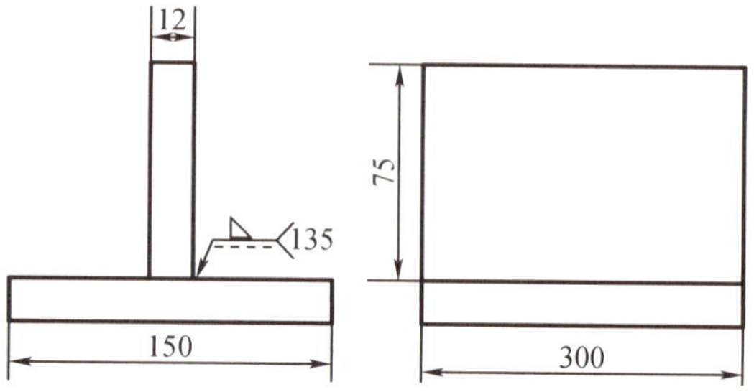
</td></tr>
<tr><td>接头种类</td><td colspan="2">对接接头</td></tr>
<tr><td>坡口形式</td><td colspan="2">I 型坡口</td></tr>
<tr><td>焊接位置</td><td colspan="2">平位</td></tr>
<tr><td>焊接方法</td><td colspan="2">CO_2 气体保护焊</td></tr>
<tr><td rowspan="2">焊接电源</td><td>种类</td><td>直流</td></tr>
<tr><td>极性</td><td>反接</td></tr>
<tr><td colspan="2">坡口角度/(°)</td><td>—</td></tr>
<tr><td colspan="2">钝边/mm</td><td>—</td></tr>
<tr><td colspan="2">组对间隙/mm</td><td>—</td></tr>
<tr><td colspan="5">背面清根：</td></tr>
</table>

焊前预热	加热方式	—	层间温度	—
	温度范围	—	测温方法	—
焊后热处理	种类	—	保温时间	—
	加热方式	—	冷却方式	—
	温度范围	—	测温方法	—

焊接工艺参数

焊层	焊材型号	焊材规格/mm	焊接电流/A	电弧电压/V	焊接速度/(cm/min)	气体流量/(L/min)	钨极直径/mm	喷嘴直径/mm	线能量/(kJ/cm)
1 层 1 道	ER49-1	ϕ1.2	260	26		15			
2 层 2 道	ER49-1	ϕ1.2	260	26		15			
3 层 3 道	ER49-1	ϕ1.2	260	26		15			

(二)工作准备

1. 试件尺寸

Q235B 模拟工件,尺寸:底板长 300 mm×宽 150 mm×厚 12 mm,立板长 300 mm×高 75 mm×厚 12 mm(各 1 件)。

2. 焊接设备

选用 ONEW-360AR 焊接操作训练仪,同时检查设备状态以及电源是否饱和良好。

3. 辅助器具

在焊工操作作业区附近应准备好虚拟仿真焊接实训项目指导书和焊接支架以及焊板。

(三)实施焊接

1. 装配与定位焊

焊接操作中装配与定位焊很重要。I 型坡口角接,装配间隙=0,否则热量散失,根部容易造成未焊透缺陷。试件两端点固,反变形约 3°左右。压紧试件,焊丝伸出长度为 10~12 mm,喷嘴接触平立两板,焊丝对准平板右侧根部,按动引弧电钮引燃电弧,注意观察熔池状态,及两端熔合情况。焊点长度约为 10 mm,然后调整间隙(击打试件右侧,使立板与平板紧密接触),再点固右侧。

2. 焊接

将点固好的试件水平放在操作台上,采用直线焊接法或斜圆圈焊接法,单层单道焊即可。正式焊接前,调节焊接电流,焊接电压,左手握焊帽,右手握焊枪,在试件右端点固点引燃电弧,电弧引燃后,调整焊枪角度、电弧长度,待点固点熔化并形成熔池后匀速焊接,工作角为 45°,前进角为 80°。焊接过程应注意观察根部两侧熔化情况,并随时调整摆动方法,以及步伐大小;电弧的移动取决于根部的熔化以及焊趾(焊缝和母材的交界处)的熔合情况,一定要使根部熔化、焊趾熔合后电弧才可以前移;停弧,由于某种原因需要停弧,注意不要立马停弧,要使焊枪喷嘴在原地停顿适当时间待弧坑填满后再移开。

停弧,由于某种原因需要停弧,可使焊枪喷嘴在原地停顿适当时间再移开。

接头,在息弧点前方引燃电弧,缓慢拉至弧坑处,待熔池与弧坑熔合后,转入正常焊接。

收尾,当焊至试件末端,可采用反复灭弧法,使熔池逐渐缩小,填满弧坑后再息弧。如图 4-50 所示。

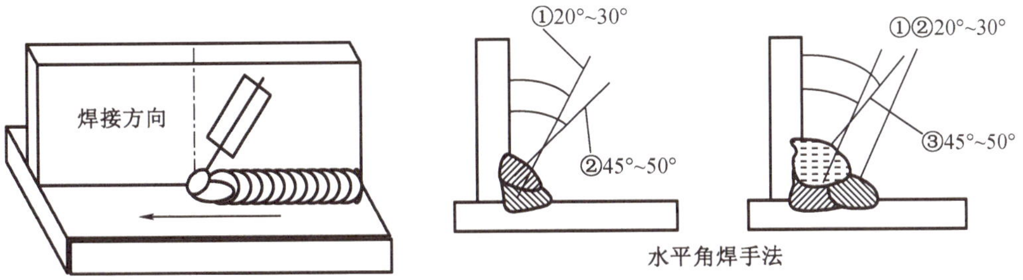

图 4-50　T 型接头平角焊示意图

理想的焊缝断面应该是无余高或小余高，过凸（余高过大）焊缝不合格。所以焊接中，在保证熔合良好的情况下，尽量加快焊接速度，以降低余高。焊接质量不佳时，可能会出现图 4-51 所示的缺陷。

图 4-51　角焊缝断面形状

（四）技术要求

（1）焊缝表面不得有裂纹、夹渣、焊瘤、未熔合等缺陷。

（2）焊角高度为 8 mm。

（3）焊缝表面波纹均匀，与母材圆滑过渡。

模拟训练七　CO_2 气体保护焊 T 型接头立角焊

(一)焊接工艺卡

焊接工艺卡(虚拟实训)				焊接工艺编号	ONEW-7
适用范围	材料牌号	Q235B		焊接层次及顺序简图	
	试件规格	12 mm		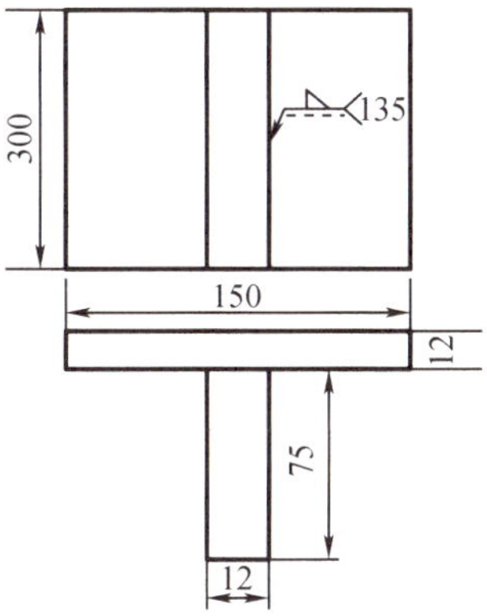	
	接头种类	对接接头			
	坡口形式	I 型坡口			
	焊接位置	立位			
	焊接方法	CO_2 气体保护焊			
	焊接电源	种类	直流		
		极性	反接		
	坡口角度/(°)		—		
	钝边/mm		—		
	组对间隙/mm		—		
	背面清根:				

焊前预热	加热方式	—	层间温度	—
	温度范围	—	测温方法	—
焊后热处理	种类	—	保温时间	—
	加热方式	—	冷却方式	—
	温度范围	—	测温方法	—

焊接工艺参数

焊层	焊材型号	焊材规格/mm	焊接电流/A	电弧电压/V	焊接速度/(cm/min)	气体流量/(L/min)	钨极直径/mm	喷嘴直径/mm	线能量/(kJ/cm)
1 层 1 道	ER49-1	ϕ1.2	120~130	19~20		15			
2 层 2 道	ER49-1	ϕ1.2	120~130	19~20		15			
3 层 3 道	ER49-1	ϕ1.2	130~150	20~22		15			

(二)工作准备

1. 试件尺寸

Q235B 模拟工件,尺寸:底板长 300 mm×宽 150 mm×厚 12 mm,立板长 300 mm×高 75 mm×厚 12 mm(各 1 件)。

2. 焊接设备

选用 ONEW-360AR 焊接操作训练仪,同时检查设备状态以及电源是否饱和良好。

3. 辅助器具

在焊工操作作业区附近应准备好虚拟仿真焊接实训项目指导书和焊接支架以及焊板。

(三)实施焊接

1. 装配与定位焊

焊接操作中装配与定位焊很重要。I 型坡口角接,装配间隙=0,否则热量散失,根部容易造成未焊透。试件两端点固,反变形约 3°左右。压紧试件,焊丝伸出长度 10~12 mm,喷嘴接触平立两板,焊丝对准平板右侧根部,按动引弧电钮引燃电弧,注意观察熔池状态,及两端熔合情况。焊点长度约为 10 mm,然后调整间隙(击打试件右侧,使立板与平板紧密接触),再点固右侧。

2. 打底焊

将点固好的焊件固定在工作台上使其处于立位,焊角高度为 8 mm,采用立向上焊,单层单道焊即可。正式焊接前,调节焊接电流,焊接电压,左手握焊帽,右手握焊枪,在试件下端点固点引燃电弧,电弧引燃后,调整焊枪角度、电弧长度,工作角为 45°,前进角为 80°,待点固点熔化并形成熔池方可向上摆动,一般以锯齿形为易. 正常焊接过程中,焊枪(电弧)摆动应始终一致,即摆动幅度宽窄相等,前移步伐大小相等,摆动速度相等,每次摆动都应压住熔池的 2/3。实际上,焊接过程应注意观察根部熔化情况,并随时调整摆动方法,以及步伐大小;电弧的移动取决于根部的熔化以及焊趾的熔合情况,一定要使根部熔化、焊趾熔合后电弧才可以上移,熔池温度低时,就需要降低摆动速度,当熔池温度高时,就需要加快摆动速度,保持熔池的状态始终一致。如图 4-52 所示。

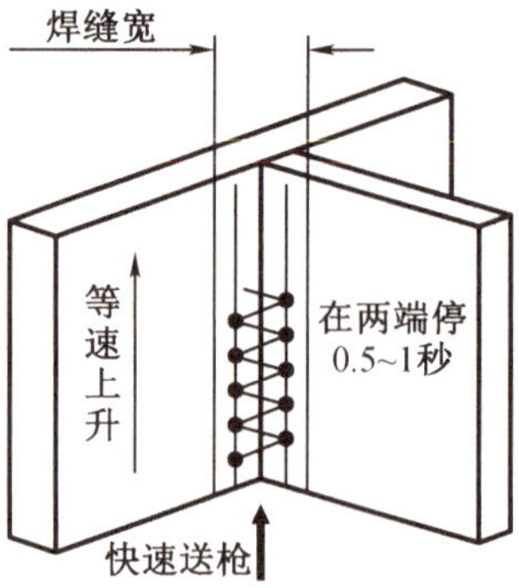

图 4-52　T 型接头立角焊示意图

停弧，由于某种原因需要停弧，可使焊枪喷嘴在原地停顿适当时间再移开。

接头，在息弧点前方引燃电弧，缓慢拉至弧坑处，待熔池与弧坑熔合后，转入正常焊接。

收尾，当焊至试件末端，可采用反复灭弧法，使熔池逐渐缩小，填满弧坑后再息弧。

理想的焊缝断面应该是无余高或小余高，过凸（余高过大）焊缝不合格。所以焊接中，在保证熔合良好的情况下，尽量加快焊接速度，以降低余高。

3. 盖面焊

盖面焊法与打底焊法基本相同，电弧摆动较打底焊宽些，两端停顿时间较长些，注意观察熔池与两侧母材是否熔合，收尾时填满弧坑。

（四）技术要求

（1）焊缝表面不得有裂纹、夹渣、焊瘤、未熔合等缺陷。

（2）焊角高度为 8 mm。

（3）焊缝表面波纹均匀，与母材圆滑过渡。

模拟训练八　CO_2 气体保护焊 V 型坡口对接平焊

(一)焊接工艺卡

<table>
<tr><td colspan="4">焊接工艺卡(虚拟实训)</td><td>焊接工艺编号</td><td>ONEW-8</td></tr>
<tr><td rowspan="12">适用范围</td><td>材料牌号</td><td colspan="2">Q235B</td><td colspan="2">焊接层次及顺序简图</td></tr>
<tr><td>试件规格</td><td colspan="2">12 mm</td><td colspan="2" rowspan="10">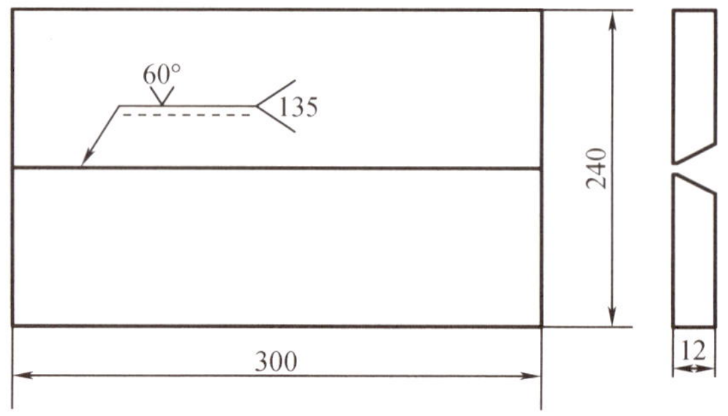</td></tr>
<tr><td>接头种类</td><td colspan="2">对接接头</td></tr>
<tr><td>坡口形式</td><td colspan="2">V 型坡口</td></tr>
<tr><td>焊接位置</td><td colspan="2">平位</td></tr>
<tr><td>焊接方法</td><td colspan="2">CO_2 气体保护焊</td></tr>
<tr><td rowspan="2">焊接电源</td><td>种类</td><td>直流</td></tr>
<tr><td>极性</td><td>反接</td></tr>
<tr><td colspan="2">坡口角度/(°)</td><td>60±2</td></tr>
<tr><td colspan="2">钝边/mm</td><td>1.5</td></tr>
<tr><td colspan="2">组对间隙/mm</td><td>2</td></tr>
<tr><td colspan="5">背面清根：</td></tr>
</table>

焊前预热	加热方式	—	层间温度	—
	温度范围	—	测温方法	—
焊后热处理	种类	—	保温时间	—
	加热方式	—	冷却方式	—
	温度范围	—	测温方法	—

焊接工艺参数

焊层	焊材型号	焊材规格/mm	焊接电流/A	电弧电压/V	焊接速度/(cm/min)	气体流量/(L/min)	钨极直径/mm	喷嘴直径/mm	线能量/(kJ/cm)
1 层 1 道	ER49-1	ϕ1.2	90~110	18~20		15			
2 层 1 道	ER49-1	ϕ1.2	220~240	24~26		15			
3 层 1 道	ER49-1	ϕ1.2	200~220	22~24		15			

（二）工作准备

1. 试件尺寸

Q235B 模拟工件，尺寸为长 300 mm×宽 120 mm 厚×12 mm（2 件）。

2. 焊接设备

选用 ONEW－360AR 焊接操作训练仪，同时检查设备状态以及电源是否饱和良好。

3. 辅助器具

在焊工操作作业区附近应准备好虚拟仿真焊接实训项目指导书和焊接支架以及焊板。

（三）实施焊接

1. 装配与定位焊

焊接操作中装配与定位焊很重要，为了保证既焊透又不烧穿，必须留有合适的对接间隙和合理的钝边。根据试件板厚和焊丝直径大小，确定钝边 $p=0\sim0.5$ mm，间隙 $b=3\sim4$ mm（始端 3 mm 终端 4 mm），反变形约 3～4°，错边量≤0.5 mm。点固焊时，在试件两端坡口内侧点固，焊点长度为 10～15 mm，高度为 5～6 mm，以保证固定点强度，抵抗焊接变形时的收缩。点焊前，戴好头盔面罩，左手握焊帽，右手握焊枪，焊枪喷嘴接触试件端部坡口处，按动引弧按钮引燃电弧，待熔池熔化坡口两侧约 1 mm 时向前进行施焊，施焊过程中注意观察熔池状态，电弧是否击穿熔孔。

2. 打底焊

将点固好的焊件水平固定在焊接工作台上，采用左向焊法，在试件右端固定点引弧，焊枪与焊缝横向垂直，与焊缝方向成 75～80°角。电弧长度为 2～3 mm，带形成熔池后开始焊接，焊至固定点末端电弧稍作停顿，击穿根部打开熔孔，使坡口两侧各熔化 0.5～1 mm，正常焊接时。摆动幅度、前移尺寸大小要均匀，电弧的 2/3 在正面熔池，电弧的 1/3 通过间隙在坡口背面，用来击穿熔孔，保护背面熔池。焊接过程中，注意观察并控制熔孔大小保持一致，在 0.5～1 mm。正常形状为半圆形，当发现熔池颜色变白亮时，其形状变为桃形或心形，说明熔池中部温度过高，铁水开始下坠，背面余高增大，甚至产生焊瘤，此时应加大电弧前移步伐，加快焊接速度，以降低熔池温度。若熔池成椭圆形表明热输入不足，根部没有熔合，应减小电弧前移步伐，放慢焊接速度。

接头比较容易与起焊时相同。但收弧时，注意一定要填满弧坑，防止裂纹的产生。

收尾时可采用反复灭弧法或在弧坑处多做停留，保证弧坑填满。

3. 填充焊

用钢丝刷清理去除底层焊缝氧化皮。清理喷嘴内污物。在试件右端引燃电弧，调整电弧长度并稍作停顿，预热试件端部，待形成熔池，锯齿形摆动电弧，焊枪角度、焊丝角度与打底层基本相同，电弧比打底层摆动幅度大，摆动速度稍慢，坡口两边稍作停顿。电弧前移步伐大小，以焊缝厚度为准，为 2/3～1/2 熔池大小。观察熔池长大情况，距棱边高 1～1.5 mm 为宜，决定电弧前移步伐和焊丝添加频率大小，以不破坏坡口棱边为好，为盖面层留作参考基准。接头时，在弧坑前方 5 mm 处引燃电弧，回移电弧预热弧坑，当重新熔化弧坑并形成熔池时转入正常焊接。

4. 盖面焊

与填充层相同，电弧在坡口两边停顿时间稍长，电弧熔入棱边 1～1.5 mm，焊缝要饱满，避免咬边缺陷。焊缝余高约 2 mm。

如图 4-53 所示，大坡口角度采用左焊法，小坡口角度采用右焊法。

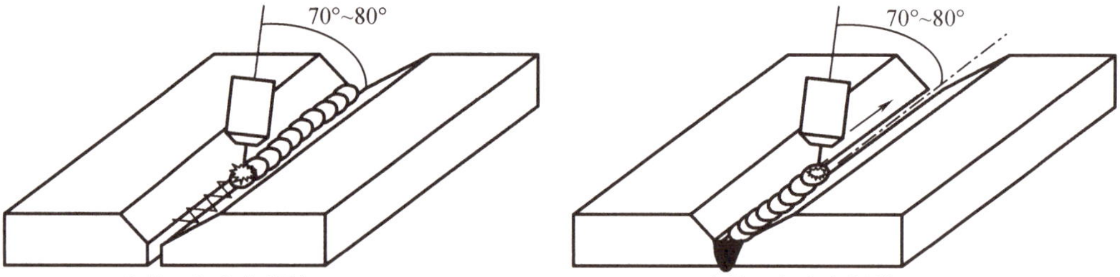

(a)大坡口角度左焊法 (b)小坡口角度右焊法

图 4-53 V 型坡口对接平焊示意图

(四)技术要求

(1)焊缝表面不得有裂纹、夹渣、焊瘤、未熔合等缺陷。

(2)焊缝宽度为 17～20 mm。

(3)焊缝表面波纹均匀，与母材圆滑过渡。

模拟训练九　CO_2 气体保护焊 V 型坡口对接立焊

(一)焊接工艺卡

<table>
<tr><td colspan="4">焊接工艺卡(虚拟实训)</td><td>焊接工艺编号</td><td>ONEW-9</td></tr>
<tr><td rowspan="12">适用范围</td><td>材料牌号</td><td colspan="2">Q235B</td><td colspan="2">焊接层次及顺序简图</td></tr>
<tr><td>试件规格</td><td colspan="2">12 mm</td><td colspan="2" rowspan="10">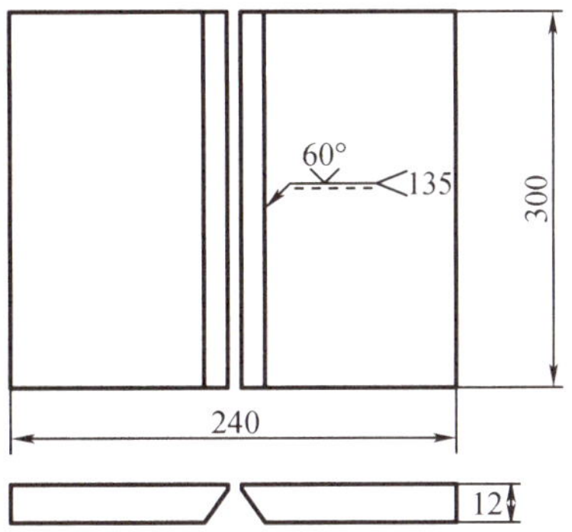
</td></tr>
<tr><td>接头种类</td><td colspan="2">对接接头</td></tr>
<tr><td>坡口形式</td><td colspan="2">V 型坡口</td></tr>
<tr><td>焊接位置</td><td colspan="2">立位</td></tr>
<tr><td>焊接方法</td><td colspan="2">CO_2 气体保护焊</td></tr>
<tr><td rowspan="2">焊接电源</td><td>种类</td><td>直流</td></tr>
<tr><td>极性</td><td>反接</td></tr>
<tr><td colspan="2">坡口角度/(°)</td><td>60±2</td></tr>
<tr><td colspan="2">钝边/mm</td><td>1.5</td></tr>
<tr><td colspan="2">组对间隙/mm</td><td>2</td></tr>
<tr><td colspan="5">背面清根:</td></tr>
</table>

焊前预热	加热方式	—	层间温度	—
	温度范围	—	测温方法	—
焊后热处理	种类	—	保温时间	—
	加热方式	—	冷却方式	—
	温度范围	—	测温方法	—

焊接工艺参数

焊层	焊材型号	焊材规格/mm	焊接电流/A	电弧电压/V	焊接速度/(cm/min)	气体流量/(L/min)	钨极直径/mm	喷嘴直径/mm	线能量/(kJ/cm)
1 层 1 道	ER49-1	ϕ1.2	110~120	18~20		15			
2 层 1 道	ER49-1	ϕ1.2	130~150	20~22		15			
3 层 1 道	ER49-1	ϕ1.2	120~130	19~21		15			

(二)工作准备

1. 试件尺寸

Q235B 模拟工件,尺寸为长 300 mm×宽 120 mm 厚×12 mm(2 件)。

2. 焊接设备

选用 ONEW-360AR 焊接操作训练仪,同时检查设备状态以及电源是否饱和良好。

3. 辅助器具

在焊工操作作业区附近应准备好虚拟仿真焊接实训项目指导书和焊接支架以及焊板。

(三)实施焊接

1. 装配与定位焊

焊接操作中装配与定位焊很重要,为了保证既焊透又不烧穿,必须留有合适的对接间隙和合理的钝边。根据试件板厚和焊丝直径大小,确定钝边 $p=0\sim0.5$ mm,间隙 $b=3\sim4$ mm(始端 3 mm、终端 4 mm),反变形约 3~4°,错边量≤0.5 mm。点固焊时,在试件两端坡口内侧点固,焊点长度为 10~15 mm,高度为 5~6 mm,以保证固定点强度,抵抗焊接变形时的收缩。

点焊前,戴好头盔面罩,左手握焊帽,右手握焊枪,焊枪喷嘴接触试件端部坡口处,按动引弧按钮引燃电弧,待熔池熔化坡口两侧约 1 mm 时向前进行施焊,施焊过程中注意观察熔池状态电弧是否击穿熔孔。如图 4-54 所示。

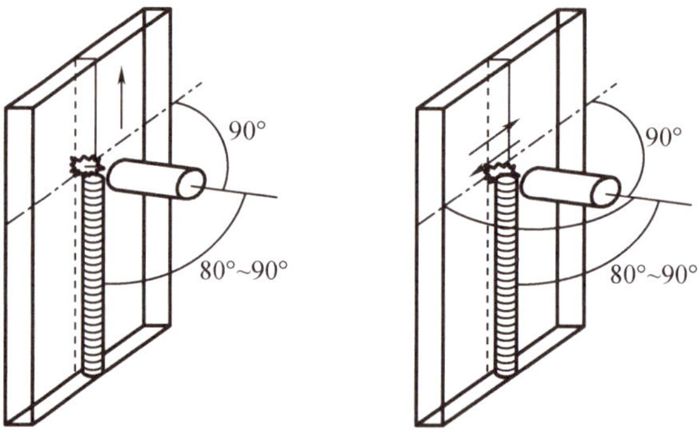

图 4-54　立向上焊时焊枪位置与摆动

2. 打底焊

将点固好的焊件固定在焊接工作台上,使其处于垂直状态,采用小锯齿形摆动焊法,在试件低端固定点引弧,焊枪与焊缝横向垂直,与焊缝方向成 75°~80°角,电弧长度为 2~3 mm,带形成熔池后开始焊接,焊至固定点末端电弧稍作停顿,击穿根部打开熔孔,使坡口两侧各熔化 0.5~1 mm。正常焊接时,摆动幅度、前移尺寸大小要均匀,电弧的 2/3 在正面熔池,电弧的 1/3 通过间隙在坡口背面,用来击穿熔孔,保护背面熔池。焊接过程中,电弧在坡口两侧适当停顿,注意观察并控制熔孔大小保持一致,在 0.5~1 mm。正常形状为半圆形,当发现熔池颜色变白亮时,其形状变为桃形或心形,说明熔池中部温度过高,铁水开始下坠，背面余高增大，甚至产生焊瘤，此时应加大电弧前移步伐，加快焊接速度，以降低熔池温度。若熔池成椭圆形表明热输入不足，根部没有熔合，应减小电弧前移步伐，放慢焊接速度。

接头比较容易与起焊时相同。但收弧时，注意一定要填满弧坑，防止裂纹的产生。

收尾时可采用反复灭弧法或在弧坑处多做停留，保证弧坑填满。

3. 填充焊

用钢丝刷清理去除底层焊缝氧化皮。清理喷嘴内污物。在试件右端引燃电弧，调整电弧长度并稍作停顿，预热试件端部，待形成熔池，锯齿形摆动电弧，焊枪角度、焊丝角度与打底层基本相同，电弧比打底层摆动幅度大，摆动速度稍慢，坡口两边稍作停顿。电弧前移步伐大小，以焊缝厚度为准，为 2/3~1/2 熔池大小。观察熔池长大情况，距棱边高 1~1.5 mm 为宜，决定电弧前移步伐和焊丝填加频率大小，以不破坏坡口棱边为好，为盖面层留作参考基准。接头时，在弧坑前方 5 mm 处引燃电弧，回移电弧预热弧坑，当重新熔化弧坑并形成熔池时转入正常焊接。

4. 盖面焊

与填充层相同，电弧在坡口两边停顿时间稍长，电弧熔入棱边 1~1.5 mm，焊缝要饱满，避免咬边缺陷。焊缝余高约 2 mm。

（四）技术要求

（1）焊缝表面不得有裂纹、夹渣、焊瘤、未熔合等缺陷。

（2）焊缝宽度为 17~20 mm。

（3）焊缝表面波纹均匀，与母材圆滑过渡。

模拟训练十　CO_2 气体保护焊 V 型坡口对接横焊

(一)焊接工艺卡

焊接工艺卡(虚拟实训)				焊接工艺编号	ONEW-10
适用范围	材料牌号	Q235B		焊接层次及顺序简图	
	试件规格	12 mm		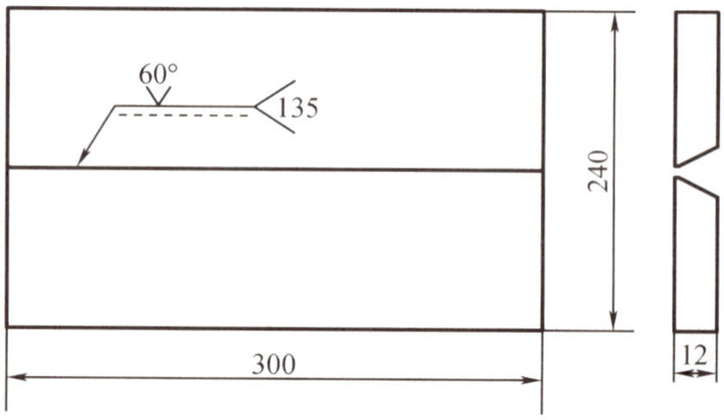	
	接头种类	对接接头			
	坡口形式	V 型坡口			
	焊接位置	横位			
	焊接方法	CO_2 气体保护焊			
	焊接电源	种类	直流		
		极性	反接		
	坡口角度/(°)		60±2		
	钝边/mm		1.5		
	组对间隙/mm		2		
	背面清根：				

焊前预热	加热方式	—	层间温度	—
	温度范围	—	测温方法	—
焊后热处理	种类	—	保温时间	—
	加热方式	—	冷却方式	—
	温度范围	—	测温方法	—

焊接工艺参数

焊层	焊材型号	焊材规格/mm	焊接电流/A	电弧电压/V	焊接速度/(cm/min)	气体流量/(L/min)	钨极直径/mm	喷嘴直径/mm	线能量/(kJ/cm)
1 层 1 道	ER49-1	ϕ1.2	100~110	20~22		15			
2 层 3 道	ER49-1	ϕ1.2	130~140	23~24		15			
3 层 4 道	ER49-1	ϕ1.2	120~130	22~23		15			

（二）工作准备

1. 试件尺寸

Q235B 模拟工件，尺寸为长 300 mm×宽 120 mm 厚×12 mm（2 件）。

2. 焊接设备

选用 ONEW-360AR 焊接操作训练仪，同时检查设备状态以及电源是否饱和良好。

3. 辅助器具

在焊工操作作业区附近应准备好虚拟仿真焊接实训项目指导书和焊接支架以及焊板。

（三）实施焊接

1. 装配与定位焊

焊接操作中装配与定位焊很重要，为了保证既焊透又不烧穿，必须留有合适的对接间隙和合理的钝边。根据试件板厚和焊丝直径大小，确定钝边 $p=0\sim0.5$ mm，间隙 $b=3\sim4$ mm（始端 3 mm、终端 4 mm），反变形约 5～6° 错边量≤0.5 mm。点固焊时，在试件两端坡口内侧点固，焊点长度为 10～15 mm，高度为 5～6 mm，以保证固定点强度，抵抗焊接变形时的收缩。

点焊前，戴好头盔面罩，左手握焊帽，右手握焊枪，焊枪喷嘴接触试件端部坡口处，按动引弧按钮引燃电弧，待熔池熔化坡口两侧约 1 mm 时向前进行施焊，施焊过程中注意观察熔池状态，电弧是否击穿熔孔。

2. 打底焊

采用左向焊法，在试件右端固定点引弧，喷嘴工作角为 80～90°，前进角为 75～80°，电弧长度为 2～3 mm，待固定点形成熔池后小锯齿形摆动焊枪向左移动，至固定点末端电弧稍作停顿，击穿根部打开熔孔，使坡口上侧熔化 1 mm，稍作停顿后焊枪向左下侧摆动，坡口下侧熔化 0.5 mm，电弧在坡口下侧稍作停顿，使其熔合良好，电弧再向右上侧摆动，如此反复形成焊缝。电弧再上下两侧停顿，使焊缝和坡口两侧良好熔合，避免因焊缝中间温度过高熔池下坠，造成背面焊缝余高过大，焊缝正面中间凸起两侧形成沟槽。注意上侧停顿时间较长些，防止铁水下流。

正常焊接时，摆动幅度、前移尺寸大小要均匀，电弧的 2/3 在正面熔池，电弧的 1/3 通过间隙在坡口背面，用来击穿熔孔，保护背面熔池。

焊接过程中，注意观察并控制熔孔大小保持一致，在 0.5～1 mm。熔孔过大，则温度过高，正面或背面产生焊瘤，应加快焊接速度，尽量不要灭弧降温；没有熔孔，则背面没有熔合，应减缓前进步伐，放慢焊接速度，或调整增加焊接电流。

接头时与起焊时相同。但收弧时，一定要填满弧坑，否则易出现气孔、裂纹，一旦出现必须打磨掉再焊。收尾时，焊至焊缝终点处压低电弧，放慢焊接速度，注意观察熔池是否与末端点固点完全熔合，背面是否击穿，然后平缓过渡至末端点固点，填满弧坑后停止焊接。

3. 填充焊

填充层为 1 层 3 道。用钢丝刷清理去除底层焊缝氧化皮，清理喷嘴内污物。

第 1 道在试件右端引燃电弧，调整电弧长度并稍作停顿，预热试件端部，待形成熔池，开始焊接，焊枪角度与打底层基本相同，焊接速度稍慢，坡口下侧稍作停顿。电弧前移步伐大小以焊缝厚度为准,为 2/3~1/2 熔池大小。观察熔池长大情况,距棱边高 1~1.5 mm 为宜,以不破坏坡口棱边为好,为盖面层留作参考基准。

第 2 道,熔合第 1 道与前一层焊趾,焊枪对准第 1 道上焊趾,焊枪工作角为 70~80°,前进角为 75~85°,熔池覆盖第 1 道 1/3~1/2。

第 3 道,引燃电弧后熔合第 3 道和上坡口内侧焊枪对准前层上焊趾枪嘴工作角为 70~75°,前进角为 70~75°,熔池熔合第二道焊缝 1/3~1/2,并熔合上侧坡口壁。注意避免咬边缺陷。焊接过程注意观测熔池长大情况,保证焊缝与坡口内侧熔合良好,焊缝厚度距离坡口面 0.5~1 mm 为宜

如图 4-55 所示。

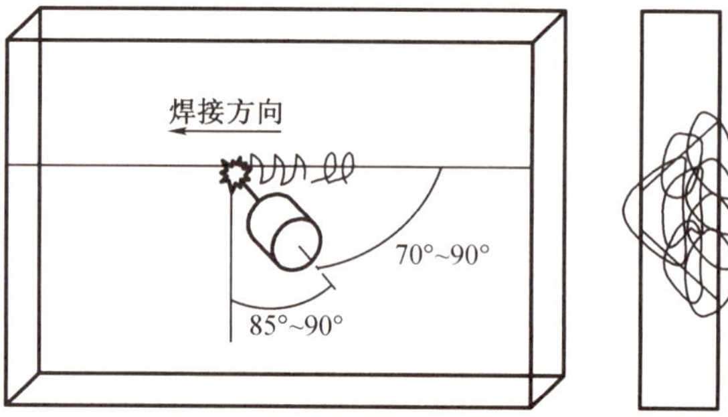

图 4-55　V 型坡口对接横焊示意图

4. 盖面焊

盖面焊为 1 层 4 道,采用直推法小电流焊接。用钢丝刷清理去填充层焊缝氧化皮。清理喷嘴内污物。

第 1 道,引燃电弧后焊枪对准前层下焊趾,焊枪工作角为 75~85°,前进角为 75~85°,焊缝熔合下棱边 0.5~1 mm。

第 2 道,熔合第 1 道与前一层焊趾,焊枪对准第 1 道上焊趾,焊枪工作角为 70~80°,前进角为 75~85°,熔池覆盖第 1 道 1/3~1/2。

第 3 道与第 2 道操作方法一致。

第 4 道,引燃电弧后熔合第 3 道和上坡口,焊枪对准前层上焊趾,枪嘴工作角为 70~75°,前进角为 70~75°,熔池熔合第 3 道焊缝 1/3~1/2,熔合上棱边 0.5~1 mm。注意避免咬边缺陷。焊缝余高约 2.5 mm。

(四)技术要求

(1)焊缝表面不得有裂纹、夹渣、焊瘤、未熔合等缺陷。

(2)焊缝宽度为 17~20 mm。

(3)焊缝表面波纹均匀,与母材圆滑过渡。

模拟训练十一　CO_2 气体保护焊 V 型坡口对接仰焊

(一)焊接工艺卡

<table>
<tr><td colspan="4">焊接工艺卡(虚拟实训)</td><td>焊接工艺编号</td><td>ONEW-11</td></tr>
<tr><td rowspan="12">适用范围</td><td>材料牌号</td><td colspan="2">Q235B</td><td colspan="2">焊接层次及顺序简图</td></tr>
<tr><td>试件规格</td><td colspan="2">12 mm</td><td colspan="2" rowspan="10">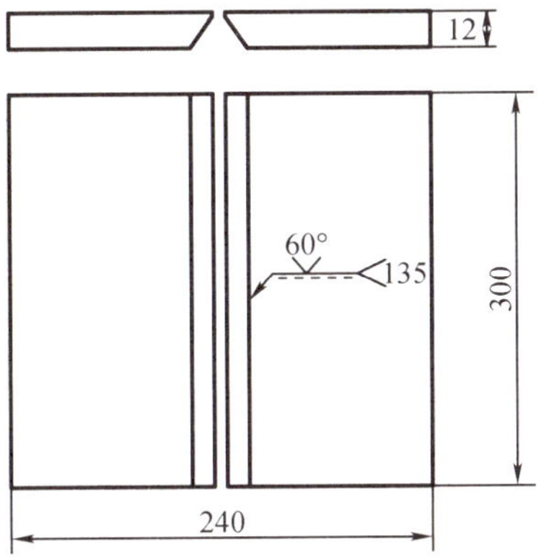
</td></tr>
<tr><td>接头种类</td><td colspan="2">对接接头</td></tr>
<tr><td>坡口形式</td><td colspan="2">V 型坡口</td></tr>
<tr><td>焊接位置</td><td colspan="2">仰位</td></tr>
<tr><td>焊接方法</td><td colspan="2">CO_2 气体保护焊</td></tr>
<tr><td rowspan="2">焊接电源</td><td>种类</td><td>直流</td></tr>
<tr><td>极性</td><td>反接</td></tr>
<tr><td colspan="2">坡口角度/(°)</td><td>60±2</td></tr>
<tr><td colspan="2">钝边/mm</td><td>1.5</td></tr>
<tr><td colspan="2">组对间隙/mm</td><td>2</td></tr>
<tr><td colspan="5">背面清根:</td></tr>
</table>

焊前预热	加热方式	—	层间温度	—
	温度范围	—	测温方法	—
焊后热处理	种类	—	保温时间	—
	加热方式	—	冷却方式	—
	温度范围	—	测温方法	—

焊接工艺参数

焊层	焊材型号	焊材规格/mm	焊接电流/A	电弧电压/V	焊接速度/(cm/min)	气体流量/(L/min)	钨极直径/mm	喷嘴直径/mm	线能量/(kJ/cm)
1 层 1 道	ER49-1	ϕ1.2	90~110	18~19		15			
2 层 1 道	ER49-1	ϕ1.2	130~150	20~22		15			
3 层 1 道	ER49-1	ϕ1.2	120~140	19~21		15			

（二）工作准备

1. 试件尺寸

Q235B 模拟工件，尺寸为长 300 mm×宽 120 mm 厚×12 mm（2 件）。

2. 焊接设备

选用 ONEW-360AR 焊接操作训练仪，同时检查设备状态以及电源是否饱和良好。

3. 辅助器具

在焊工操作作业区附近应准备好虚拟仿真焊接实训项目指导书和焊接支架以及焊板。

（三）实施焊接

1. 装配与定位焊

焊接操作中装配与定位焊很重要，为了保证既焊透又不烧穿，必须留有合适的对接间隙和合理的钝边。根据试件板厚和焊丝直径大小，确定钝边 $p=0\sim0.5$ mm，间隙 $b=3\sim4$ mm（始端 3 mm、终端 4 mm），反变形约 3～4°，错边量≤0.5 mm。点固焊时，在试件两端坡口内侧点固，焊点长度为 10～15 mm，高度为 5～6 mm，以保证固定点强度，抵抗焊接变形时的收缩。

点焊前，戴好头盔面罩，左手握焊帽，右手握焊枪，焊枪喷嘴接触试件端部坡口处，按动引弧按钮引燃电弧，待熔池熔化坡口两侧约 1 mm 时向前进行施焊，施焊过程中注意观察熔池状态电弧是否击穿熔孔。

仰焊易发缺陷与焊枪角度如图 4-56 所示。

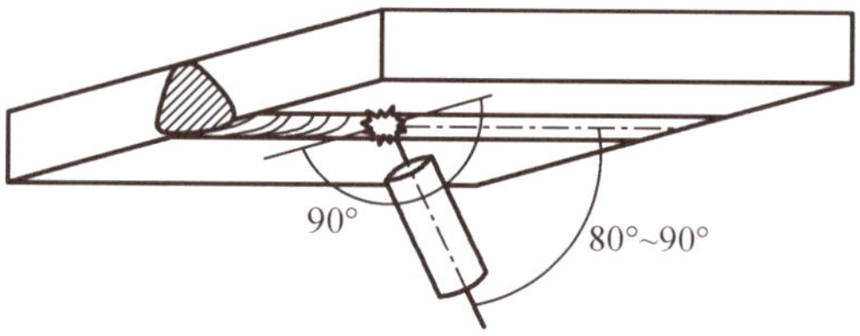

图 4-56　仰焊易发缺陷与焊枪角度

2. 打底焊

将点固好的焊件固定在焊接工作台上，使其处于仰位，在试件末端固定点引弧，焊枪与焊缝横向垂直，与焊缝方向成 90°角。电弧长度为 2～3 mm，带形成熔池后开始焊接，焊至固定点末端电弧稍作停顿，电弧向上略顶，击穿根部打开熔孔，使坡口两侧各熔化 0.5～1 mm。正常焊接时，摆动幅度、前移尺寸大小要均匀，电弧的 2/3 在正面熔池，电弧的 1/3 通过间隙在坡口背面，用来击穿熔孔，保护背面熔池。焊接过程中，一定要托住熔池，防止铁水下流，注意观察并控制熔孔大小保持一致，在 0.5～1 mm。正常形状为半圆形，当发现熔池颜色变白亮时，其形状变为桃形或心形，说明熔池中部温度过高，铁水开始下坠，甚至产生焊瘤，此时应加大电弧前移步伐，加快焊接速度，以降低熔池温度。若熔池成椭圆形表明热输入不足，根部没有熔合，应减小电弧前移步伐，放慢焊接速度。

接头比较容易与起焊时相同。但收弧时，注意一定要填满弧坑，防止裂纹的产生。

收尾时可采用反复灭弧法或在弧坑处多做停留，保证弧坑填满。

3. 填充焊

用钢丝刷清理去除底层焊缝氧化皮，清理喷嘴内污物。在试件右端引燃电弧，调整电弧长度并稍作停顿，预热试件端部，待形成熔池，锯齿形摆动电弧，焊枪角度、焊丝角度与打底层基本相同，电弧比打底层摆动幅度大，摆动速度稍慢，坡口两边稍作停顿。电弧前移步伐大小，以焊缝厚度为准，为 2/3～1/2 熔池大小。观察熔池长大情况，距棱边高 1～1.5 mm 为宜，为盖面层留作参考基准。接头时，在弧坑前方 5 mm 处引燃电弧，回移电弧预热弧坑，当重新熔化弧坑并形成熔池时转入正常焊接。

4. 盖面焊

与填充层相同，电弧在坡口两边停顿时间稍长，电弧熔入棱边 1～1.5 mm，焊缝要饱满，避免咬边缺陷。焊缝余高约 2 mm。

（四）技术要求

（1）焊缝表面不得有气孔、裂纹、夹渣、未熔合等缺陷。

（2）焊缝正面宽度为 17～20 mm，余高小于 3 mm，背面宽度为 5～7 mm，余高小于 2.5 mm。

（3）焊缝表面波纹均匀，与母材圆滑过渡。

模拟训练十二　CO_2 气体保护焊管对接垂直固定

(一)焊接工艺卡

<table>
<tr><td colspan="4">焊接工艺卡(虚拟实训)</td><td>焊接工艺编号</td><td>ONEW-12</td></tr>
<tr><td rowspan="12">适用范围</td><td>材料牌号</td><td colspan="2">Q235B</td><td colspan="2">焊接层次及顺序简图</td></tr>
<tr><td>试件规格</td><td colspan="2">12 mm</td><td colspan="2" rowspan="10">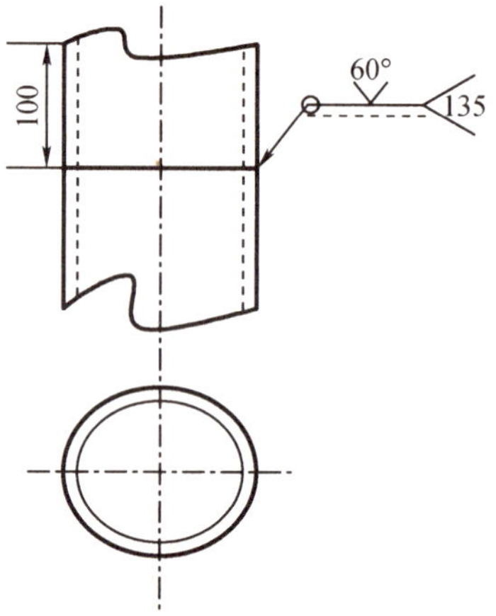
</td></tr>
<tr><td>接头种类</td><td colspan="2">对接接头</td></tr>
<tr><td>坡口形式</td><td colspan="2">V 型坡口</td></tr>
<tr><td>焊接位置</td><td colspan="2">全位置</td></tr>
<tr><td>焊接方法</td><td colspan="2">CO_2 气体保护焊</td></tr>
<tr><td rowspan="2">焊接电源</td><td>种类</td><td>直流</td></tr>
<tr><td>极性</td><td>反接</td></tr>
<tr><td colspan="2">坡口角度/(°)</td><td>60±2</td></tr>
<tr><td colspan="2">钝边/mm</td><td>1.5</td></tr>
<tr><td colspan="2">组对间隙/mm</td><td>2</td></tr>
<tr><td colspan="5">背面清根：</td></tr>
</table>

<table>
<tr><td rowspan="2">焊前预热</td><td>加热方式</td><td>—</td><td>层间温度</td><td>—</td></tr>
<tr><td>温度范围</td><td>—</td><td>测温方法</td><td>—</td></tr>
<tr><td rowspan="3">焊后热处理</td><td>种类</td><td>—</td><td>保温时间</td><td>—</td></tr>
<tr><td>加热方式</td><td>—</td><td>冷却方式</td><td>—</td></tr>
<tr><td>温度范围</td><td>—</td><td>测温方法</td><td>—</td></tr>
</table>

焊接工艺参数

焊层	焊材型号	焊材规格/mm	焊接电流/A	电弧电压/V	焊接速度/(cm/min)	气体流量/(L/min)	钨极直径/mm	喷嘴直径/mm	线能量/(kJ/cm)
1 层 1 道	ER49-1	ϕ1.2	100~130	18~20		15			
2 层 2 道	ER49-1	ϕ1.2	130~150	20~22		15			
3 层 3 道	ER49-1	ϕ1.2	130~140	20~21		15			

(二)工作准备

1. 试件尺寸

Q235B 模拟工件,尺寸为 ϕ133 mm×100 mm×12 mm(2 件)。

2. 焊接设备

选用 ONEW-360AR 焊接操作训练仪,同时检查设备状态以及电源是否饱和良好。

3. 辅助器具

在焊工操作作业区附近应准备好虚拟仿真焊接实训项目指导书和焊接支架以及焊板。

(三)实施焊接

1. 装配与定位焊

焊接操作中装配与定位焊很重要,管状试件点固点一般为三处,为了保证既焊透又不烧穿,必须留有合适的对接间隙和合理的钝边。根据管壁厚度和焊丝直径大小,确定钝边 p=0~0.5 mm,间隙 b=2.5,错边量≤0.5 mm。点固焊时,用对口钳或小槽钢对口,在试件两端坡口内侧点固,焊点长度为 10 mm 左右,高度为 2~3 mm。点焊前,调整焊接电流,焊接电压,手动送丝。戴好头盔面罩,左手扶焊件,右手握焊枪,焊丝接触试件端部坡口处,按动引弧按钮引燃电弧,电弧长度为 2~3 mm,形成熔池两侧搭桥后击穿熔孔锯齿形摆动电弧,将坡口钝边熔化,点固 10 mm 左右留出熔孔,灭弧后点固另外两点方法一致。将试件固定在焊接变位器上,高度据个人习惯而定。

2. 打底焊

在试件小间隙方固定点引弧,喷嘴工作角为 80~90°,前进角为 75~80°,电弧长度为 2 mm,待固定点形成熔池后小锯齿形摆动焊枪向左移动,至固定点末端电弧稍作停顿,击穿根部打开熔孔,使坡口上侧熔化 1 mm,稍作停顿后焊枪向左下侧摆动,坡口下侧熔化 0.5 mm,电弧在坡口下侧稍作停顿,使其熔合良好,电弧再向右上侧摆动,如此反复形成焊缝。电弧再上下两侧停顿,使焊缝和坡口两侧良好熔合,避免因焊缝中间温度过高熔池下坠,造成背面焊缝余高过大,焊缝正面中间凸起两侧形成沟槽。注意上侧停顿时间较长些,防止铁水下流。

正常焊接时,摆动幅度、前移尺寸大小要均匀,电弧的 2/3 在正面熔池,电弧的 1/3 通过间隙在坡口背面,用来击穿熔孔,保护背面熔池。

焊接过程中,注意观察并控制熔孔大小保持一致在 0.5~1 mm。熔孔过大,则温度过高,正面或背面产生焊瘤,应加快焊接速度,尽量不要灭弧降温;没有熔孔,则背面没有熔合,应减缓前进步伐,放慢焊接速度,或调整增加焊接电流。

接头时与起焊时相同。但收弧时,一定要填满弧坑,否则易出现气孔、裂纹,一旦出现必须打磨掉再焊。

收尾时,焊至焊缝终点处压低电弧放慢焊接速度注意观察熔池是否与末端点固点完全熔合,背面是否击穿,然后平缓过渡至末端点固点,填满弧坑后停止焊接。

3. 填充焊

填充层为 1 层 2 道。用钢丝刷清理去除底层焊缝氧化皮,清理喷嘴内污物。

第 1 道在试件右端引燃电弧,调整电弧长度并稍作停顿,预热试件端部,待形成熔池,开始焊接,焊枪角度与打底层基本相同,焊接速度稍慢,坡口下侧稍作停顿。电弧前移步伐大小,以焊缝厚度为准,为 2/3~1/2 熔池大小。观察熔池长大情况,距棱边高 1~1.5 mm 为宜,以不破坏坡口棱边为好,为盖面层留作参考基准。

第 2 道,引燃电弧后熔合第 1 道和上坡口内侧焊枪对准前层上焊趾枪嘴工作角为 70~75°,前进角为 70~75°,熔池熔合第 1 道焊缝 1/3~1/2,并熔合上侧坡口壁。注意避免咬边缺陷,有需要时可上下摆动电弧。焊接过程注意观测熔池长大情况,保证焊缝与坡口内侧熔合良好,焊缝厚度距离坡口面 0.5~1 mm 为宜。注意当焊至不便操作时需要灭弧,接头时,在坡口内壁一侧引弧,将电弧拉至前道焊缝末端弧坑处加热待熔池涨起填满弧坑后继续焊接。

4. 盖面焊

盖面焊为 1 层 3 道,用钢丝刷清理去填充层焊缝氧化皮,清理喷嘴内污物。

第 1 道,引燃电弧后焊枪对准前层下焊趾,焊枪工作角为 75~85°,前进角为 75~85°,焊缝熔合下棱边 0.5~1 mm。

第 2 道,熔合第 1 道与前一层焊趾,焊枪对准第 1 道上焊趾,焊枪工作角为 70~80°,前进角为 75~85°,熔池覆盖第 1 道 1/3~1/2。

第 3 道,引燃电弧后熔合第 3 道和上坡口,焊枪对准前层上焊趾,枪嘴工作角为 70~75°,前进角为 70~75°,熔池熔合第 3 道焊缝 1/3~1/2,熔合上棱边 0.5~1 mm。注意避免咬边缺陷。焊缝余高约 2 mm。

需要接头时,方法与填充层接头方法一样,注意焊缝宽窄要一致,焊缝连接处熔合良好,平滑饱满。

收弧时,一定要填满弧坑,否则易出现气孔、裂纹,一旦出现必须打磨掉再焊。

(四)技术要求

(1)焊缝表面不得有裂纹、夹渣、焊瘤、未熔合等缺陷。

(2)焊缝宽度为 15~18 mm。

(3)焊缝表面波纹均匀,与母材圆滑过渡。

模拟训练十三 CO_2 气体保护焊管对接水平固定

(一)焊接工艺卡

<table>
<tr><td colspan="3">焊接工艺卡(虚拟实训)</td><td colspan="3">焊接工艺编号</td><td colspan="3">ONEW-13</td></tr>
<tr><td rowspan="13">适用范围</td><td>材料牌号</td><td colspan="2">Q235B</td><td colspan="5">焊接层次及顺序简图</td></tr>
<tr><td>试件规格</td><td colspan="2">12 mm</td><td colspan="5" rowspan="11">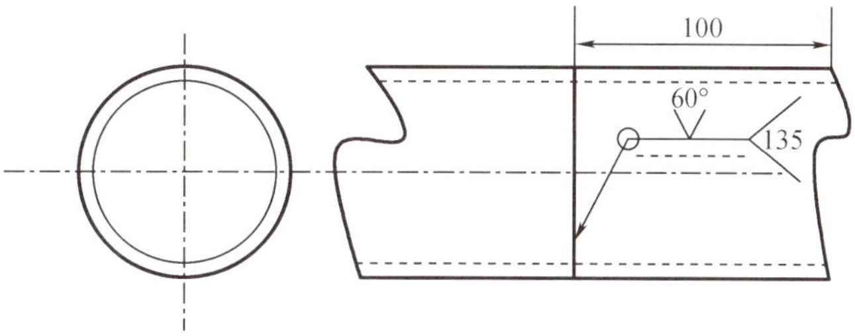
</td></tr>
<tr><td>接头种类</td><td colspan="2">对接接头</td></tr>
<tr><td>坡口形式</td><td colspan="2">V 型坡口</td></tr>
<tr><td>焊接位置</td><td colspan="2">全位置</td></tr>
<tr><td>焊接方法</td><td colspan="2">CO_2 气体保护焊</td></tr>
<tr><td rowspan="2">焊接电源</td><td>种类</td><td>直流</td></tr>
<tr><td>极性</td><td>反接</td></tr>
<tr><td colspan="2">坡口角度/(°)</td><td>60±2</td></tr>
<tr><td colspan="2">钝边/mm</td><td>1.5</td></tr>
<tr><td colspan="2">组对间隙/mm</td><td>2</td></tr>
<tr><td colspan="8">背面清根:</td></tr>
</table>

焊前预热	加热方式	—	层间温度	—
	温度范围	—	测温方法	—
焊后热处理	种类	—	保温时间	—
	加热方式	—	冷却方式	—
	温度范围	—	测温方法	—

焊接工艺参数

焊层	焊材型号	焊材规格/mm	焊接电流/A	电弧电压/V	焊接速度/(cm/min)	气体流量/(L/min)	钨极直径/mm	喷嘴直径/mm	线能量/(kJ/cm)
1 层 1 道	ER49-1	ϕ1.2	110~130	18~20		15			
2 层 1 道	ER49-1	ϕ1.2	130~150	20~22		15			
3 层 1 道	ER49-1	ϕ1.2	130~140	20~21		15			

(二)工作准备

1. 试件尺寸

Q235B 模拟工件,尺寸为 ϕ133 mm×100 mm×12 mm(2 件)。

2. 焊接设备

选用 ONEW-360AR 焊接操作训练仪,同时检查设备状态以及电源是否饱和良好。

3. 辅助器具

在焊工操作作业区附近应准备好虚拟仿真焊接实训项目指导书和焊接支架以及焊板。

(三)实施焊接

1. 装配与定位焊

焊接操作中装配与定位焊很重要,管状试件点固点一般为三处,为了保证既焊透又不烧穿,必须留有合适的对接间隙和合理的钝边。根据管壁厚度和焊丝直径大小,确定钝边 p=0~0.5 mm,间隙 b=2.5~3 mm,错边量≤0.5 mm。点固焊时,用对口钳或小槽钢对口,在试件两端坡口内侧点固,焊点长度为 10 mm 左右,高度为 2~3 mm。点焊前,调整焊接电流、焊接电压,手动送丝。戴好头盔面罩,左手扶焊件,右手握焊枪,焊丝接触试件端部坡口处,按动引弧按钮引燃电弧,电弧长度为 2~3 mm,形成熔池两侧搭桥后击穿熔孔锯齿形摆动电弧,将坡口钝边熔化,点固 10 mm 左右留出熔孔,灭弧后点固另外两点方法一致。将试件固定在焊接变位器上,高度据个人习惯而定。

2. 打底焊

管对接水平固定焊分左右两个半圆先后完成。先焊接右半圈,从 6 点半位置开始焊接,11 点半位置收弧。焊枪角度随焊接位置的变化而变化。戴好头盔面罩,左手扶焊件,右手握焊枪,分开两腿弯腰低头,枪嘴接触试件 6 点半位置坡口处,引燃电弧后拉至点焊位置,此时,焊枪工作角为 90° 角,前进角为 80~85°,电弧长度为 1~2 mm,待点电弧击穿熔孔形成熔池后开始焊接,坡口棱边熔化 0.5~1 mm,电弧在坡口两侧适当停顿,保持焊道平整、熔合良好。随着焊缝位置的变化逐渐直腰,并相应调整焊枪角度,到达立位时,焊枪前进角为 75~80°,到达平位时,焊枪前进角为 70~75°,越过 12 点位置改变电弧指向,以控制铁水下流。到达 11 点半位置开始收弧,焊接过程注意控制电弧长短,随位置由仰位、立位、平位变化,电弧长度随之变长。焊接左半圈时,管子位置不动,焊工身体位置调换。由 6 点半附近位置起弧缓慢移动到右半圈起焊处,待电弧击穿熔孔形成熔池后,电弧小锯齿形摆动向 7 点移动,焊接方法与右半圈相同,注意逐渐调整焊枪焊丝角度。收尾时要向前多焊一些,并填满弧坑,保证接头处熔合良好,没有缺陷。

3. 填充焊

用钢丝刷清理去除底层焊缝氧化皮,清理喷嘴内污物。在打底焊引弧点引燃电弧,调整电弧长度并稍作停顿,待形成熔池后锯齿摆动电弧,焊枪角度、焊丝角度与打底层基本相同,电弧比打底层摆动幅度大,摆动速度稍慢,坡口两边稍作停顿,管件转动速度与焊接速度一致。电弧前移步伐大小,以焊缝厚度为准,为 2/3~1/2 熔池大小。观察熔池长大情况,距棱边高 1~1.5 mm 为宜,为盖面层留作参考基准,收尾时注意填满弧坑。

4. 盖面层

与填充层相同,电弧在坡口两边停顿时间稍长,电弧熔入棱边 1~1.5 mm,焊缝要饱满,避免咬边缺陷,收尾要填满弧坑,焊缝余高约 2 mm。

(四)技术要求

(1)焊缝表面不得有裂纹、夹渣、焊瘤、未熔合等缺陷。

(2)焊缝宽度为 15~18 mm。

(3)焊缝表面波纹均匀,与母材圆滑过渡。

模拟训练十四　CO_2 气体保护焊管板骑坐式垂直俯位焊接

(一)焊接工艺卡

<table>
<tr><td colspan="3">焊接工艺卡(虚拟实训)</td><td>焊接工艺编号</td><td>ONEW-14</td></tr>
<tr><td rowspan="12">适用范围</td><td>材料牌号</td><td>Q235B</td><td colspan="2">焊接层次及顺序简图</td></tr>
<tr><td>试件规格</td><td>12 mm</td><td colspan="2" rowspan="10">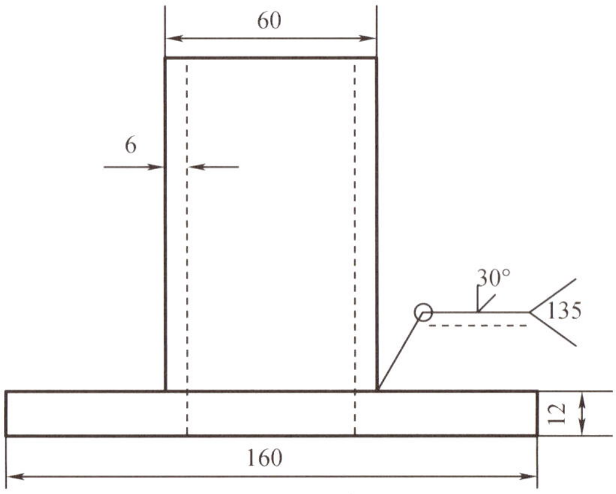
</td></tr>
<tr><td>接头种类</td><td>对接接头</td></tr>
<tr><td>坡口形式</td><td>V 型坡口</td></tr>
<tr><td>焊接位置</td><td>横位</td></tr>
<tr><td>焊接方法</td><td>CO_2 气体保护焊</td></tr>
<tr><td rowspan="2">焊接电源</td><td>种类　直流</td></tr>
<tr><td>极性　反接</td></tr>
<tr><td>坡口角度/(°)</td><td>30±2</td></tr>
<tr><td>钝边/mm</td><td>1.5</td></tr>
<tr><td>组对间隙/mm</td><td>2</td></tr>
<tr><td colspan="4">背面清根:</td></tr>
</table>

焊前预热	加热方式	—	层间温度	—
	温度范围	—	测温方法	—
焊后热处理	种类	—	保温时间	—
	加热方式	—	冷却方式	—
	温度范围	—	测温方法	—

焊接工艺参数

焊层	焊材型号	焊材规格/mm	焊接电流/A	电弧电压/V	焊接速度/(cm/min)	气体流量/(L/min)	钨极直径/mm	喷嘴直径/mm	线能量/(kJ/cm)
1层1道	ER49-1	ϕ1.2	110~130	20~22		15			
2层2道	ER49-1	ϕ1.2	130~150	22~24		15			

（二）工作准备

1. 试件尺寸

Q235B 模拟工件，尺寸为板：长 180 mm×宽 180 mm×厚 12 mm；管：ϕ60 mm×100 mm×6 mm（各一件）。

2. 焊接设备

选用 ONEW-360AR 焊接操作训练仪，同时检查设备状态以及电源是否饱和良好。

3. 辅助器具

在焊工操作作业区附近应准备好虚拟仿真焊接实训项目指导书和焊接支架以及焊板。

（三）实施焊接

1. 装配与定位焊

焊接操作中装配与定位焊很重要，为了保证既焊透又不烧穿，必须留有合适的对接间隙和合理的钝边。焊接前先将孔板置于平台上，用两根直径 3.2 mm 的焊条除去药皮，点在孔板上，再将管坡口端向下置于焊条上，使孔里皮和板孔壁对齐；在适当的位置固定焊，固定点固点一般为三处，焊点约长 5 mm、厚 3 mm，以满足强度要求，错开 120°角，再固定焊另一点，两点固定后用角磨机打磨固定点使成斜坡状，以方便接头；抽出焊条，管板间隙为 3.0～3.5 mm，钝边为 0.5～1 mm，错边量≤0.5 mm。

2. 打底焊

将焊件固定在操作台上，使其处于府位，清理喷嘴内污物，调整焊丝伸出长度为 10～12 mm，焊接电流为 110～130 A；将点固好的试件置于适当高度，在圆周 240° 范围中部，选择小间隙坡口处孔板上引燃电弧，电弧指向孔板，喷嘴工作角度为 60°，前进角为 70～80°，预热后适当摆动电弧，当上下两点搭桥后电弧斜锯齿摆动进行焊接。焊接过程注意控制电弧长度，摆动幅度，控制管侧熔孔 0.5～1 mm。上下摆动过程中应注意坡口管侧电弧停顿时间较短，坡口孔板侧电弧停顿时间较长。起焊时身体尽量向右倾斜，随焊缝转向，身体逐渐向左扭动，待观察熔池困难时熄灭电弧。接头时在焊缝的前端孔板上引弧，起弧后将电弧缓慢拉至焊缝的弧坑处，待熔池与上道焊缝熔合后，锯齿摆动电弧继续焊接。收尾时，放慢焊接速度注意观察熔池是否与起始焊缝完全熔合，填满弧坑后收弧停止焊接。

3. 盖面焊

盖面焊分上下两道完成，先焊下道，采用斜锯齿形内外运弧，保持电弧长度，喷嘴工作角为 45～50°，前进角为 75～85°，内外摆动过程中应注意坡口内侧电弧停顿时间较短，坡口外侧电弧停顿时间较长，下道主要获得孔板与打底焊道良好的熔合。上道焊接，用斜圈运弧，喷嘴工作角为 35～40°，前进角为 75～85°，运弧幅度以覆盖下道 1/2～1/3，熔合管坡口棱边 0.5 mm 为宜。且上下两道熔合良好，光滑均匀，不得有明显的沟槽。注意控制熔池温度，温度高时，加快焊接速度，温度低时，放慢焊接速度，避免管侧咬边。

（四）技术要求

（1）焊缝表面不得有裂纹、夹渣、焊瘤、未熔合等缺陷。

（2）焊脚高度为 6 mm。

（3）焊缝表面波纹均匀，与母材圆滑过渡。

模拟训练十五　CO_2 气体保护焊管板骑坐式水平固定焊接

(一)焊接工艺卡

<table>
<tr><td colspan="4">焊接工艺卡(虚拟实训)</td><td>焊接工艺编号</td><td>ONEW-15</td></tr>
<tr><td rowspan="12">适用范围</td><td>材料牌号</td><td colspan="2">Q235B</td><td colspan="2">焊接层次及顺序简图</td></tr>
<tr><td>试件规格</td><td colspan="2">12 mm</td><td colspan="2" rowspan="10">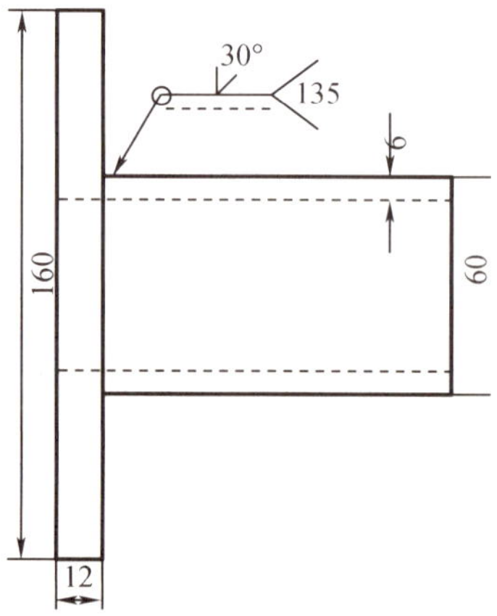
</td></tr>
<tr><td>接头种类</td><td colspan="2">对接接头</td></tr>
<tr><td>坡口形式</td><td colspan="2">V 型坡口</td></tr>
<tr><td>焊接位置</td><td colspan="2">全位置</td></tr>
<tr><td>焊接方法</td><td colspan="2">CO_2 气体保护焊</td></tr>
<tr><td rowspan="2">焊接电源</td><td>种类</td><td>直流</td></tr>
<tr><td>极性</td><td>反接</td></tr>
<tr><td colspan="2">坡口角度/(°)</td><td>30±2</td></tr>
<tr><td colspan="2">钝边/mm</td><td>1.5</td></tr>
<tr><td colspan="2">组对间隙/mm</td><td>2</td></tr>
<tr><td colspan="5">背面清根:</td></tr>
</table>

焊前预热	加热方式	—	层间温度	—
	温度范围	—	测温方法	—
焊后热处理	种类	—	保温时间	—
	加热方式	—	冷却方式	—
	温度范围	—	测温方法	—

焊接工艺参数

焊层	焊材型号	焊材规格/mm	焊接电流/A	电弧电压/V	焊接速度/(cm/min)	气体流量/(L/min)	钨极直径/mm	喷嘴直径/mm	线能量/(kJ/cm)
1层1道	ER49-1	ϕ1.2	100~110	18~20		15			
2层1道	ER49-1	ϕ1.2	100~120	19~21		15			

(二)工作准备

1. 试件尺寸

Q235B 模拟工件,尺寸为板:长 180 mm×宽 180 mm×厚 12 mm;管:ϕ60 mm×100 mm×6 mm(各一件)

2. 焊接设备

选用 ONEW-360AR 焊接操作训练仪,同时检查设备状态以及电源是否饱和良好。

3. 辅助器具

焊工操作作业区附近应准备好虚拟仿真焊接实训项目指导书和焊接支架以及焊板。

(三)实施焊接

1. 装配定位焊

焊接操作中装配与定位焊很重要,为了保证既焊透又不烧穿,必须留有合适的对接间隙和合理的钝边。焊接前先将孔板置于平台上,用两根直径 3.2 mm 的焊条除去药皮,点在孔板上,再将管坡口端向下置于焊条上,使孔里皮和板孔壁对齐;在适当的位置固定焊,固定点固点一般为三处,焊点约长 5 mm、厚 3 mm,以满足强度要求,错开 120°角,再固定焊另一点,两点固定后用角磨机打磨固定点使成斜坡状,以方便接头;抽出焊条,管板间隙为 3.0~3.5 mm,钝边为 0.5~1 mm,错边量≤0.5 mm。

2. 打底焊

打底焊分左右两个半圆先后完成,将点固好的试件水平装夹在操作架上,使固定点处于 10 点、2 点、6 点位置。焊缝是分左右两半周完成,焊接时根据熔池的位置情况,焊工应转换体位。调节焊接电流至 100~110 A,焊丝伸出长度为 10~12 mm,先焊右半周,在时钟位置 6 点半处引弧,逆时针方向焊接,电弧长度为 2~3 mm,喷嘴工作角为 50~60°,前进角为 75~85°,两侧焊肉搭桥后斜锯齿形向前摆动电弧。在焊接过程中应仔细观察熔孔的变化情况,电弧须将板侧\管侧的坡口根部熔化,保证熔孔直径比间隙大 0.5~1 mm,调整摆幅和焊接速度。并随焊缝方向改变不断扭动手腕,及时调整焊枪角度。焊到立位时调整焊枪角度,工作角为 50~60°,前进角为 70~80°,当焊到固定点时应加快焊接速度防止焊肉过高,焊至超过 12 点时收弧。焊左半周前,清理喷嘴,调节焊丝伸出长度,转换操作体位,在 7 点位置引弧后将电弧拉至 6 点半位置,覆盖右半周引弧位置顺时针方向焊接,方法与右半周焊法相同,在 12 点半开始收弧,覆盖右半周收弧位置。

3. 盖面焊

管板骑坐式水平固定焊盖面层为 1 道,用钢丝刷拉刷试件打底焊缝,去除氧化皮,调整焊接电流至 100~120A,控制层间温度为 100 ℃。先焊右半周,在时钟位置 6 点半处板侧引弧,逆时针方向焊接,电弧长度 2~3 mm,喷嘴工作角为 50~60°,前进角为 75~85°,熔池涨起后与板侧坡口熔合(熔合板侧坡口棱边 0.5~1 mm 为好)下拉至管侧,熔池与管壁熔合后采用锯齿形摆动电弧,焊接过程中注意观察熔池状态,电弧在板侧停留时间较长些,在管侧停留时间较短些,避免熔池下坠,形成焊瘤,焊法与打底层基本一致。焊左半周前,清理喷嘴,调解焊丝伸出长度,转换操作体位,在 7 点位置引弧后将电弧拉至 6 点半位,覆盖右半周引弧位置,顺时针方向焊接,方法与右半周焊法相同,在 12 点半开始收弧,覆盖右半周收弧位置。

(四)技术要求

(1)焊缝表面不得有裂纹、夹渣、焊瘤、未熔合等缺陷。

(2)焊脚高度为 6 mm。

(3)焊缝表面波纹均匀,与母材圆滑过渡。

项目五
手工钨极氩弧焊

项目描述

手工钨极氩弧焊，是使用钨棒作为电极，利用从喷嘴流出的氩气在电弧和焊接熔池周围形成连续封闭的气流，保护钨极、焊丝和焊接熔池不被氧化的一种手工操作的气体保护电弧焊。如图 5-1 所示。

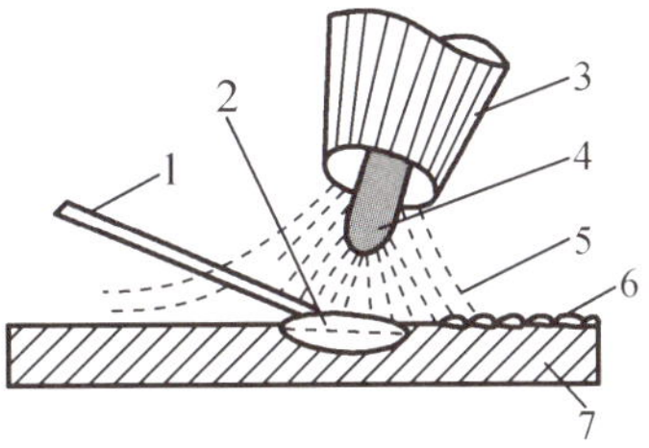

1—焊丝；2—熔池；3—喷嘴；4—钨极；5—氩气；6—焊缝；7—焊件。

图 5-1　手工钨极氩弧焊

知识目标

掌握手工钨极氩弧焊的基本原理，焊接材料构成，焊接设备构成；掌握手工钨极氩弧焊实操技能；掌握虚拟仿真设备手工钨极氩弧焊技能训练。

任务一　手工钨极氩弧焊的基本知识

手工钨极氩弧焊，可分为添加焊丝和不添加焊丝两种方法。添加焊丝的操作方法是右手握焊枪，左手持焊丝，顺着焊接方向自右向左移动，面罩一般采用头盔式。不添加焊丝的操作方法比较简单，只要右手握住焊枪移动即可。

一、手工钨极氩弧焊设备

钨极氩弧焊机一般用于 6~8 mm 以下的薄板焊件的焊接。目前常用的有 NSA—500—1

型手工钨极氩弧焊机。其外部接线如图 5-2 所示。它主要由焊接电源、控制箱、焊枪、供气及冷却系统等部分组成。焊机的工作电压为 20 V,焊接电流调节范围为 50~500 A。

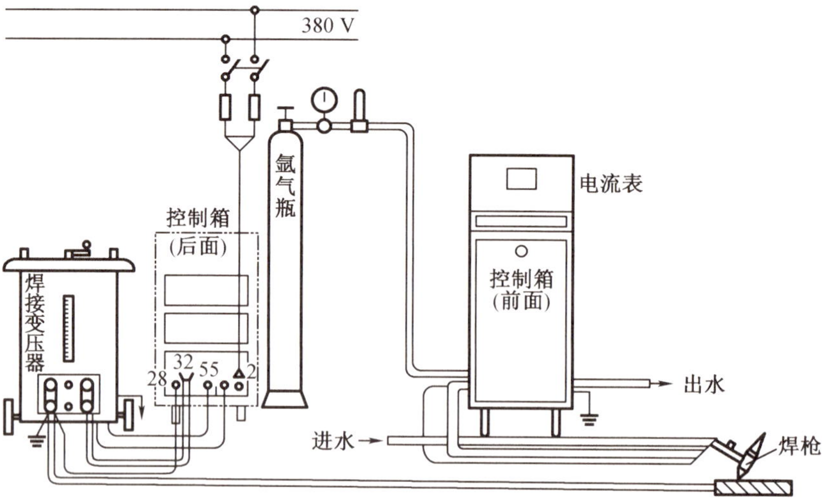

图 5-2 NSA—500—1 型手工钨极氩弧焊机的外部接线图

1. 焊接电源

采用具有陡降外特性的 BX3-1-500 型动圈式弧焊变压器。

2. 控制箱

控制箱内装有交流接触器、脉冲引弧器、脉冲稳弧器、延时继电器、电磁气阀等控制元件。控制箱上装有电流表、电源与水流指示灯、电源转换开关、气流检查开关等元件。

3. 供气系统

包括氩气瓶、减压器、流量计及电磁气阀。其组成如图 5-3 所示。

(1)氩气瓶。外表涂灰色,并用绿漆标以“氩气”字样。氩气瓶最大压力为 15 MPa,容积一般为 40 L。

(2)减压器。通常采用氧气减压器即可。

(3)气体流量计。通常采用 LZB 型转子流量计,其构成如图 5-4 所示。

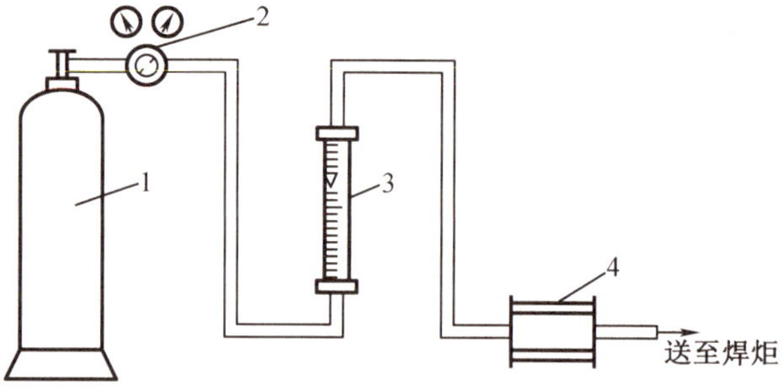

1—氩气瓶;2—减压器;3—流量计;4—电磁气阀。

图 5-3 氩弧焊的供气系统

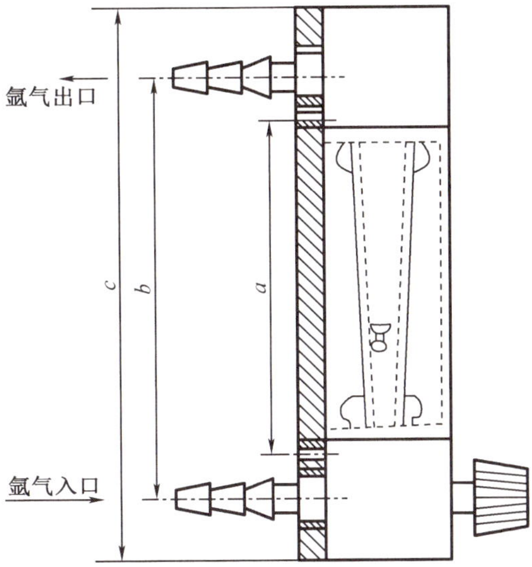

图 5-4　LZB 型转子流量计结构示意图

(4)电磁气阀。由延时继电器控制,可起到提前供气和滞后停气的作用。

4. 冷却系统

通水冷却的目的是冷却焊接电缆、焊矩和钨极。一般电流小于 150 A 时可不需要水冷却,而使用电流超过 150 A 时,必须通水冷却并用水压开关进行控制,当水压太低或断水时,水压开关切断电源,可避免焊枪导电部分烧毁。

5. 焊枪

焊枪由枪体、钨极夹头、钨极、进气管、陶瓶喷嘴等几部分组成。

(1)焊枪有大、中、小型三种,按冷却方式,可分为气冷式和水冷式氩弧焊枪,如图 5-5 和图 5-6 所示。电流在 150 A 以下用气冷式,电流在 150 A 以上采用水冷式。

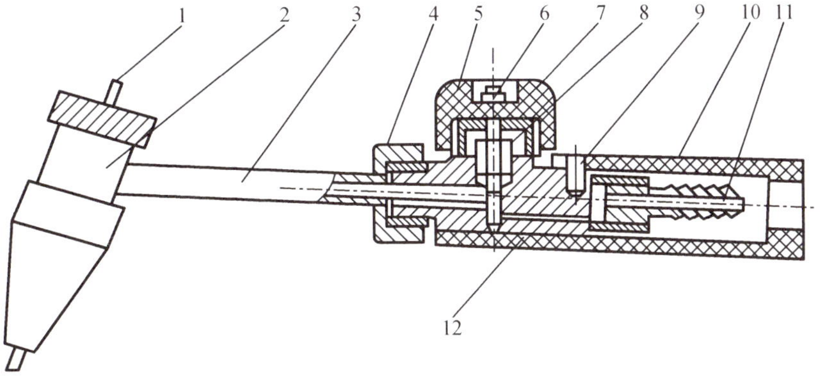

1—钨极;2—焊枪头部;3—导管;4—螺帽;5—调节开关;6—螺母;7—调节杆;
8—螺帽;9—螺钉;10—手柄外套;11—导电管嘴;12—壳体。

图 5-5　气冷式手工钨极氩弧焊枪

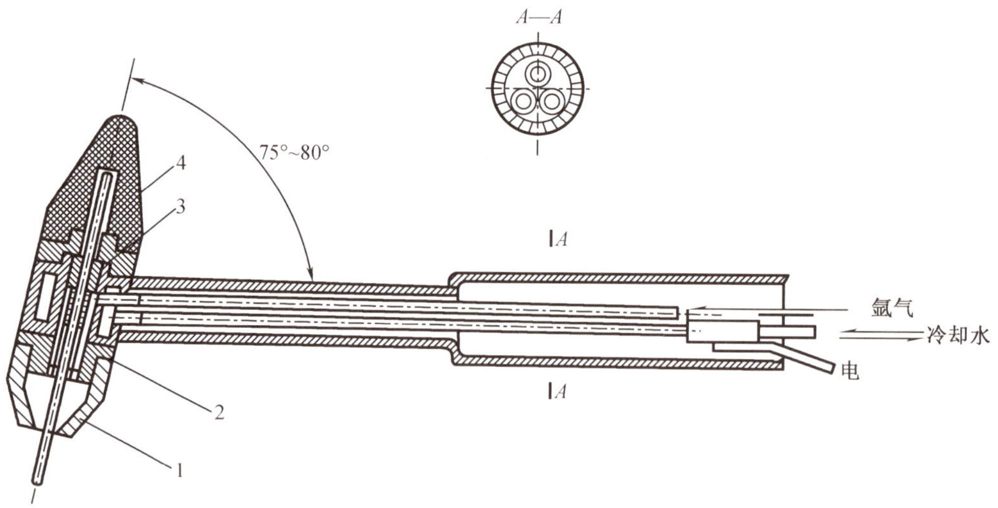

1—陶瓷喷嘴;2—气体透镜;3—钨极夹头;4—压帽。

图 5-6　水冷式手工钨极氩弧焊枪

(2)喷嘴:通常采用陶瓷喷嘴,有圆柱形和圆锥形两种。

(3)氩气保护效果的评定:氩气保护效果是焊枪工作性能好坏的重要指标之一。通常用焊点试验法进行测试。采用交流手工钨极氩弧焊,在铝板上点焊。试验过程中保持氩气流量、焊接电流、电弧长度和通电时间不变,电弧引燃后固定不动,待燃烧 5~6 s 后断开电源,铝板上就会出现一个焊点,在焊点周围铝板上会出现一圈具有金属光泽的银白色区域,称为去氧化膜区,如图 5-7 所示。去氧化膜区是氩气的有效保护区,其直径越大,保护效果越好。

(4)钨极:一般采用钍钨极和铈钨极。钨极直径有 0.5,1.0,1.6,2.0,2.4,3.2,4.0,5.0 和 6.3(mm)几种。其形状有圆珠形、平底锥形和尖锥形三种。如图 5-8 所示。交流氩弧焊时,一般采用圆珠形。直流钨极氩弧焊大电流时采用平底锥形,小电流时采用尖锥形。

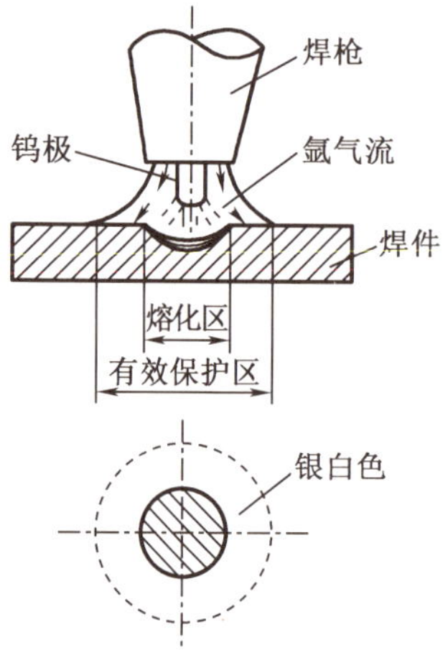

图 5-7　氩气有效保护区域

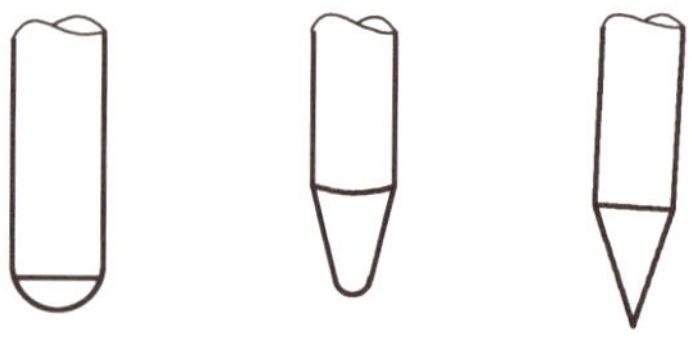

图 5-8　钨极端部磨制形状

6. 氩弧焊机常见故障及产生原因

氩弧焊机常见故障及产生原因见表5-1。

表5-1　氩弧焊机常见故障及产生原因

故障	产生原因
电源开关接通，指示灯不亮	1. 开关损坏 2. 熔断器烧坏 3. 控制变压器损坏
控制线路有电，但焊机不能启动	1. 脚踏开关或焊枪开关接触不良 2. 启动继电器或热继电器故障 3. 控制变压器损坏
有振荡放电，但引不起弧	1. 焊接电源接触器故障 2. 控制线路故障 3. 焊件接触不良
电弧引燃后，焊接过程电弧不稳定	1. 稳弧器故障 2. 直流分量的元件故障 3. 焊接电源故障

二、焊接工艺参数的选择

1. 焊接电流、钨极直径、焊丝直径的选择

焊接电流、钨极直径、焊丝直径一般根据焊件厚度的材质来选择。不锈钢和耐热钢手工氩弧焊参照表5-2选择；铝合金手工氩弧焊参照表5-3选择。

表5-2　不锈钢和耐热钢手工氩弧焊的参数

材料厚度/mm	钨极直径/mm	焊丝直径/mm	焊接电流/A
1.0	2	1.6	40～70
1.5	2	1.6	50～85
2.0	2	2.0	80～130
3.0	2～3	2.0	120～160

表5-3　铝合金手工氩弧焊的参数

材料厚度/mm	钨极直径/mm	焊丝直径/mm	焊接电流/A
1.5	2	2	70～80
2	2～3	2	90～120
3	3～4	2	120～180
4	3～4	2.5～3	120～240

2. 焊接速度的选择

焊接速度根据焊缝成形和气保护效果确定。焊速太快，则气保护效果变差，焊缝易产生未焊透和气孔；反之，焊速太慢，焊缝容易烧穿和咬边。

3. 焊接电源种类和极性

焊接电源种类和极性根据被焊材料选择，见表 5-4。

表 5-4　材料与电源类别和极性的选择

材料	直流		交流
	正极性	反极性	
铝及其合金	×	○	△
黄铜及铜合金	△	×	○
铸铁	△	×	○
低碳钢、低合金钢	△	×	○
高合金钢、镍与镍合金不锈钢	△	×	○
钛合金	△	×	○

注：△—最佳；○—可用；×—最差。

4. 电弧长度

在保证电弧不短路的情况下，尽量采用短弧焊接。

5. 喷嘴直径和氩气流量

喷嘴直径一般为 12~16 mm，根据焊件厚度和焊接电流大小选择。氩气流量应与喷嘴直径相匹配，达到良好的保护效果。

6. 喷嘴至焊件的距离

喷嘴至焊件的距离一般为 8~14 mm。

7. 钨极伸出长度

钨极伸出长度一般为 3~4 mm。

三、安全知识

（1）焊机必须可靠接地。

（2）使用焊机前，必须检查水路和气路，保证焊接前正常供水供气，不许漏气和漏水。

（3）工作前要穿好工作服和胶鞋。

（4）磨钍钨极时，必须使用装有除尘设备或有良好抽风装置的砂轮机。

（5）在引弧和施焊时，要注意挡好避光屏。

（6）焊接过程中避免钨极与焊件短路或钨极与焊丝接触。

（7）工作完毕或临时离开工作场地，必须切断焊机电源及水、气开关。

任务二　手工钨极氩弧焊操作技能

实操训练一　平敷焊

（一）操作准备

（1）NSA-500-1 型氩弧焊机或 NSA4-300 型氩弧焊机。

（2）氩气瓶。

（3）QD-1 型单级作用式减压器。

（4）LZB 型转子流量计。

（5）气冷式焊枪。

（6）铈钨极，直径 2 mm。

（7）实习焊件：不锈钢板，长 200 mm×宽 100 mm×厚 2.0 mm；铝板长 200 mm×宽 100 mm×厚 2 mm。

（8）焊丝：不锈钢焊丝，直径 2 mm；铝合金焊丝，直径 2 mm。

（9）保护用品：面罩，工作服，胶鞋，手套。

（二）操作要领

1. 引弧

通常采用引弧器进行引弧。先在钨极与焊件之间保持一定距离，然后接通引弧器，在高频高压电流或高压脉冲电流的作用下，使氩气电离而引燃电弧。这种引弧方法能在焊接位置直接引弧。

2. 收弧

在焊接直焊缝时，采用引出板，焊后将引出板切除。

使用带有电流衰减装置的氩弧焊机焊接时，先将熔池填满，然后按动电流衰减按钮，使焊接电流逐渐减少，最后将电弧熄灭。

3. 在不锈钢板上平敷焊

操作方法是用右手握焊枪，用食指和拇指夹住枪身前部，其余三指触及焊件为支点，也可用其中两指或一指作支点。要稍用力握住，这样能使电弧稳定。左手持焊丝，严防焊丝与钨极接触。

焊接电流采用 60~80 A，钨极直径 2 mm，焊丝直径 2 mm，氩气流量通过观察氩气保护情况进行判断和调整。

焊枪与焊丝和焊件之间的相对位置如图 5-9 所示。

采用左焊法进行焊接，电弧引燃后，不要急于送丝，要稍停留一定时间，使基体金属形成熔池后，立即添加焊丝，以保证熔敷金属和基体金属很好地熔合。

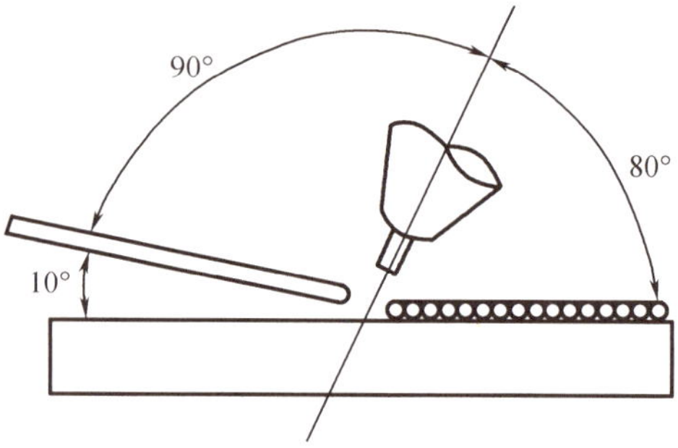

图 5-9　焊枪与焊件和焊丝的相对位置

在焊接过程中，焊枪应保持均匀的直线运动。焊丝的送入方法，是将焊丝作往复运动，当填充焊丝末端送入电弧区熔池边缘上被熔化后，将填充焊丝移出熔池，然后再将焊丝重复送入熔池，但焊丝端头不能离开氩气保护区。

焊道接头时，要用电弧把原熔池的焊道金属重新熔化，形成新的熔池后再加焊丝，并与前焊道重叠 5 mm 左右，在重叠处要少加焊丝，使接头处圆滑过渡。

4. 在铝板上平敷焊

(1)焊件表面清理

①化学清洗法

除油污：用汽油、丙酮、四氯化碳等有机溶剂擦净铝表面的油污。

除氧化膜：首先将焊件和焊丝放在碱性溶液中浸蚀，取出后用热水冲洗，随后将焊丝和焊件在硝酸溶液中进行中和，最后将焊件或焊丝在流动冷水中冲洗干净，并烘干。

②机械清理法

在去除油污后，用钢丝刷将焊接区域表面刷净直至露出金属光泽。

(2)铝合金手工氩弧焊电源

铝合金手工氩弧焊通常采用交流焊接电源。

(3)焊接工艺参数的选择

选用钨极直径 2 mm，焊丝直径 2 mm，焊接电流 70~100 A。氩气流量通过氩气保护情况进行判断和调整。

(4)操作方法

采用左焊法。焊枪与焊件之间的相对位置如图 5-10 所示。

焊枪操作方法用等速运行法，送丝方法采用断续点滴法，焊丝在氩气保护层内往复断续地送入熔池。此方法电弧比较稳定，焊后焊缝表面呈清晰而均匀的鱼鳞波纹。收弧时，应采取有纹的收弧措施，保证收弧质量。

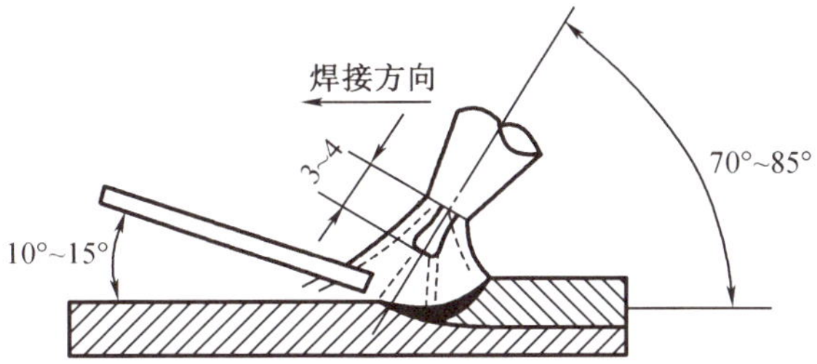

图 5-10　焊枪、焊丝与焊件之间的相对位置

(三)注意事项

(1)要求操作姿势正确。

(2)钨极端部严禁与焊丝相接触,避免短路。

(3)要求焊道成形美观,均匀一致,笔直度好,鱼鳞波纹清晰。

(4)注意氩气保护效果,使焊道表面有光泽。

(5)要求焊道无粗大焊瘤。

实操训练二　平对接焊

(一)操作准备

(1)NSA-500-1 型手工氩弧焊机。

(2)QD-1 型单级作用式减压器。

(3)氩气瓶。

(4)LZB 型转子流量计。

(5)气冷式焊枪,铈钨极,直径 2 mm。

(6)铝合金焊件,长 200 mm×宽 100 mm×厚度 2 mm,每组两件。

(7)铝合金焊丝,直径 2 mm。

(8)面罩(选用 9 号黑玻璃)。

(9)辅助工具:活扳手,钢丝钳,手锤。

(10)防护用品:工作服,手套,口罩,胶鞋。

(二)操作要领

1. 焊件及焊丝表面清理

将焊件的焊丝用汽油或丙酮清洗干净,然后将焊件和焊丝放在硝酸溶液中进行中和,使表面光洁,再用热水冲洗干净并烘干。

2. 定位焊

定位焊的顺序,可先焊中间再焊两端,也可先焊焊件两端后焊中间。

定位焊时,用短弧焊,定位焊缝不要大于正式焊缝宽度的 75%。

3. 焊接

焊接工艺参数为钨极直径 2 mm，焊丝直径 2 mm，焊接电流 90~100 A。氩气流量通过观察氩气保护情况进行判断和调整。

操作方法为左焊法。焊枪与焊件之间的相对位置如图 5-10 所示。钨极伸出长度 3~4 mm。钨极端部要对准焊件接缝的中心线，防止焊缝偏移和熔合不均。

在起焊处要停留一段时间，待焊件开始熔化时立即添加焊丝，焊丝的添加和焊枪的运行动作要配合好。焊枪应均匀而平稳地向前移动，并保持均匀的电弧长度。

氩弧焊机上有电流衰减装置，一旦断开焊枪上的按钮开关，焊接电流就逐渐减少，在弧坑处再补充少量的焊丝即可。

（三）注意事项

（1）要求焊缝笔直，高度、宽度均匀一致，焊缝背面焊透均匀，不允许有未焊透、焊瘤、气孔、裂纹、夹渣等缺陷存在。

（2）要求焊缝成形美观，表面鱼鳞波纹清晰，表面呈银白色并具有明亮的色泽。

实操训练三　平角焊

（一）操作准备

（1）NSA-500-1 型氩弧焊机或 NSA4-300 氩弧焊机。

（2）气冷式焊枪。

（3）实习焊件：不锈钢板，长 200 mm×宽 50 mm×厚 2 mm。

（4）不锈钢焊丝直径 2 mm。

（5）铈钨极，直径 2 mm。

（6）其他用具同实操训练二。

（二）操作要领

1. 焊件清理

用机械抛光轮或砂布将待焊处 20~30 mm 的氧化皮清除干净。

2. 定位焊

定位焊焊缝的距离由焊件厚度及焊缝长度来决定。焊件越薄，焊缝越长，定位焊缝距离越小。焊件厚度为 2~4 mm 时，定位焊缝间距一般为 20~40 mm，定位焊缝距两边缘为 5~10 mm。

定位焊缝的宽度和余高不应大于正式焊缝的宽度和余高。定位焊的顺序如图 5-11 所示。

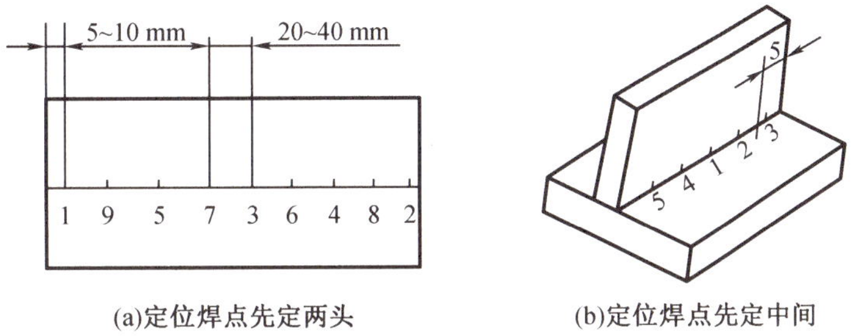

图 5-11　定位焊点的顺序

定位焊后应进行校正。

焊接采用左焊法，焊丝、焊枪与焊件之间的相对位置如图 5-12 所示。

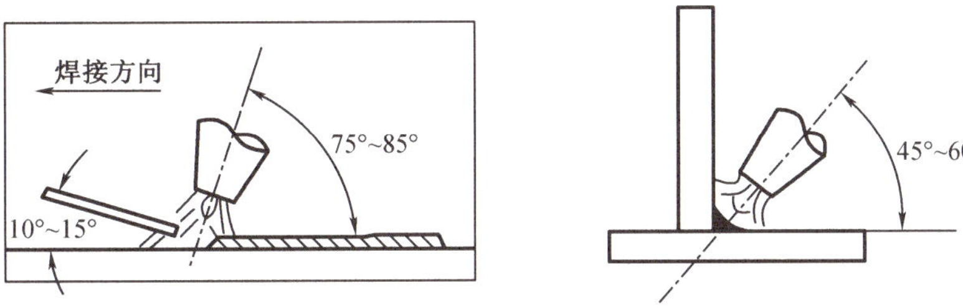

图 5-12　焊枪、焊丝与焊件之间的相对位置

焊接工艺参数为：钨极直径 2 mm，焊丝直径 2 mm，焊接电流 100～120A，氩气流量根据氩气保护效果判断和调整。

在焊接过程中，要求焊枪运行平稳，送丝均匀，保持电弧稳定燃烧，以保证焊接质量。

3. 船形焊

将 T 字形或角接头转动 45°，使焊接成水平位置，称为船型焊接。船型焊对熔池保护性好，可采用大电流焊接，而且操作容易掌握，焊缝成形也好。如图 5-13 所示。

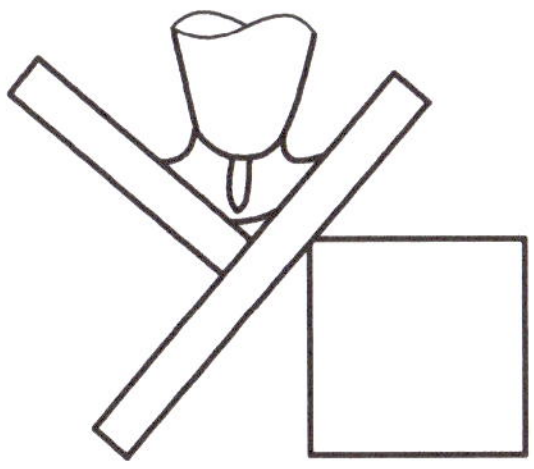

图 5-13　船型角焊

4. 平外角焊

平外角焊如图 5-14 所示。操作方法和平对接焊基本相同。焊接间隙越小越好，以避免烧穿。焊接时采用左焊法，钨极对准焊缝中心线，焊枪均匀平稳地向前移动，焊丝断续地向熔池中添加填充金属。

平外角焊保护性差，为了改善保护效果，可用 W 形挡板，如图 5-15 所示。

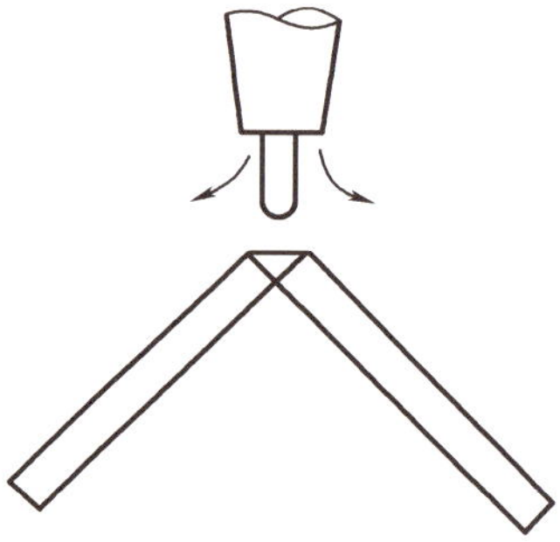

图 5-14　平外角焊

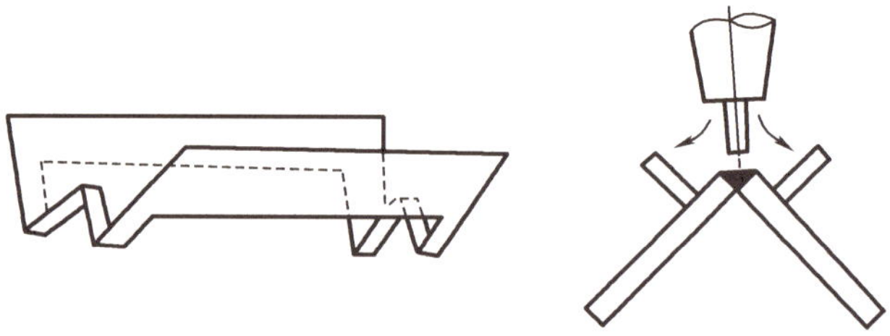

(a)W形挡板　　(b)W形挡板的应用

图 5-15　W 形挡板的应用

(三)注意事项

(1)要求焊缝平整,焊缝波纹均匀,无焊瘤。

(2)在板厚相同的条件下,不允许出现焊缝两边焊脚不对称的现象。

(3)焊缝根部要焊透,焊缝收尾处不允许有弧坑和弧坑裂纹。

任务三　手工钨极氩弧虚拟仿真设备技能训练

一、手工钨极氩弧焊虚拟仿真操作

手工钨极氩弧焊模拟训练系统是可模拟以氩气作为电弧介质,保护焊接熔池形成及凝固形成焊缝的一种模拟系统。可对多种类型金属焊件进行多种不同位置的焊接训练。

1. 功能介绍

手工钨极氩弧焊模拟系统分为八个模块,依次为焊接知识、焊接课程、自由训练、课程任务、课后作业、实训考试、焊接回放和个人中心,如图 5-16 所示。学生可根据不同需求选择相应模块。焊接知识模块主要介绍手工钨极氩弧焊理论知识;焊接课程模块主要是手工钨极氩弧焊从基础到专业进阶技能练习;自由训练模块主要训练学生在不同生产环境条件下,对不同材质及各种空间位置构件进行焊接时能正确选用焊接参数;课程任务模块和课后作业模块主要管理系统对相应设备指定课程和课后训练任务。本单元主要介绍实训考试模块及个人中心模块。

(一) 实训考试模块

实训考试模块如图 5-16 所示。

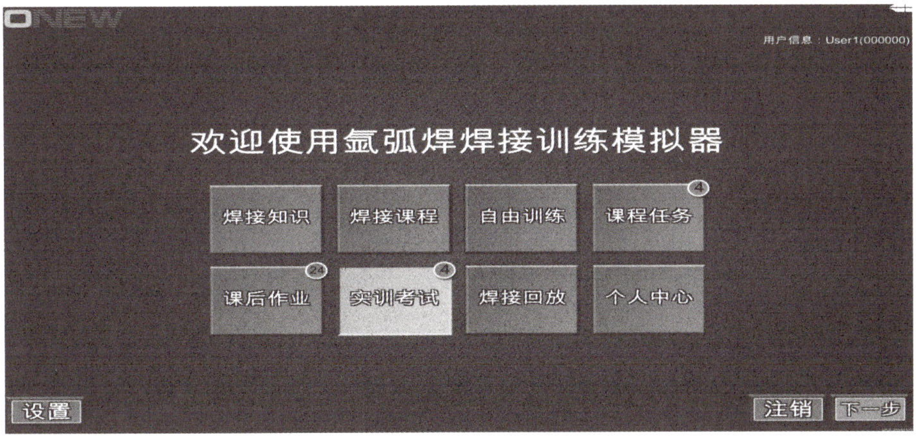

图 5-16　实训考试模块

举例

实训考试项目:3 mm 低碳钢 T 型接头 FW(平焊 PA/2F)。

教师可根据实训教学计划,阶段性考核实训者技能训练效果。如图 5-17～图 5-19 所示。

图 5-17　实训考试

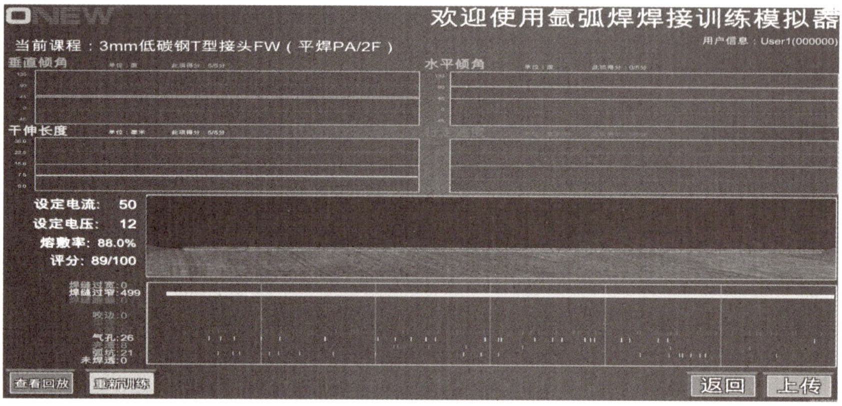

图 5-18　考试结果评分

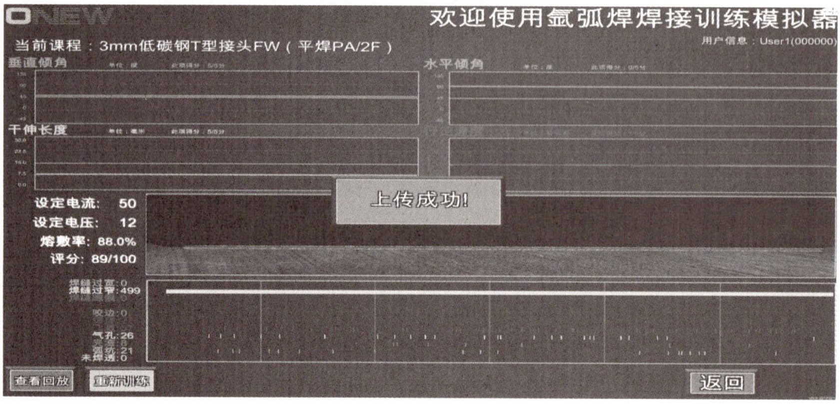

图 5-19　考试结果上传

(二)个人中心模块

模拟器服务器在学员个人中心模块上自动存储学生阶段训练成绩和实训考试成绩。如图 5-20 和图 5-21 所示。

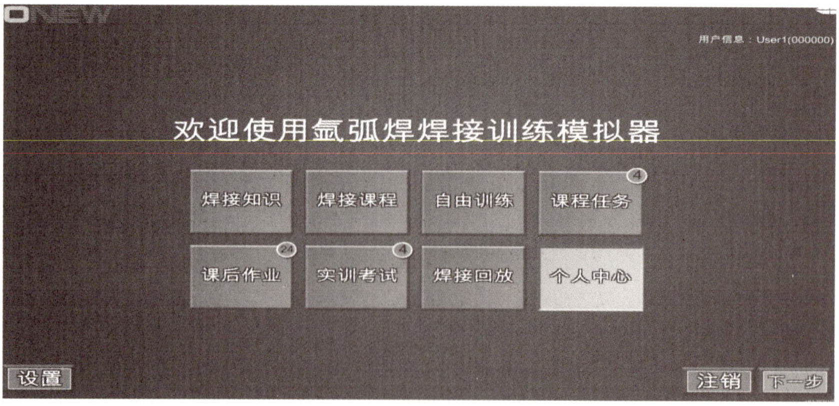

图 5-20　个人中心模块

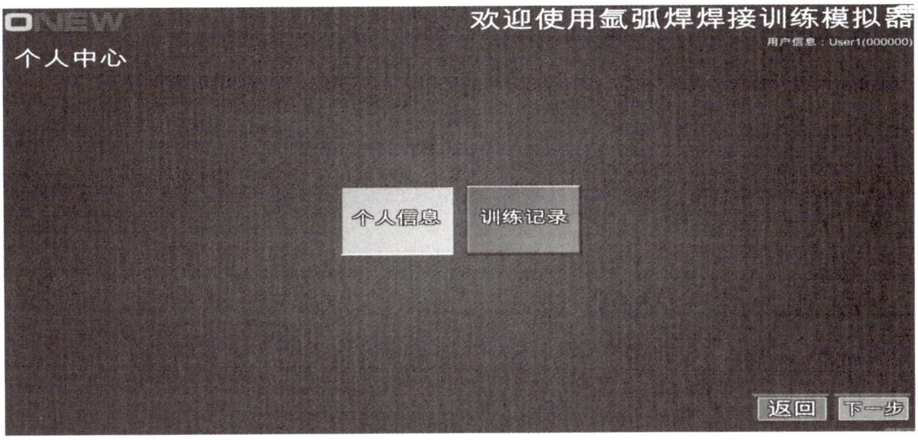

图 5-21　个人信息

指导教师可根据各实训项目成绩的总和以及学生平时训练表现等因素，给予实训课程的总成绩。如图 5-22 所示。

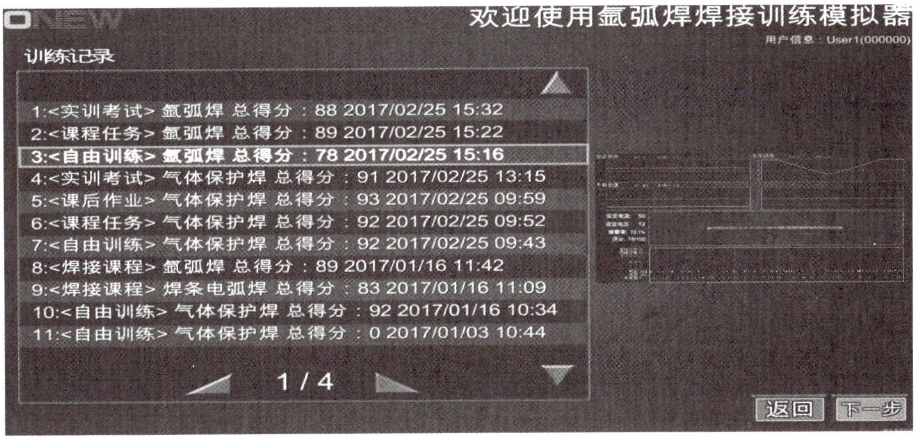

图 5-22　分项目成绩汇总

二、焊接训练模拟器操作步骤

氩弧焊焊接训练模拟器操作步骤同 CO_2 气体保护焊按训练模拟操作步骤相同。

三、手工钨极氩弧焊虚拟仿真焊接工艺卡实训工单

模拟训练一　钨极氩弧焊的基本操作手法

(一)焊接工艺卡

焊接工艺卡(虚拟实训)				焊接工艺编号	ONEW-1
适用范围	材料牌号	Q235B		焊接层次及顺序简图	
	试件规格	4 mm		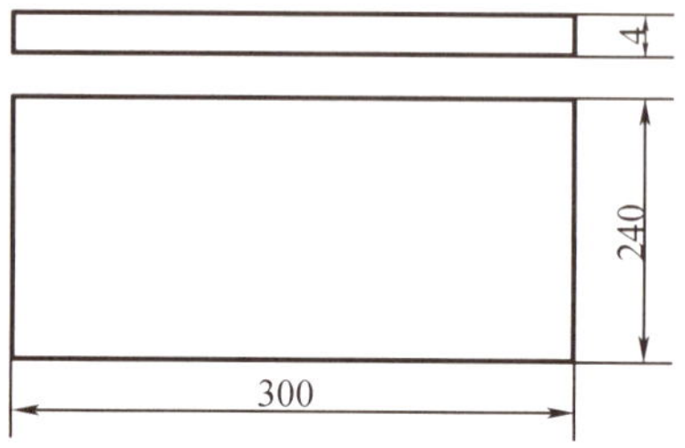	
	接头种类	—			
	坡口形式	—			
	焊接位置	平敷焊			
	焊接方法	钨极氩弧焊			
	焊接电源	种类	直流		
		极性	正接		
	坡口角度/(°)		—		
	钝边/mm		—		
	组对间隙/mm		—		
	背面清根:				

焊前预热	加热方式	—	层间温度	—
	温度范围	—	测温方法	—
焊后热处理	种类	—	保温时间	—
	加热方式	—	冷却方式	—
	温度范围	—	测温方法	—

焊接工艺参数

焊层	焊材型号	焊材规格/mm	焊接电流/A	电弧电压/V	焊接速度/(cm/min)	气体流量/(L/min)	钨极直径/mm	喷嘴直径/mm	线能量/(kJ/cm)
1层1道	ER49-1	ϕ2.5	95~105			8~10	ϕ2.4	8~12	

(二)工作准备

1. 试件尺寸

Q235B 模拟工件,尺寸为长 300 mm×宽 240 mm×厚 4 mm(1 件)。

2. 焊接设备

选用 ONEW-360AR 焊接操作训练仪,同时检查设备状态以及电源是否饱和良好。

3. 辅助器具

在焊工操作作业区附近应准备好虚拟仿真焊接实训项目指导书和焊接支架以及焊板。

(三)操作技巧

1. 引弧

一般引弧方法有三种,接触法、高频引弧法和高压脉冲引弧法。手工钨极氩弧焊不允许用接触法引弧。因为当钨极与工件接触引弧时,会使焊缝污染造成焊缝夹钨,改变焊缝的机械性能和抗腐蚀性能(钳工一组曾经有过管子焊接后经过酸洗时,焊缝被腐蚀)。因此必须采用高频引弧和高压脉冲引弧(随焊机而定)即开关式引弧。

2. 运条

手工钨极氩弧焊时,焊接方向一般由右向左焊接(左手习惯者除外),焊枪以一定速度前移,禁止跳动,尽量不作摆动,这与电焊、气焊不同。焊枪与焊件倾角为 70°~85 °。填充焊丝时,应在熔池的前半部接触加入,焊丝与工件表面成 10°~15 °夹角。使焊丝熔化过渡到熔池中。焊丝成连续熔化状态,熔化的速度随焊接成形的高低由焊工掌握。一般情况,钨极应伸出焊嘴 3~4 mm,钨极端面与熔池表面保持 2~3 mm,在焊接过程中,切忌钨极与焊件或焊丝接触。否则会造成焊缝污染夹钨,以及熔池被炸开,焊接不能顺利进行。如图 5-23 所示。

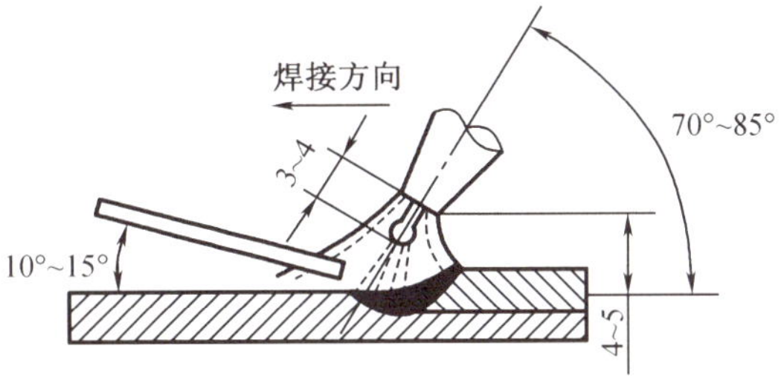

图 5-23　手工钨极氩弧焊焊接示意图

3. 熄弧

手工钨极氩弧焊的熄弧一般采用以下两种方法。

(1)增加焊速法,也叫熔池衰减法。方法是当焊缝完成时,不要忽然停下来,应该加快行走速度使熔池逐渐缩小,最后熄弧。

(2)焊接电流衰减法,使用有电流衰减装置的焊机很容易实现。

(四)技术要求

(1)焊缝表面不得有裂纹、焊瘤、未熔合等缺陷。

(2)焊缝宽度为 8~10 mm。

(3)焊缝表面波纹均匀,与母材圆滑过渡。

模拟训练二　钨极氩弧焊 I 型坡口对接平焊

(一)焊接工艺卡

焊接工艺卡(虚拟实训)				焊接工艺编号	ONEW-2
适用范围	材料牌号	Q235B		焊接层次及顺序简图	
	试件规格	4 mm		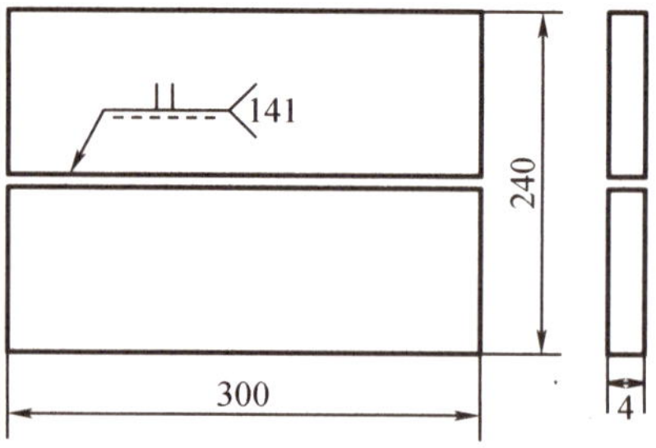	
	接头种类	对接接头			
	坡口形式	I 型坡口			
	焊接位置	平位			
	焊接方法	钨极氩弧焊			
	焊接电源	种类	直流		
		极性	正接		
	坡口角度/(°)		—		
	钝边/mm		—		
	组对间隙/mm		2		
	背面清根:				

焊前预热	加热方式	—	层间温度	—
	温度范围	—	测温方法	—
焊后热处理	种类	—	保温时间	—
	加热方式	—	冷却方式	—
	温度范围	—	测温方法	—

焊接工艺参数

焊层	焊材型号	焊材规格/mm	焊接电流/A	电弧电压/V	焊接速度/(cm/min)	气体流量/(L/min)	钨极直径/mm	喷嘴直径/mm	线能量/(kJ/cm)
1 层 1 道	ER49-1	$\phi2.5$	95~105			8~10	$\phi2.4$	8~12	
2 层 1 道	ER49-1	$\phi2.5$	95~100			8~10	$\phi2.4$	8~12	

(二)工作准备

1. 试件尺寸

Q235B 模拟工件,尺寸为长 300 mm×宽 120 mm×厚 4 mm(2 件)。

2. 焊接设备

选用 ONEW-360AR 焊接操作训练仪,同时检查设备状态以及电源是否饱和良好。

3. 辅助器具

在焊工操作作业区附近应准备好虚拟仿真焊接实训项目指导书和焊接支架以及焊板。

(三)实施焊接

1. 打底焊

平焊焊接是最易掌握的焊接方法,焊接层次为 2 层 2 道。焊枪角度与焊丝填充位置如图 5-24 所示。

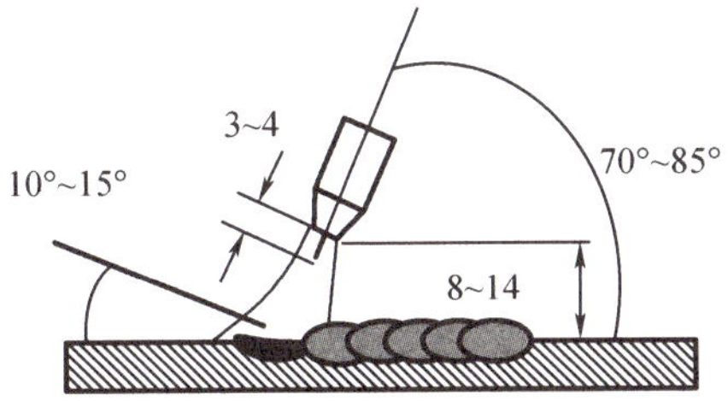

图 5-24 平焊时焊枪焊丝与焊件之间的相对位置

(1)引弧

将钢板固定在水平位置,间隙小的一端放在右侧,施焊时从右向左进行焊接,右手握焊枪,左手拿焊丝,在焊件右侧定位焊缝上进行引弧。

(2)焊接

引弧后,焊枪在原位置稍加停留,压低电弧向前带至定位焊缝 5 mm 处焊枪沿坡口两侧摆动,向前施焊。当焊至定位焊缝前沿形成熔池并出现熔孔后,开始填丝,注意,向熔池内送焊丝时用力不能过猛,以保证焊丝端头也就是熔池前总有一滴熔融的铁水为佳。焊枪沿坡口两侧作均匀的小锯齿形摆动,速度要平稳均匀,电弧不宜抬起过高,摆动幅度不要过大,焊丝填入动作要熟练、均匀,填丝要有规律。在焊接时要密切注意焊接参数的变化及相互关系,随时调整焊枪角度和焊接速度。当发现熔池增大、焊缝变宽并出现下凹时,说明熔池温度偏高,这时应减小焊枪与焊件间的夹角,并加快填丝速度或加快焊接速度;当发现熔池较小时,说明熔池温度低,应增加焊枪倾角,减慢填丝速度或焊接速度。通过各参数之间的良好配合,保证背面焊缝良好的成形。

(3)接头

当焊丝用完,需要换焊丝,或因其他原因需暂时中止焊接时,则会有接头存在。在焊缝中间停止焊接时,可松开焊枪上的按钮开关,停止送丝。如果焊机有电流自动衰减装置,则应保持喷嘴高度不变,待电弧熄灭、熔池完全冷却后,再移开焊枪;若焊机没有电流自动衰减装置,则松开按钮开关后,稍抬高焊枪,待电弧熄灭、熔池冷却凝固到颜色变黑后再移开焊枪。在接头前,应先检查原弧坑处焊缝的质量,如果保护好则没有氧化皮和缺陷,可直接接头;如果有氧化皮和缺陷,最好用角向磨光机将氧化皮或缺陷磨掉,并将弧坑前磨成斜面,在弧坑右侧 15~20 mm 处引弧,并慢慢地向左移动,待原弧坑处开始熔化形成熔池和熔孔后,继续填丝焊接。

(4)收弧

如果焊机有电流自动衰减装置,则焊至焊件末端,应减小焊枪与焊件的夹角,让热量集中在焊丝上,加大焊丝熔化量,以填满弧坑,然后切断控制开关。这时焊接电流逐渐减小,熔池也不断缩小,焊丝回抽,但不要脱离氩气保护区。停弧后,氩气需延时 10 s 左右再关闭,防止熔池金属在高温下氧化。如果焊机没有电流衰减控制装置,则在收弧处要慢慢地抬起焊枪,并减小焊枪倾角,加大焊丝的熔化量,待弧坑处填满后再切断电流。

2. 盖面焊

盖面层的焊接与打底层的操作方法基本相同,只是摆动的幅度要进一步增大,保证焊池熔化坡口两侧棱边 0.5~1.5 mm,并压低电弧,避免咬边,焊接时,应根据焊缝的余高确定焊丝送进的速度,保证坡口两侧熔合良好。接头方法与打底层不同的是,在熔池前 10~15 mm 处引弧,接头时电弧从接头熔池的最高处熔化,摆动要有规律,填丝要适量,以确保接头处焊缝过渡圆滑,保持焊缝的统一效果。

(四)技术要求

(1)焊缝表面不得有裂纹、夹渣、焊瘤、未熔合等缺陷。

(2)焊缝宽度为 6~8 mm。

(3)焊缝表面波纹均匀,与母材圆滑过渡。

模拟训练三　钨极氩弧焊 I 型坡口对接立焊

一、焊接工艺卡

<table>
<tr><td colspan="4">焊接工艺卡(虚拟实训)</td><td>焊接工艺编号</td><td>ONEW-3</td></tr>
<tr><td rowspan="12">适用范围</td><td>材料牌号</td><td colspan="2">Q235B</td><td colspan="2">焊接层次及顺序简图</td></tr>
<tr><td>试件规格</td><td colspan="2">4 mm</td><td colspan="2" rowspan="10">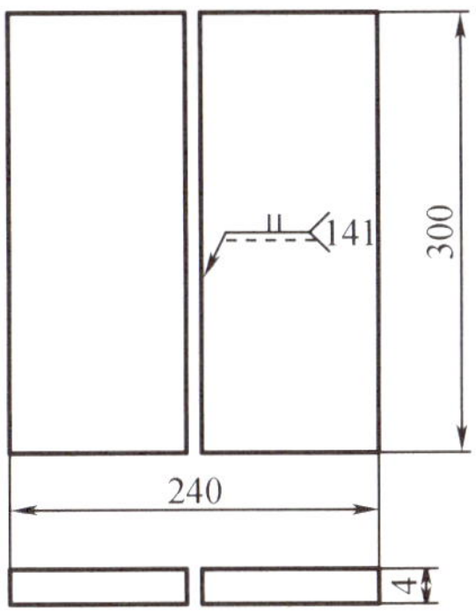
</td></tr>
<tr><td>接头种类</td><td colspan="2">对接接头</td></tr>
<tr><td>坡口形式</td><td colspan="2">V 型坡口</td></tr>
<tr><td>焊接位置</td><td colspan="2">立位</td></tr>
<tr><td>焊接方法</td><td colspan="2">钨极氩弧焊</td></tr>
<tr><td rowspan="2">焊接电源</td><td>种类</td><td>直流</td></tr>
<tr><td>极性</td><td>正接</td></tr>
<tr><td colspan="2">坡口角度/(°)</td><td>—</td></tr>
<tr><td colspan="2">钝边/mm</td><td>—</td></tr>
<tr><td colspan="2">组对间隙/mm</td><td>2</td></tr>
<tr><td colspan="5">背面清根:</td></tr>
</table>

<table>
<tr><td rowspan="2">焊前预热</td><td>加热方式</td><td>—</td><td>层间温度</td><td>—</td></tr>
<tr><td>温度范围</td><td>—</td><td>测温方法</td><td>—</td></tr>
<tr><td rowspan="3">焊后热处理</td><td>种类</td><td>—</td><td>保温时间</td><td>—</td></tr>
<tr><td>加热方式</td><td>—</td><td>冷却方式</td><td>—</td></tr>
<tr><td>温度范围</td><td>—</td><td>测温方法</td><td>—</td></tr>
</table>

焊接工艺参数

焊层	焊材型号	焊材规格/mm	焊接电流/A	电弧电压/V	焊接速度/(cm/min)	气体流量/(L/min)	钨极直径/mm	喷嘴直径/mm	线能量/(kJ/cm)
1 层 1 道	ER49-1	ϕ2.5	95~105			8~10	ϕ2.4	8~12	
2 层 1 道	ER49-1	ϕ2.5	95~100			8~10	ϕ2.4	8~12	

(二)工作准备

1. 试件尺寸

Q235B 模拟工件,尺寸为长 300 mm×宽 120 mm×厚 4 mm(2 件)。

2. 焊接设备

选用 ONEW-360AR 焊接操作训练仪,同时检查设备状态以及电源是否饱和良好。

3. 辅助器具

在焊工操作作业区附近应准备好虚拟仿真焊接实训项目指导书和焊接支架以及焊板。

(三)实施焊接

立焊难度大,主要特点是熔池金属下坠,焊缝成形不好,易出现焊瘤和咬边。因此除具有平焊的基础操作技能外,还应选用偏小的焊接电流,焊枪作上凸月牙形摆动,并应随时调整焊枪角度来控制熔池的凝固。避免液态金属下淌,通过焊枪的移动与填充焊丝的有机配合,获得良好的焊缝成形。立焊喷枪角度、填丝位置如图 5-25 所示;焊件固定在垂直位置,小间隙在下面,焊接层次为 2 层 2 道。

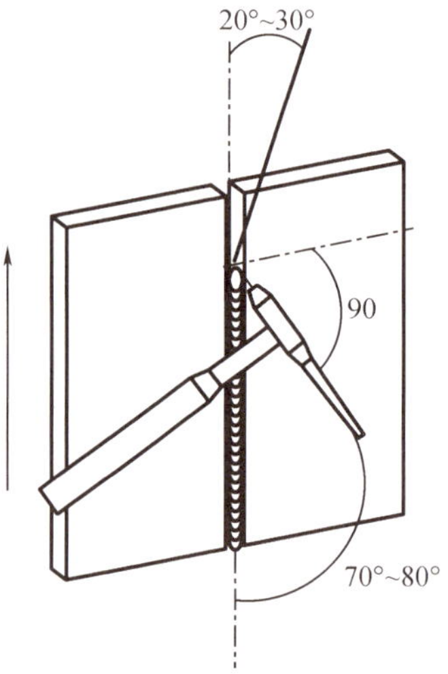

图 5-25 立焊时焊枪、焊丝与焊件之间的相对位置

1. 打底焊

打底焊在焊件最下端的定位焊缝上引弧,先不加焊丝,待定位焊缝开始熔化,形成熔池和熔孔后,开始填丝向上焊接,焊枪作上凸月牙形摆动,在坡口两侧稍停留,保证两侧熔合好。在焊接时应注意,焊枪向上移动的速度要合适,特别要控制好熔池的形状,保证熔池外沿接近为椭圆形,不能凸出来,否则焊道外凸成形不好。尽可能地让已焊好的焊道托住熔池,使熔池表面接近像一个水平面均匀上升,这样焊缝外观较平整。

2. 盖面焊

盖面焊时,焊枪摆动幅度比打底层稍大。焊接时应保证熔池熔化坡口两侧棱边 0.5~1.5 mm,并压低电弧,避免咬边,同时,应根据焊缝的余高确定焊丝送进的速度,保证坡口两侧熔化良好。接头方法与打底层不同的是,在熔池前 10~15 mm 处引弧,接头时电弧从接头熔池的最高点处熔化，摆动要有规律，填丝要适量，以确保接头处焊缝过渡圆滑，保持焊缝的统一效果，防止出现焊瘤等缺陷。

（四）技术要求

（1）焊缝表面不得有裂纹、夹渣、焊瘤、未熔合等缺陷。

（2）焊缝宽度为 6~8 mm。

（3）焊缝表面波纹均匀，与母材圆滑过渡。

模拟训练四　钨极氩弧焊 I 型坡口对接横焊

(一)焊接工艺卡

<table>
<tr><td colspan="4">焊接工艺卡(虚拟实训)</td><td>焊接工艺编号</td><td>ONEW-4</td></tr>
<tr><td rowspan="12">适用范围</td><td>材料牌号</td><td colspan="2">Q235B</td><td colspan="2">焊接层次及顺序简图</td></tr>
<tr><td>试件规格</td><td colspan="2">4 mm</td><td colspan="2" rowspan="10">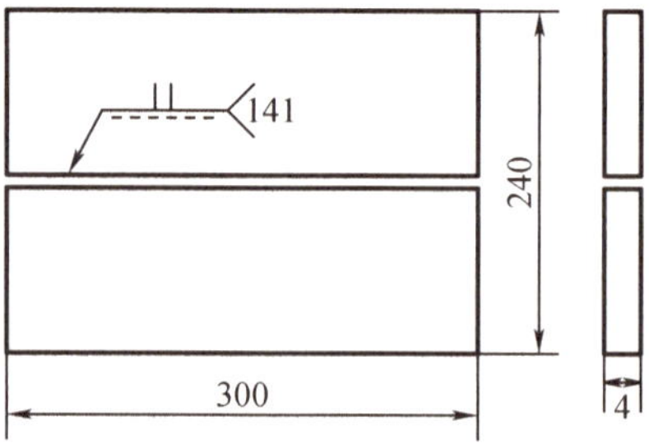
</td></tr>
<tr><td>接头种类</td><td colspan="2">对接接头</td></tr>
<tr><td>坡口形式</td><td colspan="2">I 型坡口</td></tr>
<tr><td>焊接位置</td><td colspan="2">横位</td></tr>
<tr><td>焊接方法</td><td colspan="2">钨极氩弧焊</td></tr>
<tr><td rowspan="2">焊接电源</td><td>种类</td><td>直流</td></tr>
<tr><td>极性</td><td>正接</td></tr>
<tr><td colspan="2">坡口角度/(°)</td><td>—</td></tr>
<tr><td colspan="2">钝边/mm</td><td>—</td></tr>
<tr><td colspan="2">组对间隙/mm</td><td>2</td></tr>
<tr><td colspan="5">背面清根：</td></tr>
</table>

焊前预热	加热方式	—	层间温度	—
	温度范围	—	测温方法	—
焊后热处理	种类	—	保温时间	—
	加热方式	—	冷却方式	—
	温度范围	—	测温方法	—

焊接工艺参数

焊层	焊材型号	焊材规格/mm	焊接电流/A	电弧电压/V	焊接速度/(cm/min)	气体流量/(L/min)	钨极直径/mm	喷嘴直径/mm	线能量/(kJ/cm)
1 层 1 道	ER49-1	ϕ2.5	95～105			8～10	ϕ2.4	8～12	
2 层 1 道	ER49-1	ϕ2.5	95～100			8～10	ϕ2.4	8～12	

（二）工作准备

1. 试件尺寸

Q235B 模拟工件，尺寸为长 300 mm×宽 120 mm×厚 4 mm（2 件）。

2. 焊接设备

选用 ONEW-360AR 焊接操作训练仪，同时检查设备状态以及电源是否饱和良好。

3. 辅助器具

在焊工操作作业区附近应准备好虚拟仿真焊接实训项目指导书和焊接支架以及焊板。

（三）实施焊接

对接横焊时，熔化金属在自重的作用下容易下淌，并且在焊缝的上侧易出现咬边，下侧易出现下坠而造成未熔合和焊瘤等焊接缺陷。因此，为克服重力的影响，避免缺陷的产生，应采用较小的焊丝直径、较小的焊接电流和多层多道焊等工艺措施，同时通过焊枪移动与填丝的配合，以获得良好的焊缝成形。横焊时，坡口下侧对铁液有依托作用，在坡口上侧则有较好的吸附液态金属的作用，这对现实单面焊双面成形是非常有用的。如果焊接参数选择合理，操作得当，背面焊缝的成形十分美观。横焊时采用左向焊法，焊件位置垂直固定，坡口处于水平位置，小间隙处放在右侧。焊接层次为 2 层 3 道。

1. 打底焊

在焊件右端定位焊缝处引弧，先不加焊丝，焊枪在右端 定位焊缝处稍停留，待形成熔池和熔孔后，再填丝并向左焊接。焊枪作小幅度锯齿形摆动，在坡口两侧稍停留。正确的横焊加丝位置如图 5-26 所示。

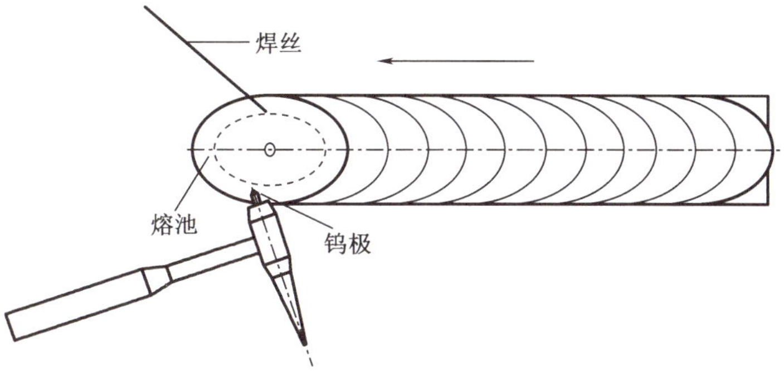

图 5-26　横焊打底焊示意图

2. 盖面焊

盖面焊有两条焊道，焊枪角度如图 5-27 所示。先焊下面的焊道，后焊上面的焊道。将打底焊缝进行清理后，电流不变开始焊接。第一道焊缝注意将坡口的下棱边熔合，第二道焊缝注意将坡口的上棱边熔合。第二道焊缝的焊接速度更快，增加送丝频率，但应适当减少送丝量。焊接过程中，焊枪移动和送丝要配合协调，避免上坡口出现咬边缺陷。盖面层焊接时应使熔池上下边缘超过坡口棱边 0.5~1.5 mm 为宜。盖面层焊接如有接头，应彼此错开，错开的距离应小于 50 mm。

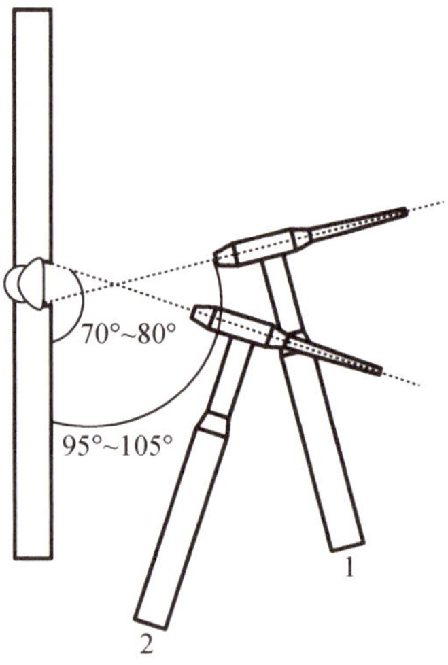

图 5-27　横焊盖面焊焊枪角度变化示意图

(四)技术要求

(1)焊缝表面不得有裂纹、夹渣、焊瘤、未熔合等缺陷。

(2)焊缝宽度为 6~8 mm。

(3)焊缝表面波纹均匀,与母材圆滑过渡。

模拟训练五　钨极氩弧焊 I 型坡口对接仰焊

(一)焊接工艺卡

焊接工艺卡(虚拟实训)				焊接工艺编号	ONEW-5
适用范围	材料牌号	Q235B		焊接层次及顺序简图	
	试件规格	4 mm		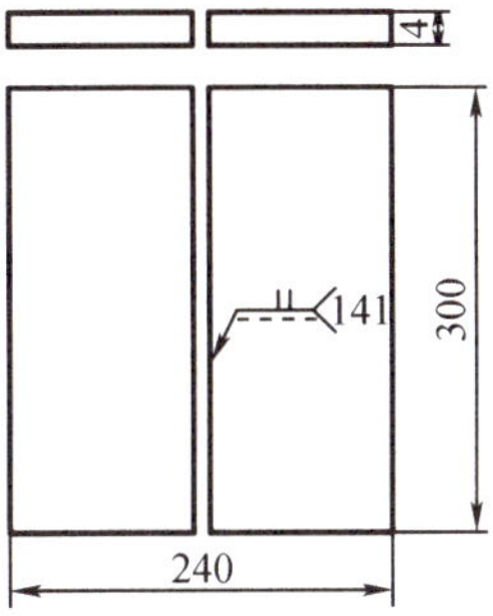	
	接头种类	对接接头			
	坡口形式	I 型坡口			
	焊接位置	仰位			
	焊接方法	钨极氩弧焊			
	焊接电源	种类	直流		
		极性	正接		
	坡口角度/(°)		—		
	钝边/mm		—		
	组对间隙/mm		2		
	背面清根:				

焊前预热	加热方式	—	层间温度	—
	温度范围	—	测温方法	—
焊后热处理	种类	—	保温时间	—
	加热方式	—	冷却方式	—
	温度范围	—	测温方法	—

焊接工艺参数

焊层	焊材型号	焊材规格/mm	焊接电流/A	电弧电压/V	焊接速度/(cm/min)	气体流量/(L/min)	钨极直径/mm	喷嘴直径/mm	线能量/(kJ/cm)
1 层 1 道	ER49-1	ϕ2.5	95~105			8~10	ϕ2.4	8~12	
2 层 1 道	ER49-1	ϕ2.5	95~100			8~10	ϕ2.4	8~12	

（二）工作准备

1. 试件尺寸

Q235B 模拟工件，尺寸为长 300 mm×宽 120 mm×厚 4 mm（2 件）。

2. 焊接设备

选用 ONEW-360AR 焊接操作训练仪，同时检查设备状态以及电源是否饱和良好。

3. 辅助器具

在焊工操作作业区附近应准备好虚拟仿真焊接实训项目指导书和焊接支架以及焊板。

（三）实施焊接

仰焊是焊接操作中难度最大的焊接位置。在仰焊焊接过程中，焊接倒悬，熔滴受重力作用阻碍其向熔池过渡，而且由于重力作用，氩气保护效果低于其他焊接位置，故必须严格控制焊接线能量和冷却速度。采用较小的焊接电流、较大的焊接速度，加大氩气流量，使熔池控制在尽可能小的范围内，加快熔池凝固速度，确保焊缝外形美观。焊接时将焊件水平固定，坡口朝下，将间隙小的一端放 在右侧，焊接层次为 2 层 2 道。

1. 打底焊

焊枪角度如图 5-28 所示。在试板右端定位焊缝上引弧，先不填丝，待形成熔池和熔孔后，开始填丝并向左焊接。焊接时要调低焊弧，采用小幅度锯齿形摆动，在坡口两侧稍作停留，熔池不能太大，防止熔融金属下坠。接头时可在弧坑右侧 15～20 mm 处引燃电弧，迅速将电 弧左移至弧坑处加热，待原弧坑熔化后，开始填丝转入正常焊接。焊至焊件左端收弧，填满弧坑后灭弧，待熔池冷却后再移开焊枪。

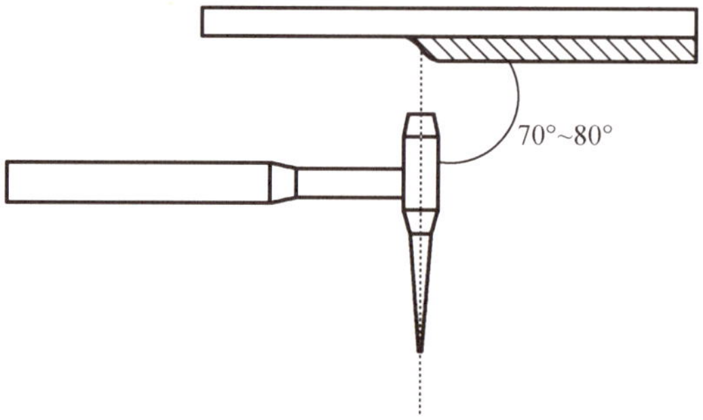

图 5-28　I 型坡口对接仰焊示意图

2. 盖面焊

焊枪摆动幅度加大，使熔池两侧超过棱边 0.5～1.5 mm，使熔合好、成形好、无缺陷。如图 5-29 所示。

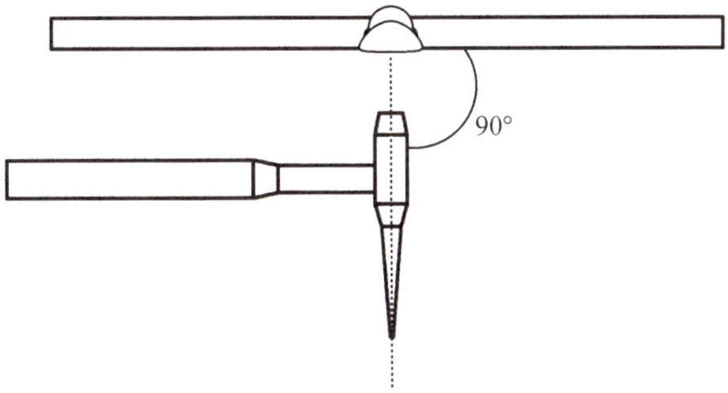

图 5-29　仰焊盖面焊焊枪角度

(四)技术要求

(1)焊缝表面不得有裂纹、夹渣、焊瘤、未熔合等缺陷。

(2)焊缝宽度为 6~8 mm。

(3)焊缝表面波纹均匀,与母材圆滑过渡。

模拟训练六 钨极氩弧焊管对接水平固定

(一)焊接工艺卡

<table>
<tr><td colspan="4">焊接工艺卡(虚拟实训)</td><td>焊接工艺编号</td><td>ONEW-6</td></tr>
<tr><td rowspan="12">适用范围</td><td colspan="2">材料牌号</td><td>Q235B</td><td colspan="2">焊接层次及顺序简图</td></tr>
<tr><td colspan="2">试件规格</td><td>6 mm</td><td colspan="2" rowspan="10">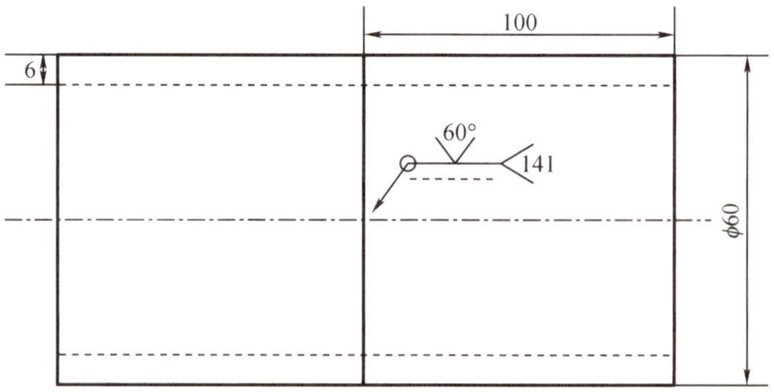
</td></tr>
<tr><td colspan="2">接头种类</td><td>对接接头</td></tr>
<tr><td colspan="2">坡口形式</td><td>V 型坡口</td></tr>
<tr><td colspan="2">焊接位置</td><td>全位置</td></tr>
<tr><td colspan="2">焊接方法</td><td>钨极氩弧焊</td></tr>
<tr><td rowspan="2">焊接电源</td><td>种类</td><td>直流</td></tr>
<tr><td>极性</td><td>正接</td></tr>
<tr><td colspan="2">坡口角度/(°)</td><td>60±2</td></tr>
<tr><td colspan="2">钝边/mm</td><td>1</td></tr>
<tr><td colspan="2">组对间隙/mm</td><td>2. 5</td></tr>
<tr><td colspan="5">背面清根：</td></tr>
</table>

焊前预热	加热方式	—	层间温度	—
	温度范围	—	测温方法	—
焊后热处理	种类	—	保温时间	—
	加热方式	—	冷却方式	—
	温度范围	—	测温方法	—

焊接工艺参数

焊层	焊材型号	焊材规格/mm	焊接电流/A	电弧电压/V	焊接速度/(cm/min)	气体流量/(L/min)	钨极直径/mm	喷嘴直径/mm	线能量/(kJ/cm)
1 层 1 道	ER49-1	ϕ2. 5	90~100			8~10	ϕ2. 4	8~12	
2 层 1 道	ER49-1	ϕ2. 5	85~95			8~10	ϕ2. 4	8~12	

(二)工作准备

1. 试件尺寸

Q235B 模拟工件,尺寸为 ϕ60 mm×100 mm×6 mm(2 件)。

2. 焊接设备

选用 ONEW-360AR,同时检查设备状态以及电源是否饱和良好。

3. 辅助器具

在焊工操作作业区附近应准备好虚拟仿真焊接实训项目指导书和焊接支架以及焊板。

(三)实训步骤

1. 装配与定位焊(图 5-30)

装配间隙为 2.5 mm;

在坡口内圆周 2、5、10 点钟位置点固,点固焊长度为 2 mm;

错边量≤1 mm;

直线度≤1 mm。

为保证焊接质量,必须在坡口两侧正反面 25 mm 内除锈、除油打磨干净,露出金属光泽,避免产生气孔、裂纹等缺陷,并修磨钝边。

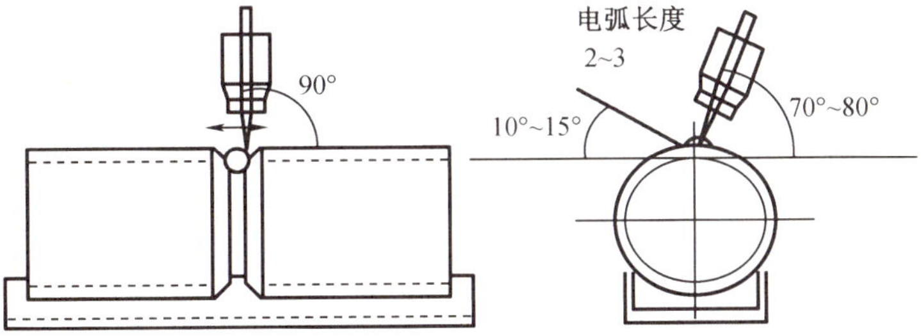

图 5-30 管对接水平固定焊示意图

2. 操作要点:

(1)打底焊

①焊接时管子固定在水平位置,间隙较小的一端置于 6 点位置,根部间隙为 2 mm 左右,管子最下端离地面的距离为 800~850 mm,以适合操作。焊接分为左、右两个半周进行,焊接方向由下而上施焊,从仰焊位置起焊,在平焊位置收弧。首先焊接右半周。焊接打底层要控制钨极,喷嘴与焊缝的位置,即钨极应垂直于管子的轴线,喷嘴至两管的距离要相等。

②引弧点在仰焊部位 5 点钟位置处,起焊时,在钨极端部逐渐接近母材约 2 mm 时,按下焊枪上的电源开关,利用高频高压装置引燃电弧。引燃电弧后,控制弧长为 2~3 mm,焊枪暂留在引弧处不动,待坡口根部两侧加热 2~3 s 并获得一定大小的明亮、清晰的熔池后,才可往熔池填送焊丝焊接。

③焊接时,用左手送进焊丝,焊丝与通过熔池的切线成 15°送入熔池前方,焊丝沿坡口的上方送到熔池后,要轻轻地将焊丝向熔池里推一下,并向管内摆动,使熔化金属送至坡口

根部,以便得到能熔透坡口正反面的焊缝,从而提高焊缝背面高度,避免凹坑和未焊透。

④当焊至定位焊缝斜坡处时,应减少填充金属量,使焊缝与接头圆滑过渡,焊至定位焊缝,不填送焊丝,自熔摆动通过,焊至定位焊缝另一斜坡处时也应减少填充金属量使焊缝扁平,以便后半圆接头平缓。

⑤左半圈通过 12 点位置焊至 1 点位置处收弧。收弧时,应连续送进 2~3 滴填充金属,以免出现缩孔,并且将焊丝抽离电弧区,但不要脱离保护区。之后切断控制开关,这时焊接电流逐渐衰减,熔池也相应减小,电弧熄灭并延时切断氩气之后,焊枪才能移开。

水平固定管焊完左半周一侧后,转到管子的另一侧位置,焊接右半周。引弧点应在时钟 6 点位置处,预热不填丝移至接头处,以保证焊缝重叠。焊接方式同左半周,按逆时针方向焊至 1 点位置处收弧,焊接结束时,应与左半圈焊缝重叠 4~5 mm。打底焊道的熔敷厚度约为 2.5 mm。如图 5-31 所示。

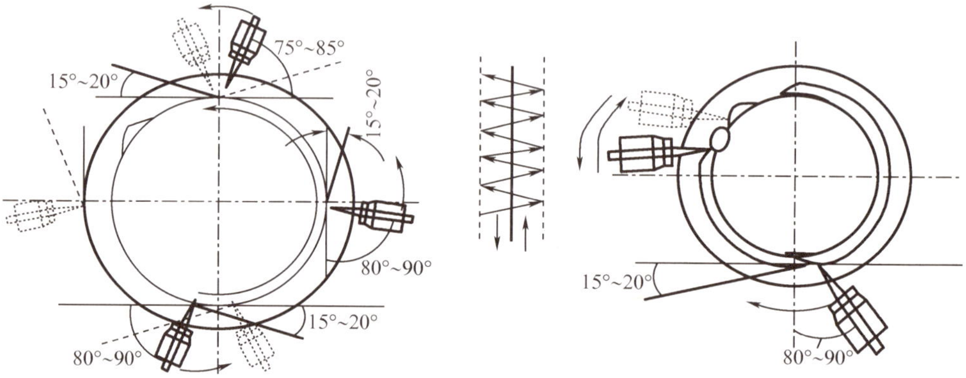

图 5-31　管对接水平固定焊时,不同位置焊枪角度变化示意图

(2)盖面焊

①焊枪摆动到两侧棱边处稍作停顿,将填充焊丝和棱边熔化,控制每侧增宽。

②焊接过程中,焊枪横向摆动幅度较大,焊接速度稍快,需保证熔池两侧与管子棱边熔合好。焊道接头要采取正确的方法,其他操作要求与打底焊相同。如图 5-32 所示。

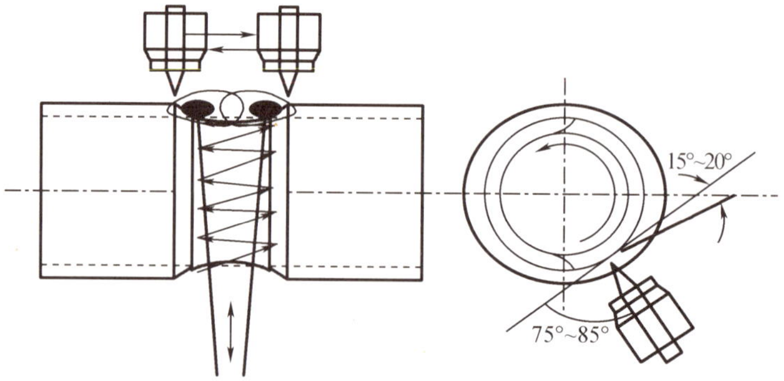

图 5-32　管对接盖面焊焊枪角度示意图

（四）技术要求

（1）焊缝表面不得有裂纹、焊瘤、未熔合等缺陷。

（2）焊缝宽度为 8~10 mm。

（3）焊缝表面波纹均匀，与母材圆滑过渡。

模拟训练七　钨极氩弧焊管对接垂直固定

(一)焊接工艺卡

<table>
<tr><td colspan="4">焊接工艺卡(虚拟实训)</td><td>焊接工艺编号</td><td>ONEW-7</td></tr>
<tr><td rowspan="12">适用范围</td><td>材料牌号</td><td colspan="2">Q235B</td><td colspan="2">焊接层次及顺序简图</td></tr>
<tr><td>试件规格</td><td colspan="2">6 mm</td><td colspan="2" rowspan="10">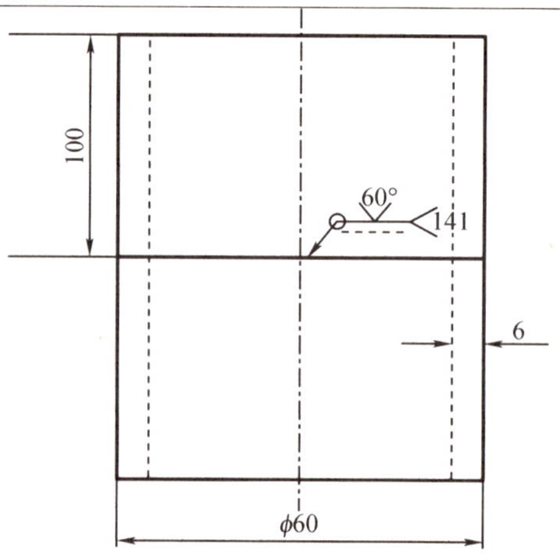
</td></tr>
<tr><td>接头种类</td><td colspan="2">对接接头</td></tr>
<tr><td>坡口形式</td><td colspan="2">V 型坡口</td></tr>
<tr><td>焊接位置</td><td colspan="2">全位置</td></tr>
<tr><td>焊接方法</td><td colspan="2">钨极氩弧焊</td></tr>
<tr><td rowspan="2">焊接电源</td><td>种类</td><td>直流</td></tr>
<tr><td>极性</td><td>正接</td></tr>
<tr><td colspan="2">坡口角度/(°)</td><td>50±2</td></tr>
<tr><td colspan="2">钝边/mm</td><td>1</td></tr>
<tr><td colspan="2">组对间隙/mm</td><td>2. 5</td></tr>
<tr><td colspan="5">背面清根:</td></tr>
</table>

<table>
<tr><td rowspan="2">焊前预热</td><td>加热方式</td><td>—</td><td>层间温度</td><td>—</td></tr>
<tr><td>温度范围</td><td>—</td><td>测温方法</td><td>—</td></tr>
<tr><td rowspan="3">焊后热处理</td><td>种类</td><td>—</td><td>保温时间</td><td>—</td></tr>
<tr><td>加热方式</td><td>—</td><td>冷却方式</td><td>—</td></tr>
<tr><td>温度范围</td><td>—</td><td>测温方法</td><td>—</td></tr>
</table>

焊接工艺参数

焊层	焊材型号	焊材规格/mm	焊接电流/A	电弧电压/V	焊接速度/(cm/min)	气体流量/(L/min)	钨极直径/mm	喷嘴直径/mm	线能量/(kJ/cm)
1 层 1 道	ER49-1	ϕ2. 5	90～95			7～10	ϕ2. 4	8～12	
2 层 2 道	ER49-1	ϕ2. 5	90～100			7～10	ϕ2. 4	8～12	

（二）工作准备

1. 试件尺寸

Q235B 模拟工件，尺寸为 ϕ60 mm×100 mm×6 mm（2 件）。

2. 焊接设备

选用 ONEW-360AR 焊接操作训练仪，同时检查设备状态以及电源是否饱和良好。

3. 辅助器具

在焊工操作作业区附近应准备好虚拟仿真焊接实训项目指导书和焊接支架以及焊板。

（三）实训步骤

1. 装配与定位焊

装配间隙为 2.5 mm；

在坡口内圆周 2、5、10 点钟位置点固，点固焊长度为 2 mm；

错边量为≤1 mm；

直线度为≤1 mm。

为保证焊接质量，必须在坡口两侧正反面 25 mm 内除锈、除油打磨干净，露出金属光泽，避免产生气孔、裂纹等缺陷。并修磨钝边。

2. 操作要点

（1）打底焊

在点固点对面起焊，将焊枪喷嘴下端斜靠在下坡口边缘棱角上，钨极端头与焊件表面距离 2 mm 左右，启动焊枪开关，电弧引燃后，迅速稍抬起焊枪，与焊件距 2~3 mm，先不加焊丝，只加热工件坡口根部，待坡口钝边熔化形成熔孔时，将焊丝送入熔池，并向管内压动，将熔滴部分送到坡口根部，以保证背面焊缝余高和熔合。如图 5-33 所示。

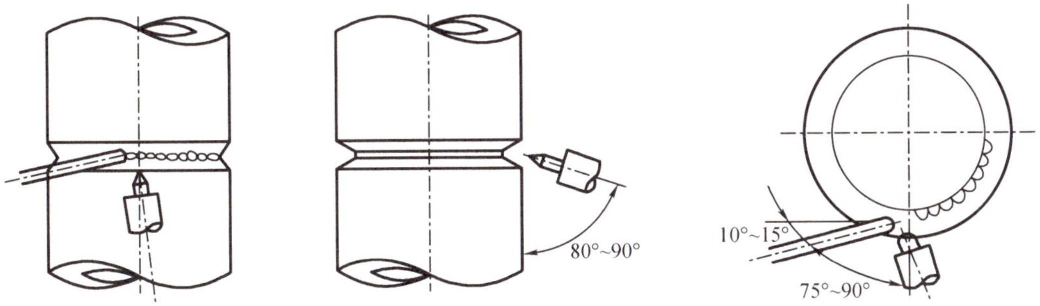

图 5-33　管对接垂直固定焊焊枪角度示意图

（2）盖面焊

适当减小焊接电流 5 A 左右，采用斜锯齿形摆动，焊丝指向坡口上边缘处适当多加入些焊丝，焊枪在坡口上下边缘稍加停留，保证熔过坡口上下棱边 0.5~1.5 mm，防止咬边（上侧），焊速稍慢，钨极伸长稍缩短些，盖面层焊接要平稳运弧，保证焊缝正面余高与焊缝整齐。盖面焊焊枪、焊丝角度如图 5-34 所示。

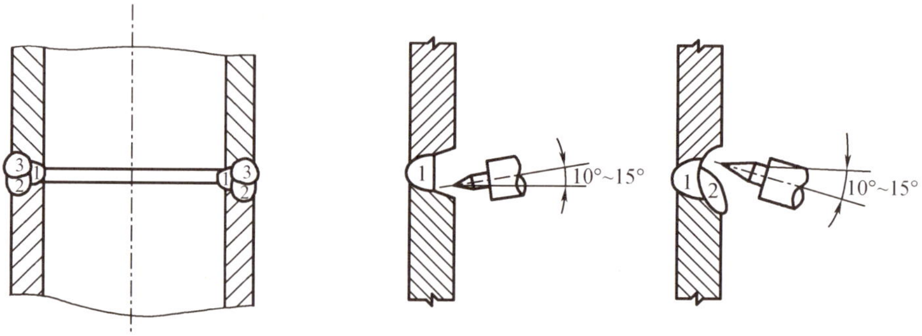

图 5-34　管对接垂直固定盖面焊时，焊枪角度示意图

（四）技术要求

（1）焊缝表面不得有裂纹、焊瘤、未熔合等缺陷。

（2）焊缝宽度为 8~10 mm。

（3）焊缝表面波纹均匀，与母材圆滑过渡。

模拟训练八　钨极氩弧焊骑坐式管板垂直府位焊接

(一)焊接工艺卡

<table>
<tr><td colspan="3">焊接工艺卡(虚拟实训)</td><td colspan="2">焊接工艺编号</td><td colspan="2">ONEW-8</td></tr>
<tr><td rowspan="12">适用范围</td><td>材料牌号</td><td colspan="2">Q235B</td><td colspan="3">焊接层次及顺序简图</td></tr>
<tr><td>试件规格</td><td colspan="2">6 mm</td><td colspan="3" rowspan="10">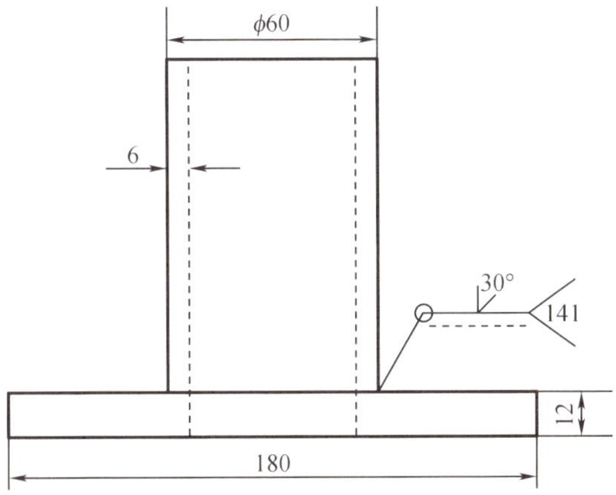
</td></tr>
<tr><td>接头种类</td><td colspan="2">对接接头</td></tr>
<tr><td>坡口形式</td><td colspan="2">V 型坡口</td></tr>
<tr><td>焊接位置</td><td colspan="2">横位</td></tr>
<tr><td>焊接方法</td><td colspan="2">钨极氩弧焊</td></tr>
<tr><td rowspan="2">焊接电源</td><td>种类</td><td>直流</td></tr>
<tr><td>极性</td><td>正接</td></tr>
<tr><td colspan="2">坡口角度/(°)</td><td>50±2</td></tr>
<tr><td colspan="2">钝边/mm</td><td>1.5</td></tr>
<tr><td colspan="2">组对间隙/mm</td><td>2</td></tr>
<tr><td colspan="6">背面清根:</td></tr>
</table>

<table>
<tr><td rowspan="2">焊前预热</td><td>加热方式</td><td>—</td><td>层间温度</td><td>—</td></tr>
<tr><td>温度范围</td><td>—</td><td>测温方法</td><td>—</td></tr>
<tr><td rowspan="3">焊后热处理</td><td>种类</td><td>—</td><td>保温时间</td><td>—</td></tr>
<tr><td>加热方式</td><td>—</td><td>冷却方式</td><td>—</td></tr>
<tr><td>温度范围</td><td>—</td><td>测温方法</td><td>—</td></tr>
</table>

焊接工艺参数

焊层	焊材型号	焊材规格/mm	焊接电流/A	电弧电压/V	焊接速度/(cm/min)	气体流量/(L/min)	钨极直径/mm	喷嘴直径/mm	线能量/(kJ/cm)
1层1道	ER49-1	ϕ2.5	95~105			8~10	ϕ2.4	8~12	
2层1道	ER49-1	ϕ2.5	95~100			8~10	ϕ2.4	8~12	

(二)工作准备

1. 试件尺寸

Q235B 模拟工件,尺寸为板:长 180 mm×宽 180 mm×厚 12 mm;管:ϕ60 mm×100 mm×6 mm(各一件)。

2. 焊接设备

选用 ONEW-360AR 焊接操作训练仪,同时检查设备状态以及电源是否饱和良好。

3. 辅助器具

在焊工操作作业区附近应准备好虚拟仿真焊接实训项目指导书和焊接支架以及焊板。

(三)实施焊接

在焊接骑坐式管板时,只要能保证根部焊透,焊脚对称,外形美观,尺寸均匀无缺陷即可。

焊接时,在工件右侧的定位焊缝上引弧,先不添加焊丝,引燃电弧后,焊枪稍加摆动,待定位焊缝开始熔化并形成熔池后,开始添加焊丝,向左焊接。焊接过程中,电弧以管子与底板的顶角为中心横向摆动,摆动的幅度要适当,使焊脚均匀,注意观察熔池两侧和前方,当管子和底板熔化的宽度基本相等时,说明焊脚对称。为了防止管子咬边,电弧可稍离开管壁,从熔池前方添加焊丝,使电弧的热量偏向底板。

接头时,在原收弧处右侧 15~20 mm 处的焊缝上引弧,引燃电弧后,将电弧迅速移到原收弧处,先不添加焊丝,待接头处熔化形成熔池后,开始添加焊丝,按正常速度焊接。待一圈焊缝焊完时停止送丝,等原来的焊缝金属熔化,与熔池连成一体后再添加焊丝,弧坑添满后断弧。封闭焊缝的最后接头处容易产生未焊透的缺陷,焊接时,必须用电弧加热根部,观察到顶角处熔化后再添加焊丝。如果焊接比较重要的工件,可将原来的焊缝头部磨成斜坡,这样更容易接好头。如图 5-35 所示。

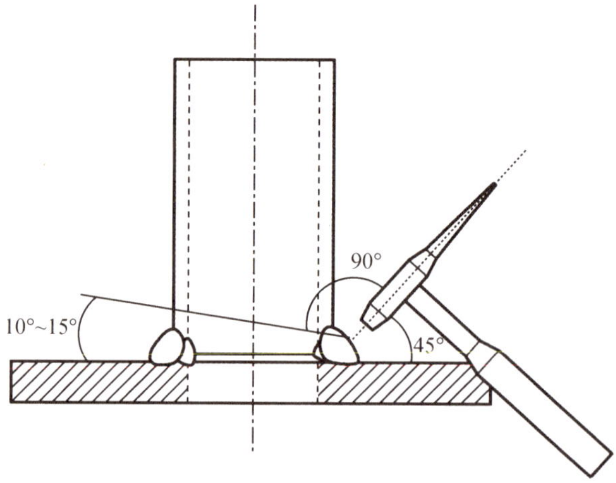

图 5-35　骑坐式管板焊接焊枪与焊丝角度示意图

(四)技术要求

(1)焊缝表面不得有裂纹、夹渣、焊瘤、未熔合等缺陷。

(2)焊脚高度为 6 mm。

(3)焊缝表面波纹均匀,与母材圆滑过渡。

模拟训练九 钨极氩弧焊管板骑坐式水平固定焊接

(一)焊接工艺卡

<table>
<tr><td colspan="4">焊接工艺卡(虚拟实训)</td><td>焊接工艺编号</td><td>ONEW-9</td></tr>
<tr><td rowspan="12">适用范围</td><td>材料牌号</td><td colspan="2">Q235B</td><td colspan="2">焊接层次及顺序简图</td></tr>
<tr><td>试件规格</td><td colspan="2">6 mm</td><td colspan="2" rowspan="10">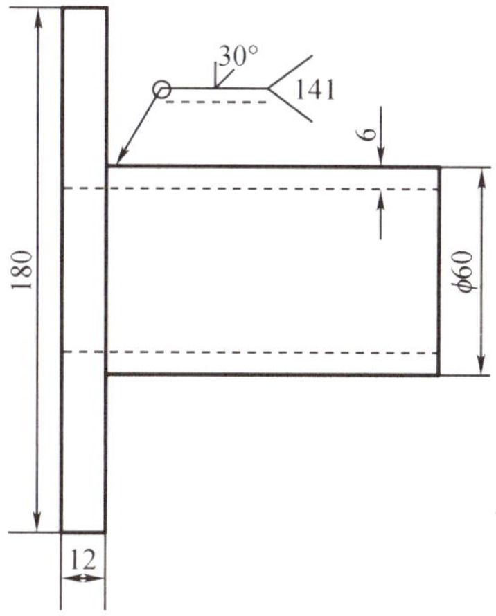
</td></tr>
<tr><td>接头种类</td><td colspan="2">对接接头</td></tr>
<tr><td>坡口形式</td><td colspan="2">V 型坡口</td></tr>
<tr><td>焊接位置</td><td colspan="2">全位置</td></tr>
<tr><td>焊接方法</td><td colspan="2">钨极氩弧焊</td></tr>
<tr><td rowspan="2">焊接电源</td><td>种类</td><td>直流</td></tr>
<tr><td>极性</td><td>正接</td></tr>
<tr><td colspan="2">坡口角度/(°)</td><td>50±2</td></tr>
<tr><td colspan="2">钝边/mm</td><td>1. 5</td></tr>
<tr><td colspan="2">组对间隙/mm</td><td>2</td></tr>
<tr><td colspan="5">背面清根：</td></tr>
</table>

焊前预热	加热方式	—	层间温度	—
	温度范围	—	测温方法	—
焊后热处理	种类	—	保温时间	—
	加热方式	—	冷却方式	—
	温度范围	—	测温方法	—

焊接工艺参数

焊层	焊材型号	焊材规格/mm	焊接电流/A	电弧电压/V	焊接速度/(cm/min)	气体流量/(L/min)	钨极直径/mm	喷嘴直径/mm	线能量/(kJ/cm)
1 层 1 道	ER49-1	ϕ2. 5	95～105			8～10	ϕ2. 4	8～12	
2 层 1 道	ER49-1	ϕ2. 5	95～100			8～10	ϕ2. 4	8～12	

(二)工作准备

1. 试件尺寸

Q235B 模拟工件,尺寸为板:长 180 mm×宽 180 mm×厚 12 mm;管:ϕ60 mm×100 mm×6 mm(各一件)。

2. 焊接设备

选用 ONEW-360AR 焊接操作训练仪,同时检查设备状态以及电源是否饱和良好。

3. 辅助器具

在焊工操作作业区附近应准备好虚拟仿真焊接实训项目指导书和焊接支架以及焊板。

(三)实施焊接

骑坐式管板焊接要求单面焊双面成形,同时又要保证焊缝正面成形美观,焊脚对称。而骑坐式管板水平固定焊的操作难度最大,包括平焊、立焊和仰焊三种操作位置,是全位置单面焊双面成形的焊接。

焊接时,将焊件按时钟面分成两个相同半周进行,如图 5-36 所示。首先进行打底焊前半周的焊接,在时钟 6 点左侧 10~15 mm 处引弧,先不添加焊丝,待坡口根部熔化,形成熔池熔孔后,开始添加焊丝,按照顺时针方向焊至 12 点左侧 15~20 mm 处;然后再从 6 点钟焊至 12 点左侧 15~20 mm 处;然后再从 6 点钟位置引弧,开始进行打底焊后半周的焊接,引弧后迅速将电弧带至焊缝端部预热,等焊缝端部形成熔池和熔孔后添加焊丝,按逆时针方向焊至前半周的接头处,当焊至接头处时,停止送丝,等接头处焊缝熔化时再添加焊丝,填满最后一个熔池后,结束焊接。盖面焊时,焊枪摆动幅度加大,以保证焊脚尺寸符合要求,焊接顺序及工艺参数同打底焊。

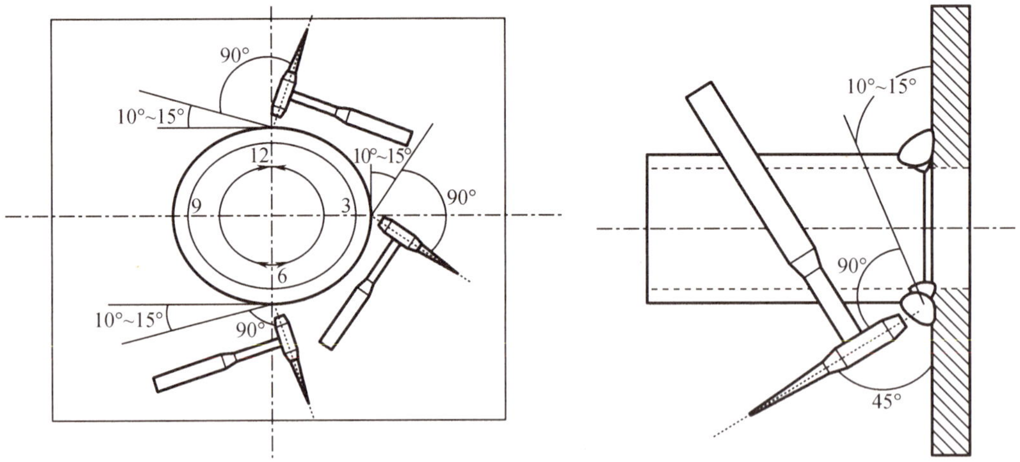

图 5-36　水平固定焊时焊枪与焊丝的角度

(四)技术要求

(1)焊缝表面不得有裂纹、夹渣、焊瘤、未熔合等缺陷。

(2)焊脚高度为 6 mm。

(3)焊缝表面波纹均匀,与母材圆滑过渡。

项目六

焊接质量及检验

项目描述

在焊接过程中，焊接接头产生的不符合设计或工艺文件要求的缺陷，叫焊接缺陷。严重的焊接缺陷将直接影响到产品结构的安全使用。经验证明，焊接结构的失效破坏以致发生事故，绝大部分并不是由于结构强度不足，而往往是各种焊接缺陷影响所致。由于焊接工艺自身的特点，要在焊接接头中避免一切缺陷，实际上是不可能的。但是尽量提高操作技术水平，将焊接缺陷控制在允许的范围内，则是每一个焊工应该争取达到的目标。

知识目标

掌握焊接缺陷的基本类型及常用焊接检测方法的原理。

任务一 焊 接 缺 陷

要点：包括缺陷的种类、产生原因、防止方法及其返修。

一、焊接缺陷的形成原因及防止方法

（一）焊接缺陷产生的部位及种类

焊接缺陷可能出现在焊缝和热影响区中，也可能出现在焊件（母材）中，但以出现在焊缝中最为多见。

常见的焊接缺陷包括焊缝表面尺寸不符合要求、夹渣、气孔、焊接裂纹、咬边、未焊透、未熔合、焊瘤、塌陷、凹坑、弧坑和烧穿等。

（二）焊缝表面尺寸不符合要求

焊接外表形状高低不平、焊波宽窄不齐，余高过大或过小，像焊缝焊脚尺寸不等，均属焊缝表面尺寸不符合要求，如图 6-1 所示。

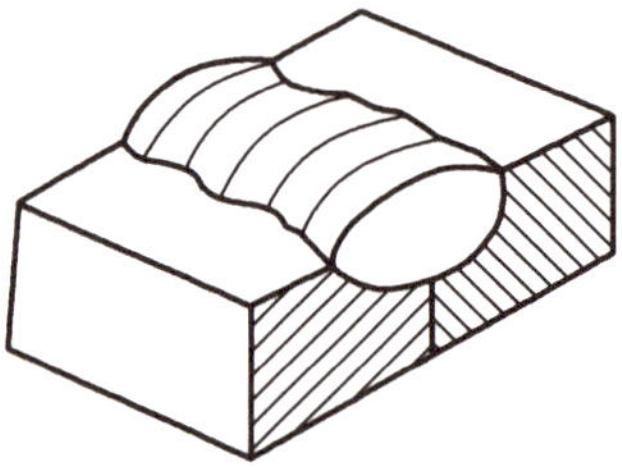

图 6-1 焊缝表面尺寸不符合要求

1. 产生原因

产生焊缝表面尺寸不符合要求的原因如下：

(1)焊接技术不熟练，焊条送进和移动速度不均匀；运条手法不正确；焊条与焊件夹角太大或太小；焊接时焊工的手在不断地抖动等。

(2)焊件坡口开得不当，如用手工气割割出的坡口其平直度、坡口角度往往达不到要求。

(3)焊件装配质量不高，如产生错边、装配间隙不均匀等。

(4)焊接工艺参数选择不当，如焊接电流过大或过小，电弧电压过高或过低。

(5)焊缝位置可达性不好，焊工不能灵活地运条。

(6)焊工护目遮光镜片光号太大，焊工看不清焊接位置。

2. 防止措施

(1)努力提高焊工的操作技能水平，苦练基本功。

(2)尽量采用金属切削方法加工焊件的坡口面，如用刨边机刨直缝，立式车床车环缝等。

(3)提高装配质量，推广使用工、夹、模具装配焊件。

(4)选择适当的焊接工艺参数，在焊机上装设电流表和电压表，以保证所选用工艺参数的正确性。

(5)改进设计，改善焊缝位置的可达性。

(6)正确选用护目遮光镜片的遮光号。

(三)夹渣

焊后残留在焊缝中的熔渣，叫作夹渣，如图 6-2 所示。

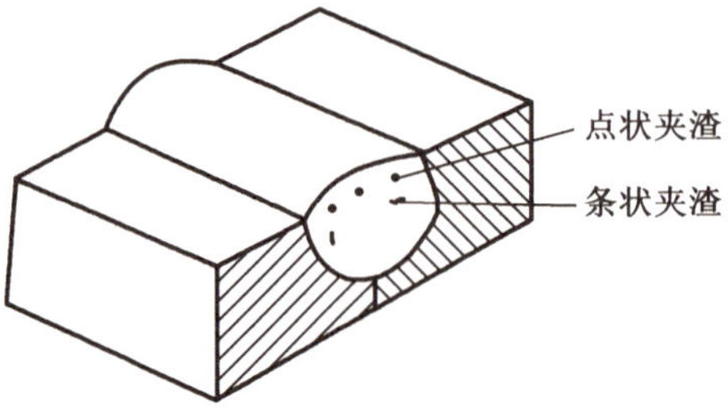

图 6-2 夹渣

1. 产生原因

在焊缝中产生夹渣的原因如下：

(1)前道焊道除渣不干净，如采用 E5015 碱性焊条时，在焊缝的焊趾处，熔渣难于清除。

(2)焊条的摆动幅度过宽，使液态熔渣在焊道边缘处凝固。

(3)焊条的前进速度不均匀。

(4)焊件倾角太大，使熔渣流至电弧之前。

(5)在深坡口的底层焊接时，因熔渣数量过多而流向电弧的前方。

(6)焊条直径太粗，焊接电流太小，使熔渣和铁水分辨不清，搅和在一起。

2. 防止措施

(1)在后焊焊道施焊之前，应彻底除渣。如采用角向磨光机等机动工具代替手工工具(錾子)，清除焊趾处的熔渣。

(2)限制焊条摆动的宽度，使紧邻于熔池后面的熔渣在全宽度上都保持熔融状态。

(3)采取均匀一致的焊接速度。

(4)减少焊件倾角。

(5)加大焊条的角度或提高焊接速度，以增加电弧的后吹力，使液态熔渣保持在电弧后面。有可能时采用上坡焊。

(6)采用直径较细的焊条和较大的焊条电流。

(四)气孔

焊接熔池中的气泡在铁水凝固时未能逸出而残存下来所形成的空穴，叫作气孔，如图 6-3 所示。气孔可能出现在焊缝的表面，也可能存在于焊缝的内部。

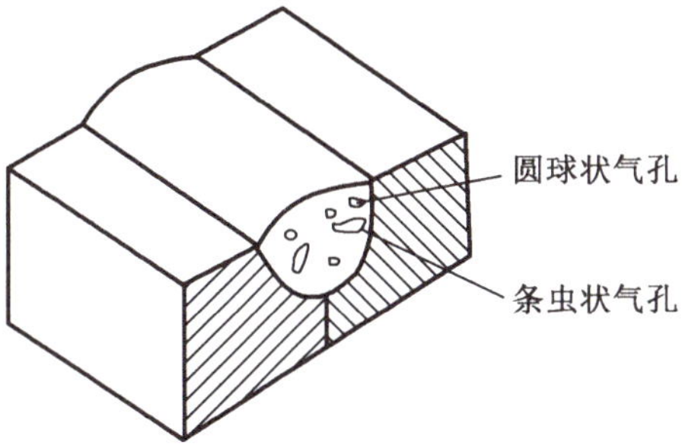

图 6-3　气孔

1. 产生原因

在焊缝中产生气孔的原因如下：

(1)焊件金属表面受锈、油、水分或脏物污染。

(2)焊条药皮中水分过大。

(3)焊接电弧长度拉得过长。

(4)焊接电流过大。

(5)焊接速度过快。

(6)使用 E5015 碱性焊条时，电源采用直流正接。

(7)焊接电弧发生偏次。

2. 防止措施

(1)用角向磨光机清除焊件表面及焊口内侧的污物,清除宽度应控制在焊口两侧各 20 mm 范围内。

(2)严格按工艺要求规定的烘干温度在焊前烘焙焊条。如 E4303 酸性焊条烘干温度为 75~150 ℃;E5015 碱性焊条烘干温度为 350~450 ℃,并坚持使用焊条保温筒,焊条必须做到随用随取。

(3)尽量采用短弧焊,特别是在使用碱性焊条时不要随意拉长电弧。

(4)减小焊接电流,避免焊条末端药皮发红。

(5)降低焊接速度,利用运条动作,加强铁水搅动,使熔池内的气体能顺利地逸出。

(6)采用碱性焊条时,电源一定要接成直流反接。

(7)防止电弧偏吹,不要使用偏心度超过标准的焊条。

(五)焊接裂纹

在焊接应力及其他致脆因素的共同作用下,焊接接头中局部地区的金属原子结合力遭到破坏,形成新界面所产生的缝隙,叫作焊接裂纹。焊接裂纹往往具有尖锐的缺口和大的长宽比,如图 6-4 所示。相对于焊缝的位置而言,焊接裂纹有的是纵向的,有的是横向的,出现的部位有的在焊缝上、焊趾处或热影响区上,有的在表面,也有的在内部。

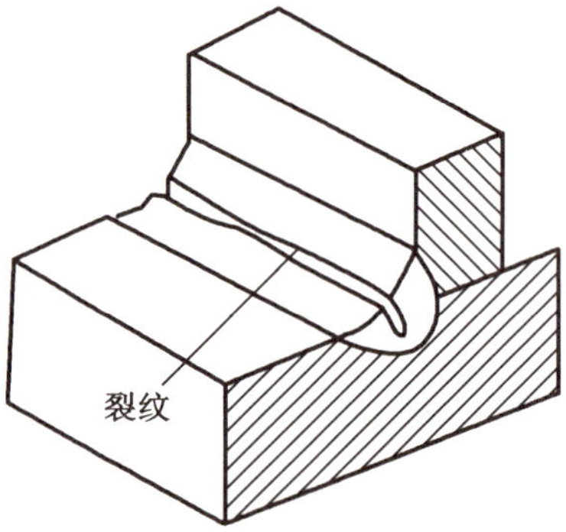

图 6-4　焊接裂纹

1. 产生原因

焊接裂纹产生的原因如下:

(1)焊接熔池中含有较多的 C、S、P 等有害的元素,致使在焊缝中生成裂纹,这种焊接裂纹叫作热裂纹。

(2)焊接熔池中含有较多的 H,在焊接过程中向热影响区扩散,致使在焊趾、焊根和热影响区焊缝冷却后生成裂纹,这种裂纹叫作冷裂纹。

(3)结构刚性大,焊接过程中产生较大的应力。

(4)焊接接头冷却速度太快。如在冬季施焊,室温太低或焊件厚度较大,导致焊缝散热太快。

(5)焊接工艺参数选择不当,若焊接电流太大,形成深而窄的焊缝,这种焊缝中心很容易产生裂纹。

(6)焊道结束时弧坑没有填满,致使弧坑中产生裂纹。

2. 防止措施

(1)将焊件整件或局部的焊口处进行焊前预热,预热温度为 100~300 ℃。母材的碳含量和合金元素含量愈高,预热温度也愈高。预热方法是用气体火焰、远红外加热器和喷灯等进行加热。

(2)限制焊接原材料中 C、S、P 的含量。如对 H08A 焊丝,要求 C≤0.1%,S≤0.03%,P≤0.03%。

(3)尽量降低焊接熔池中氢的含量,如焊前做好焊口附近的清洁工作,烘干焊条,使用药皮中含 H 量较低的碱性焊条等。

(4)采用合理的焊接顺序和方向,以降低结构刚性。

(5)若环境温度太低,焊前又无条件预热的,不要进行焊接。

(6)焊道结束进行收弧时,应采用断弧法,使熔滴填满弧坑,或采用收弧板将弧坑引至焊件外侧。

(六)咬边

由于焊接参数选择不当,或操作工艺不正确,而在沿焊趾的母材部位生成的沟槽或凹陷,叫作咬边,如图 6-5 所示。

咬边通常是由于焊接电流太大、弧长过长和焊条摆动速度过快而引起的。横焊或立焊时,焊条直径太粗和焊条角度不正确也能造成咬边。

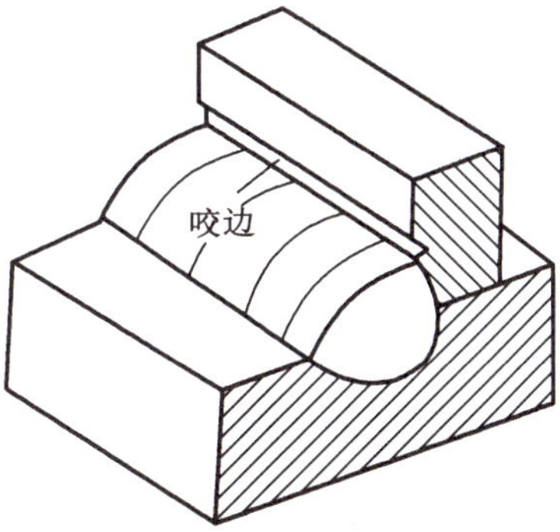

图 6-5　咬边

防止措施是进一步提高操作技能。焊接速度必须满足所熔敷的焊缝金属完全充填于母材所有已熔化的部分。采用焊条摆动操作工艺时,在焊缝的每侧必须稍作停顿,焊接过程中尽量采用短弧焊。

(七)未焊透

焊接时,接头根部未完全熔透的现象,叫作未焊透。如图 6-6 所示。形成未焊透的原因是焊接速度太快,坡口钝边过厚,坡口角度太小,装配间隙过小,焊条角度不正确使熔池偏于一侧,焊接电流过小,弧长过长,焊接时电弧有偏吹现象等。

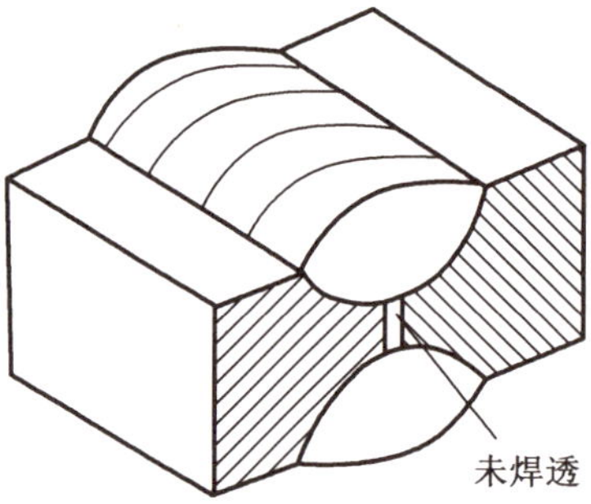

图 6-6　未焊透

防止措施是正确选用和加工坡口尺寸，保证必需的装配间隙和合适的钝边尺寸，还应正确选用焊接电流和焊接速度，焊缝背面挑焊根后再进行焊接等。

(八)未熔合

熔焊时，焊道与母材之间或焊道与焊道之间，部分未完全熔化结合，叫作未熔合，如图 6-7 所示。产生未熔合的原因是层间清渣不干净，焊接电流太小，焊条偏心，焊条摆动幅度太窄等。

防止措施是加强层间清渣，适当增加焊接电流，不使用偏心焊条，操作时注意焊条摆动的幅度等。

(九)焊瘤

焊接过程中，熔化金属流淌到焊缝之外未熔化的母材上所形成的金属瘤，叫作焊瘤，如图 6-8 所示。焊瘤经常发生在立焊、横焊和仰焊的焊缝中。产生焊瘤的主要原因是操作技能不熟练，焊条直径太粗，焊接电流太大，焊条倾角不合适和运条不当。

防止焊瘤的措施是提高焊工的操作技能，加强基本功的训练。

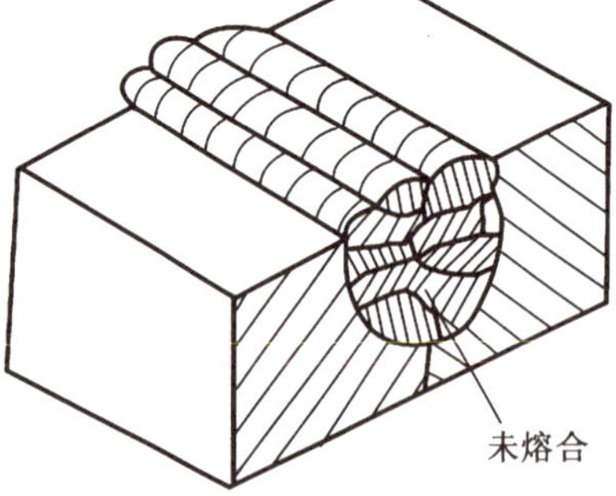

图 6-7　未熔合

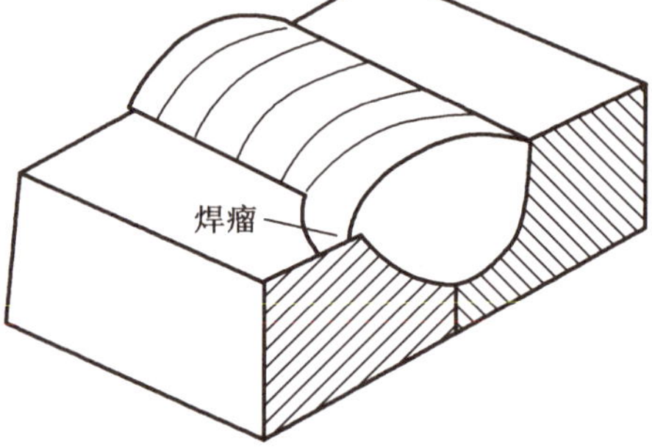

图 6-8　焊瘤

(十)塌陷

单面熔化焊时，由于焊接工艺选择不当，焊缝金属过量透过背面，而使焊缝正面塌陷、背面凸起的现象，叫作塌陷。如图 6-9 所示。

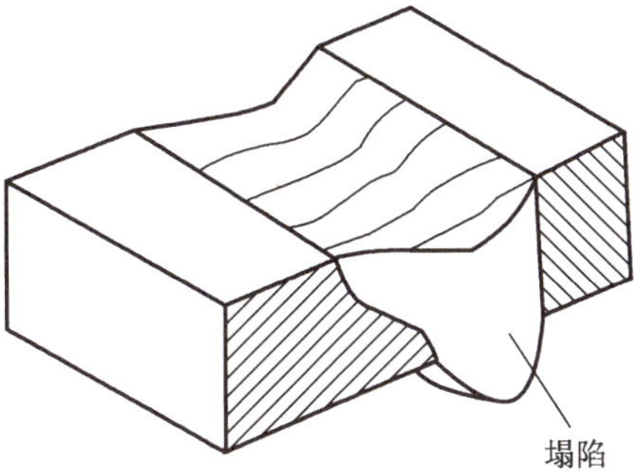

图 6-9　塌陷

形成塌陷的原因是装配间隙和焊接电流过大。防止措施是减小装配间隙和焊接电流。

(十一)凹坑

焊后在焊缝表面或焊缝背面形成的低于母材表面的局部低洼部分,叫作凹坑,如图 6-10 所示。

焊后背面的凹坑通常又叫作内凹。产生凹坑的原因是电弧拉得过长,焊条倾角不当和装配间隙过大。

防止措施是压短弧长,调整焊条倾角和适当减小装配间隙。

(十二)弧坑

熔焊时,在焊条末端灭弧时的焊缝金属低于焊缝表面的现象,叫作弧坑,如图 6-11 所示。产生弧坑的原因是熔池金属在电弧吹力下向后移动又没有新的填充金属添加所致。

防止措施是采用断续灭弧法或用收弧板,将弧坑引至焊件外面。

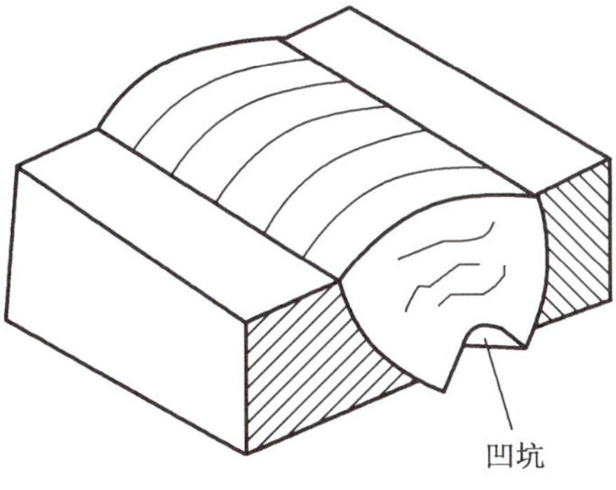

图 6-10　凹坑

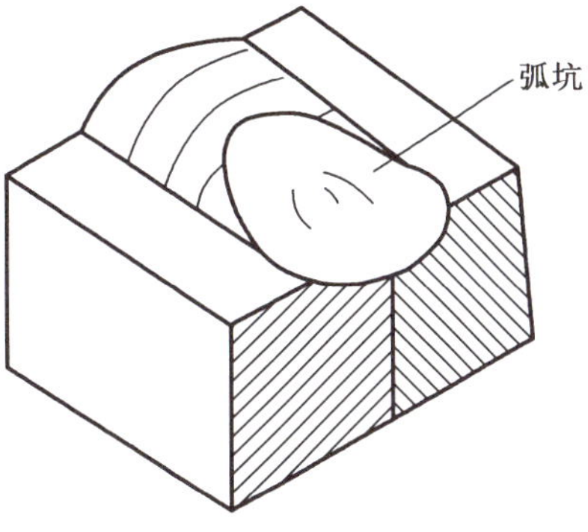

图 6-11　弧坑

(十三)烧穿

焊接过程中,熔化金属自坡口背面流出,形成穿孔的缺陷,叫作烧穿,如图 6-12 所示。产生烧穿的原因是焊件加热过甚。如焊接电流和装配间隙太大,焊接速度过慢以及电弧在焊缝处停留时间过长等。

防止措施是减小焊接电流和适当增加焊接速度,严格控制焊件的装配间隙,并保证这种间隙在整个焊缝长度上的一致性。

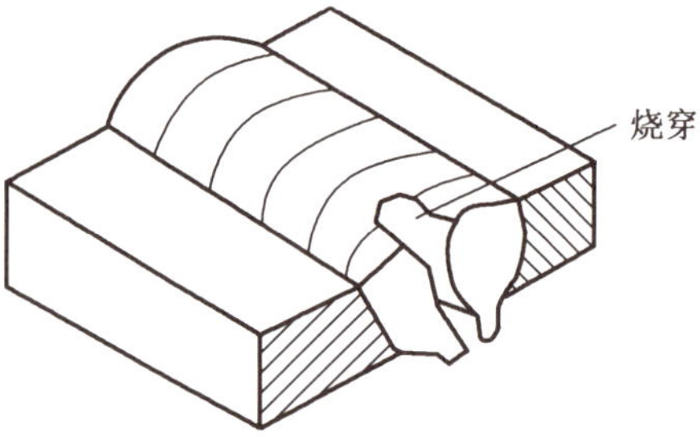

图 6-12　烧穿

二、焊缝缺陷的返修

(一)焊接缺陷的清除方法

焊接缺陷的返修,包括产品制造过程中的返修以及使用过程中的返修。

超标焊接缺陷的存在,对于重要的焊接结构,如锅炉、压力容器,会影响其安全运行和影响其工作寿命,因此,当发现超过允许值的焊接缺陷,都必须彻底将其清除。

根据产品的材质、缺陷所在部位和大小,焊接缺陷的清除方法可分别采用碳弧气刨、气割或风铲。

对于低碳钢或屈服点 ≤392 MPa 的普通低合金高强度钢及厚度在 20 mm 以下的 09Mn2V 钢,可采用碳弧气刨或气割的方法来清除缺陷。

当焊缝的缺陷只是局部地、断续地存在时,用碳弧气刨的方法清除较好。若产品的焊缝需整条返修时,可用气割将其割开,并切出坡口,用砂轮修磨平整后,再重新组装、焊接。

对于不适合于碳弧气刨和气割的钢材及焊缝,可采用机械加工或手工铲磨的方法来清除焊接缺陷。

凡是对冷裂纹敏感的屈服点>392 MPa 的普通低合金高强度钢、铬相耐热钢及耐腐蚀性能要求高的不锈钢和复合钢板等,当存在有少量的表面或内部缺陷时,可使用风铲、砂轮等去除缺陷或铲磨坡口。对于内部存在的大量缺陷或接头性能不合格的,如高压厚壁容器筒体的规则焊缝,在条件允许的情况下,可在机床上进行机械加工来清除需返修的焊缝。

返修焊道清除缺陷后的坡口表面要呈圆滑过渡,不能有尖锐棱角,如图 6-13 所示。

(a)不正确　　(b)正确

图 6-13　返修焊道坡口的加工

(二)返修焊缝的操作要点

焊缝返修一般是在产品刚性拘束较大的条件下进行的,返修次数多,会影响产品的质量,故应力求一次返修成功。

(1)根据对焊缝质量检验的结果,由检验人员对缺陷的部位做出标记,确定缺陷的性质,并分析产生缺陷的原因,在清除焊缝缺陷后,由经过考试合格并焊接质量一贯优良的优秀焊工担任焊缝返修工作。

(2)产品焊接时若需要预热,返修时也应在相应预热条件下进行焊接。当返修工作环境温度低于 0 ℃时,应采取相应的预热措施。

(3)原则上应采用与原产品焊接时同样的焊接材料及焊接工艺进行返修、焊补。焊接时,宜采用多层多道、小电流、焊条不摆动焊法,以防止返修部位的焊缝过热或产生过量的变形。

(4)焊补时要严格控制层间温度,注意每一焊缝的起弧与收弧处的焊接质量。同一层焊缝的相接两焊道间的起弧与收弧处必须相互错开一定距离。每焊完一层后要仔细检查,确保无缺陷后,再焊下一层。

(5)返修部位的焊缝必要时需修磨表面,使其外形与原焊缝外形基本一致,并按原焊缝的探伤要求严格检查。如再发现超标缺陷时,应再次修补,但修补次数不能超过标准规定的允许返修次数。

(6)对要求焊后热处理的焊件,应在热处理前进行返修。如在热处理后还需进行返修时,则返修后应重新进行热处理。

(7)焊缝缺陷的清除和焊补,都不允许在带压或承载状态下进行。

任务二　焊 接 检 验

要点:各种常用的焊接缺陷检验方法及其正确选用。

一、焊缝外观检查

焊接结构焊完后,将焊缝表面的熔渣清理干净,用肉眼或借助低倍放大镜检查焊缝表面有无肉眼可见的缺陷,再用焊接检验尺检查焊缝表面的几何尺寸。

(一)焊缝外观质量检验内容

1. 焊缝表面缺陷

如外表存在的气孔、表面裂纹、咬边、焊瘤、焊缝下凹、弧坑和烧穿等;

2. 焊缝表面的几何尺寸

如焊缝余高、余高差、焊缝宽带、宽度差、焊脚尺寸等。

(二)检验工具

常用的焊接检验尺如图 6-14、图 6-15 所示。

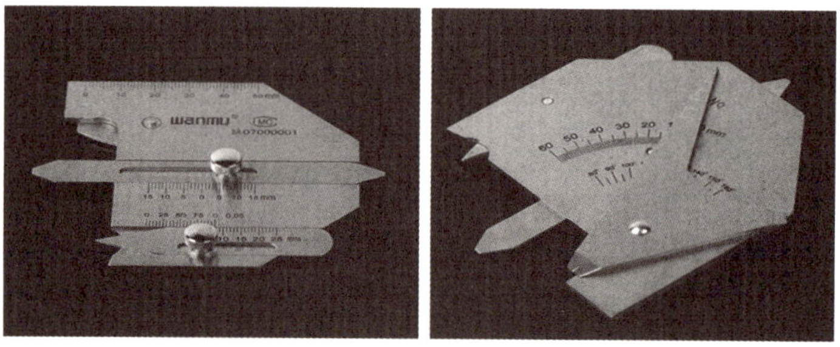

(a) 正面　　(b) 反面

图 6-14　普通焊接检验尺

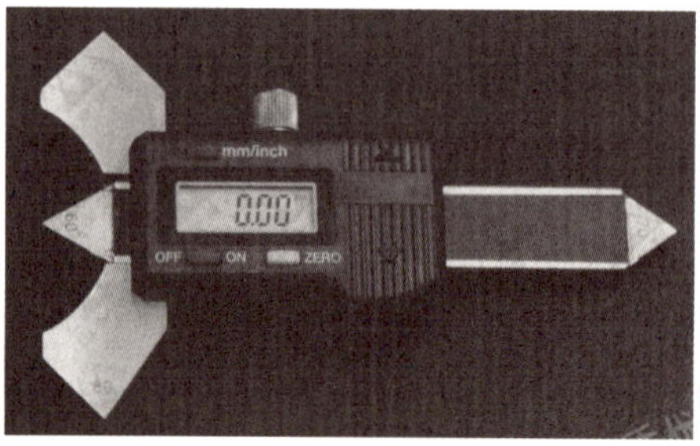

图 6-15　数显焊接检验尺

(三)焊缝检验尺使用方法

普通焊接检验尺对焊缝几何尺寸检测方法,如图 6-16 所示。

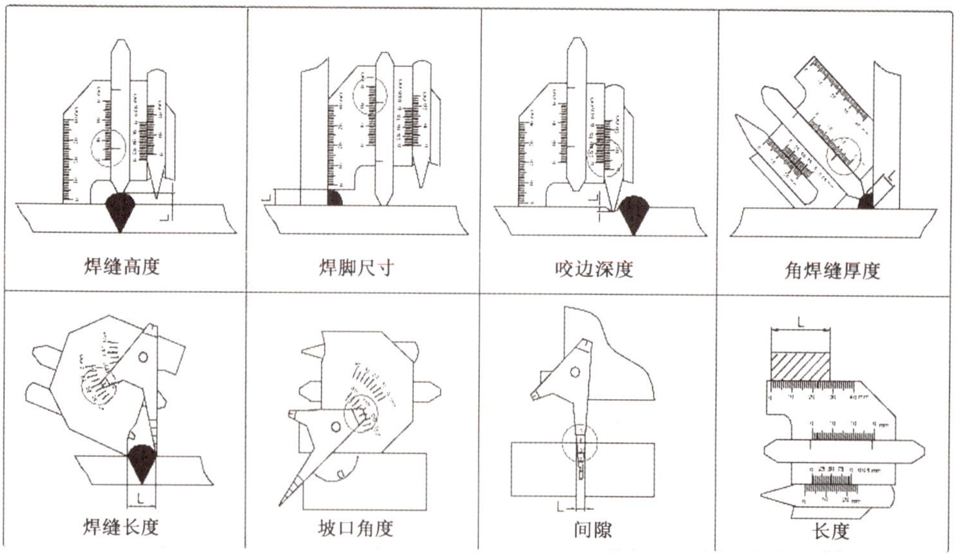

图 6-16　焊接检验尺对焊缝几何尺寸检测

(四)焊缝检验尺测量范围及技术参数

焊缝检验尺测量范围及技术参数见表 6-1。

表 6-1　焊接检验尺技术参数

测量项目		范围	示值允差
高度/mm	平面高度		0.2
	角焊缝高度	0~12	0.2
	角焊缝厚度	0~15	0.2
宽度/mm		0~40	0.3
焊缝咬边深度/mm		0~5	0.1
焊件坡口角度/(°)		≤150	30′
间隙尺寸/mm		0.5~5	0.1

二、焊接结构的渗透检验

渗透探伤又称 PT,是在被检焊件上侵蚀的带有荧光的或红色的染料,利用渗透剂的渗透作用,显示表面缺陷痕迹的一种无损检测方法。该法具有操作简单,成本低廉。广泛应用于各种金属材料和非金属材料构件的表面开口缺陷的质量检验。

(一)渗透检验的试剂和常用方法

根据所使用的渗透剂不同,常用的渗透探伤方法有着色检验方法和荧光渗透检验法。

1. 渗透检验的试剂

常用渗透检验试剂包括渗透剂、清洗剂和显像剂三种,如图 6-17 所示。

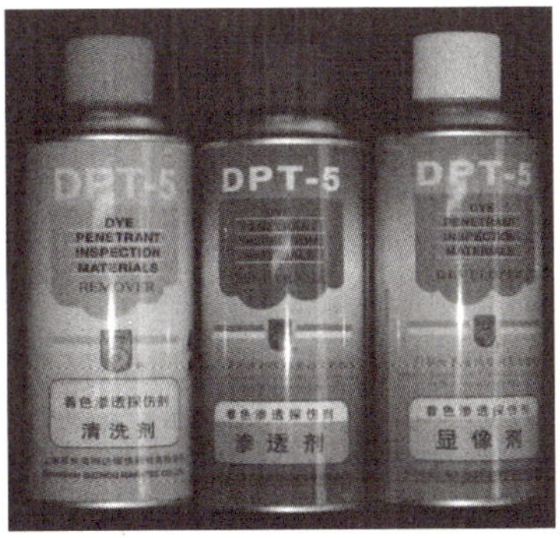

图 6-17　渗透试剂

2. 渗透检验的方法

(1)前期处理

先用干净布等将对象表面擦干净,可用清洗液(ER-ST)将表面清洗一遍,用以除尘、油脂等,如图 6-18 所示。

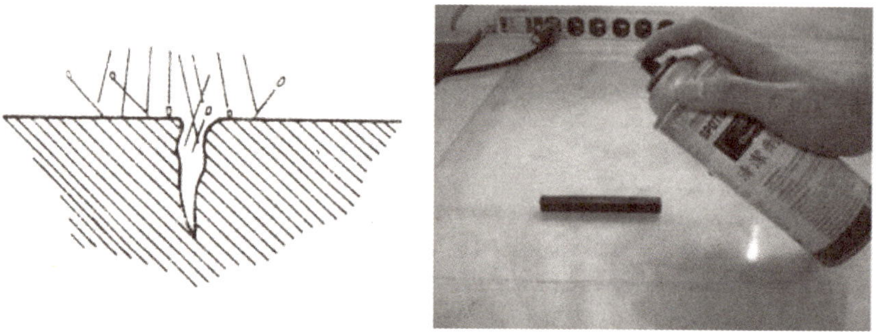

图 6-18　前期处理

(2)渗透处理

将渗透液(EP-ST)均匀喷涂于需检测的部位,等待 5 min(渗透液的渗透时间),使渗透剂完全渗透入伤口之中,如图 6-19 所示。

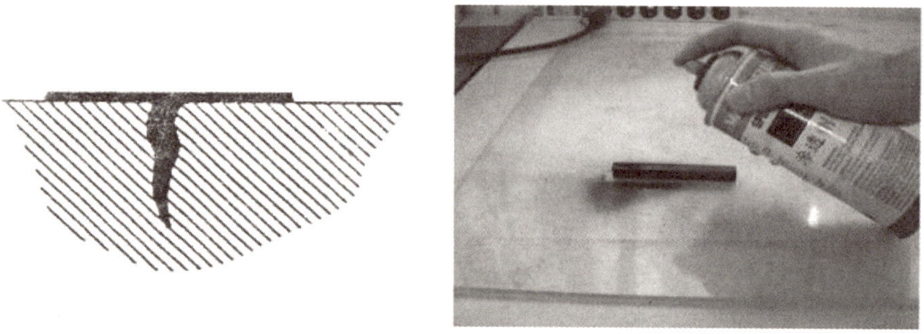

图 6-19　渗透处理

(3)剩余渗透剂清洗

渗透完全后,先初步清洗表面的渗透剂,然后再使用清洗液(ER-ST)进行清洗,注:可将清洗剂喷于擦拭的布或者纸上,这样可以避免过清洗,如图 6-20 所示。

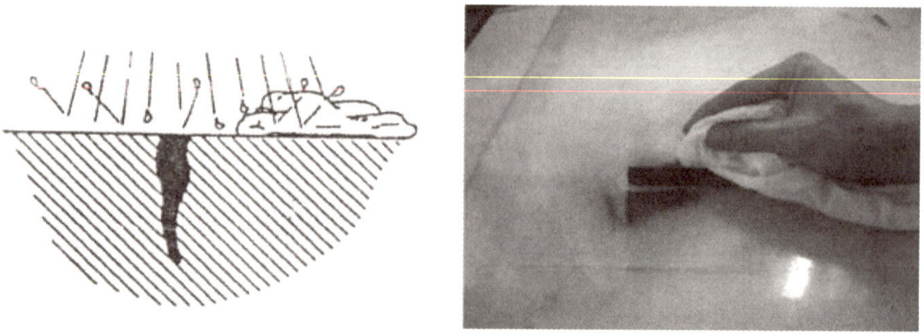

图 6-20　剩余渗透剂清洗

(4)显像与观察

将显像剂(ED-ST)充分摇匀之后均匀喷于检测部位,等待 3~5 min 后,有伤口的部位,红色液体会出现在白色显像剂上,在白底上形成红色的各类形状,观察该红色处,并做出伤口判定,如图 6-21 所示。

注意,喷涂厚度不要太厚,否则显像效果不明显。

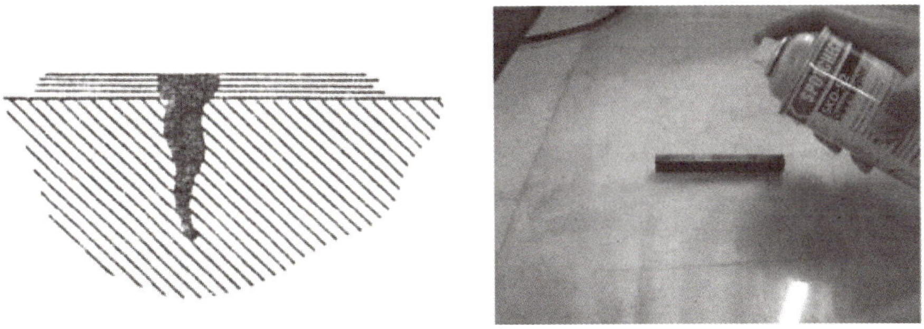

图 6-21　前期处理

(5)后期清洗

观察结束之后,表面的显像剂与渗透液可用清洗液(ER-ST)清洗,如图 6-22 所示。

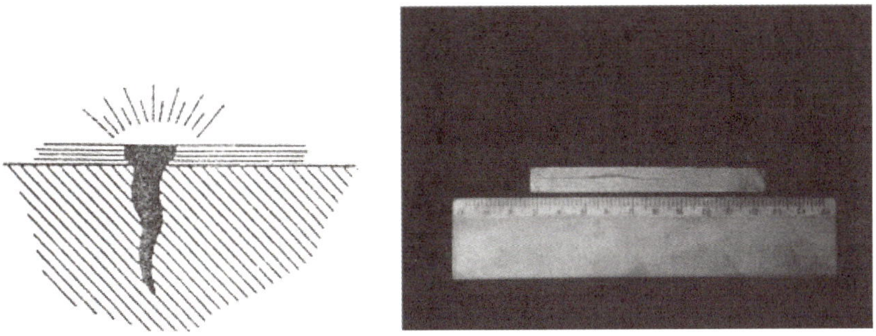

图 6-22　后期清洗

(二)渗透检验结果的记录与检验报告

1. 渗透检验结果的标识

经渗透检验后确定认为合格时,应在被检物表面做出标记,表明该焊件已被检并确认合格,如表面有缺陷显示,也应在有缺陷的部位用涂料表明其位置,供返修时寻找。如有需要,还要用照明、示意图或描绘等方法作出记录备查,或作为填写报告时的依据。

2. 检验报告

渗透探伤的结果最终以探伤报告的形式做出评定结论,探伤报告应综合反映实际的探伤方法、工艺及操作情况,并经有任职资格的探伤人员审核后签发存档,作为焊接结构的合同的确立或者合格的证明资料。

三、焊接结构的磁粉检验

磁粉探伤又称 MT,是通过对铁磁性材料进行磁化所产生的漏磁场,通过漏磁场吸附磁粉显示磁痕及缺陷,发现工件表面或近表面缺陷的一种无损检测方法。是一种相对比较成熟的磁力检验方法,至今已有 60 多年的历史,并且由于其设备简单,操作方便,检验灵敏度高,故得到广泛应用。

(一)磁粉检验的常用方法和设备

磁粉检验的常用方法有剩磁法和连续法两种。常用的磁粉检验设备可分为固定式、移动式和便携式三种类型。其中在普通焊接结构的磁粉检验中一般采用磁轭式磁粉检验机,如图 6-23 所示。

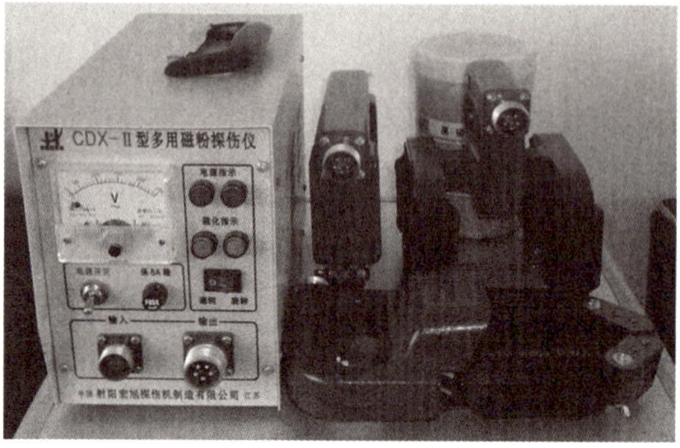

图 6-23　磁粉检验设备

(二)磁粉检验操作步骤

1. 焊件表面的预处理

用机械或化学方法把焊件表面的油污、氧化皮、涂层、焊剂和焊接飞溅物等清理干净以免影响磁粉在焊件表面的流动和漏磁场对磁粉的吸引。在运用干粉法检验时,还应使焊件表面干燥,以免磁粉受潮而无法进行检验。

2. 焊件磁化

首先选择适当的磁化方法及磁化规范,然后,利用磁粉探伤设备使焊件表面带有磁性产生漏磁场准备磁粉探伤。

3. 焊件表面施加磁粉或磁悬液

把磁粉(干粉检验法)或磁悬液(湿粉检验法)均匀地喷洒在焊件表面上。

4. 磁痕观察与记录

对磁痕进行观察和分析,非荧光磁粉在明亮的光线下观察,荧光磁粉可在紫外线灯照射下观察。

5. 退磁

使焊件剩磁为零过程叫退磁。常用的退磁方法有交流线圈退磁法和直流退磁法两种。

(三)磁粉检验结果的分析与检验报告

1. 焊接缺陷的判断

(1)裂纹

裂纹的磁痕轮廓分明,脆性开裂多呈现为粗而平直,也可断续分布,中间宽而两边尖细。

(2)发纹

发纹的磁痕呈直线或曲线状短线条。

(3)条状夹杂

其磁痕不分明,具有一定宽度,磁粉堆积比较低而平坦。

(4)气孔和点状夹杂

磁痕的形状与缺陷形状有关,具有磁粉堆积比较低而平坦的特点。

2. 焊缝等级的确定及验收

对缺陷的磁痕进行检验和分析后,按标准验收。

3. 完成磁粉探伤报告

探伤报告是根据磁粉探伤实际操作时所记录的内容整理成的正式文件,探伤报告应包括下列内容:

(1)技术草图、被检区域以及缺陷的记录。

(2)焊件名称、尺寸、材质、热处理状态、表面粗糙度、编号等。

(3)探伤设备型号、触头或磁轭间距、磁粉种类、磁悬液种类、磁粉施加方法、磁化方法、磁化电流的种类和大小、通电时间、安匝数、磁轭提升力等。

(4)缺陷的类型、磁痕的解释和等级评定。

(5)探伤日期、操作者和评定者及其资格等级。

四、焊接结构的超声波检验

超声波检验是利用超声波在物体中的传播、反射和衰减等物理特性来发现缺陷的检测材料内部缺陷的一种无损检测方法。具有灵敏度高、设备轻巧、操作简便、探测速度快、成本低、对人体无害等有特点;但很难对缺陷进行定性和定量的准确判定。

(一)超声波检验方法及设备

1. 超声波检验方法

在超声波检验中有各种检验方式及方法。其中按探头与焊件接触方式不同,可将超声波检验分为直接接触法和液浸法两种。

2. 超声波检验设备和器材

超声波检验设备类型有很多,按超声波的连续性可分为脉冲波、连续波和调频波探伤仪三种;按缺陷显示方式,可将超声波探伤仪分为 A 型显示、B 型显示、C 型显示和 3D 型显示等;按照超声波仪器中信号处理方式不同可分为模拟式和数字式超声波检验仪。

(1)A 型显示脉冲反射法超声波检验设备的原理

工作原理:同步电路产生的触发脉冲同时加至扫描电路和发射电路,扫描电路受触发开始工作,产生锯齿波扫描电压,加至示波管水平偏转板,使电子束发生水平偏转,在荧光屏上产生一条水平扫描线。与此同时,发射电路受触发产生高频窄脉冲,加至探头,激励压电晶片振动,在探头中产生超声波。超声波在工件中传播,遇缺陷或底面发生反射,返回探头时,又被压电晶片转变为电信号,经接收电路放大和检波,加至示波管垂直偏转板上,使电子束发生垂直偏转,在水平扫描线的相应位置上产生缺陷波 F 和底波 B,如图 6-24 所示。根据缺陷波在示波屏上的水平刻度可以确定缺陷的位置,根据缺陷波的幅度(或高度)可以估算缺陷当量大小。

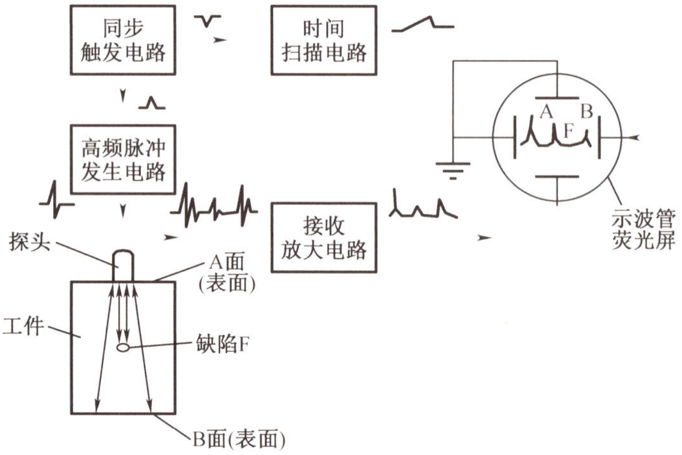

图 6-24　A 型超声波探伤仪原理图

(2)模拟式超声波检验仪

模拟式超声波检验仪种类繁多,其中 CTS-22B 型超声波检验仪是一种比较流行的超声波检验仪器,如图 6-25 所示。

(3)数字式超声波检验仪

数字式超声波检验仪是在原模拟式超声波检验原理上,利用计算机技术、数值信号处理技术等新技术使原来必须由人工参与的超声波检验结果的计算、判断、记录、整理和编制报告等工作全部由机内“电脑”所代替,使检验过程更快速、准确、轻松和简单;同时伴随电子元器件的小型化、大规模专用集成电路的应用,促成了体积更小、重量更轻的手持式超声波检验仪的面世和应用。如 HS610e 型数字式超声波检验仪就是新型数值化超声波检验仪,如图 6-26 所示。

(4)试块

超声波检验系统中除超声波检验仪之外,还包括标准试块和对比试块。

试块是一种按一定用途设计制作的具有简单形状的人工反射体。它是探伤标准的一个组成部分,是判定探伤对象质量的重要尺度。

图 6-25　模拟超声波探伤仪图

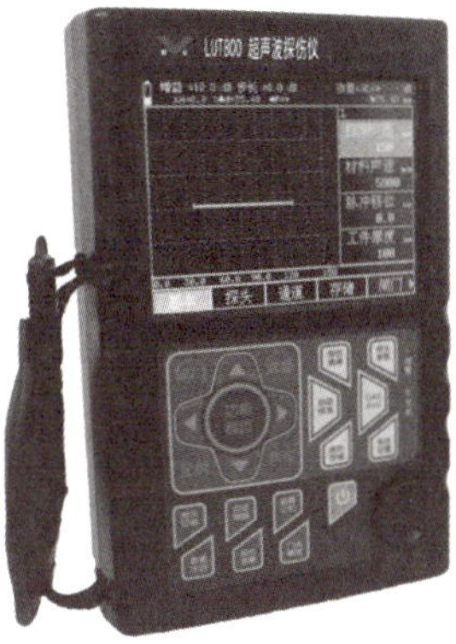

图 6-26　数字式超声波检验

标准试块

由法定机构对材质、形状、尺寸和性能等做出规定和检定的试块称为标准试块。我国规定:CSK-IA(图 6-17)、CSK-IB 型试块为焊缝探伤用标准试块。

标准试块的主要用途是:对探头参数进行测试、校检和调试探伤仪。

对比试块

对比试块又称参考试块,它是由各专业部门按某些具体探伤对象规定的试块。国标规定 RB 试块为焊缝探伤用对比试块。该试块共有三种,即 RB-1(适用于 8~25 mm 板厚)、RB-2(适用于 8~100 mm 板厚)(图 6-28)和 RB-3(适用于 8~150 mm 板厚)型对比标准试块。

RB 试块主要用于绘制距离-波幅曲线,调整探测范围和扫描速度,确定探伤灵敏度和评定缺陷大小。它是对焊件进行评级判废的重要依据。

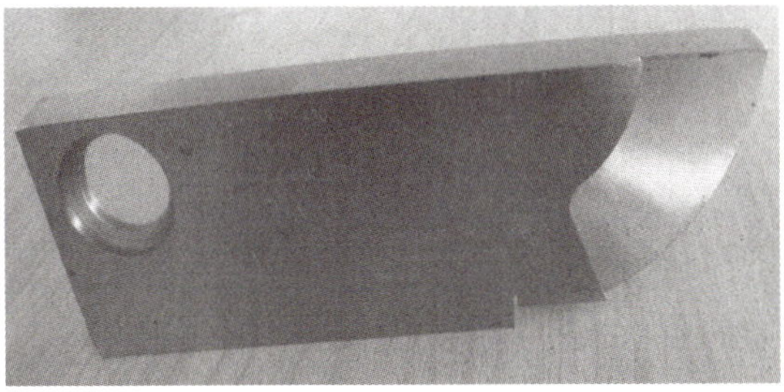

图 6-27　CSK-IA 型标准试块

图 6-28　RB-2 型对比标准试块

(二)超声波检验步骤

1. 编写委托检验书

超声波检验前,要先编写委托检验书。

2. 确定参加检验人员

超声波探伤一般安排两人同时工作,由于超声波检验通常要现场给出结果,所以至少要一名二级检验员担任主探伤。

3. 探伤前的准备

探伤人员了解焊件和焊接工艺情况,是探伤前的一项重要准备工作。检验员根据材质和工艺特征,可以预选判断可能出现的缺陷及分布规律。同时,向焊工了解在焊接过程中偶然出现的一些问题及修补等详细情况可有助于对可疑信号进行分析和判断。

4. 现场粗探伤

以发现缺陷为主要目的,包括探测纵向、横向和其他取向缺陷,以鉴别假信号等。

5. 现场精探伤

针对粗探伤中出现的缺陷,进一步测定缺陷的有关参数,例如缺陷的位置参数:纵向坐标、横向坐标、深度坐标;缺陷的尺寸参数:最大回波幅度 dB 值及在距离-波幅曲线上分区的位置、缺陷的当量或缺陷的指标长度等。

6. 评定焊接缺陷

依据探伤结果对缺陷反射波幅的评定、指标长度的评定、密集程度的评定及缺陷性质的估判,给出被检测焊缝的质量等级。

(三)焊缝超声波检验结果分析及检验报告

1. 缺陷的评定原则

①超过评定线的信号应注意其是否具有裂纹等危害性缺陷特征,如有怀疑时应采取改变探头角度、增加探伤面、观察动态波形、结合结构工艺特征做判定,如对波型不能准确判断时,应辅以其他检验做综合判定。

②最大反射波幅超过定量线的缺陷应测定其长度,其值小于 10 mm 时,按 5 mm 计。相邻两缺陷各项间距小于 8 mm 时,两缺陷指示长度之和作为单个缺陷的指示长度。

2. 焊缝检验质量等级评定

根据焊接缺陷在距离-波幅曲线中的位置不同来评定焊缝质量等级。

①最大反射波幅位于判废线和定量线区间的缺陷,根据缺陷指示长度予以评级。

②最大反射波幅不超过评定线的缺陷均评为Ⅰ级。

③最大反射波幅超过评定线的缺陷,检验者判定为裂纹等危害性缺陷时,无论其指示长度如何,均评为Ⅳ级。

④反射波位于评定线和定量线区间的非裂纹性缺陷,均评为Ⅰ级。

⑤反射波波幅超过判废线的缺陷,无论其指示长度如何,均评为Ⅳ级。

返修区域修补后,应按原检验条件进行复验。复验部位的缺陷亦应按上述方法及等级标准评定。

3. 检验记录与报告

焊缝超声波检验后,应将检验数据、焊件结构及生产工艺概况归纳在检验的原始记录中,并签发检验报告。根据评定结果,对照产品验收标准,对产品做出合格与否的结论。不合格缺陷应给以返修。

五、焊接结构的射线检验

射线检测是利用 X 射线或 γ 射线可以穿透物质和在物质中有衰减的特性,来发现物质内部缺陷的一种无损探伤方法，它可以检查金属和非金属材料及其制品的内部缺陷，如焊缝中的气孔、夹渣、未焊透等体积性缺陷。具有检验缺陷的直接性、准确性和可靠性，而且，得到的射线底片可用于缺陷的分析和作为质量凭证存档，但此法也存在设备较复杂、成本较高的缺点，并需要对射线进行防护，如图 6-29 所示。

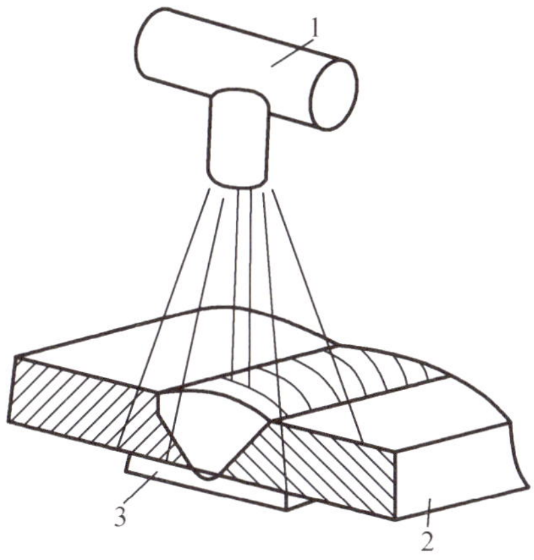

1—射线源；2—焊件；3—底片。

图 6-29　射线探伤原理

(一) 射线检验方法及设备

1. 射线检验方法

(1) 射线照相法检验

射线照相法是根据被检焊件与其内部缺陷介质对射线能量衰减程度的不同，使得射线透过焊件厚的强度不同，使缺陷冷在射线底片上显示出来的一种方法。当平行射线束透过焊件时，由于缺陷内部介质（如空气，非金属夹杂等）对射线的吸收能力比基本金属对射线的吸收能力要低得多，因而透过缺陷部位的射线强度高于周围完好部位的。在有缺陷部位将接受较强的射线曝光，经暗室处理将变得较黑因此，焊件中的缺陷通过射线照相后就会在底片上产生缺陷痕迹。这种缺陷影迹的大小实际就是焊件中的缺陷在投影面上的大小。

(2) 射线荧光屏观察法检验

荧光屏观察法是将透过被检查物体后的不同强度的射线，在投射在涂有荧光物质的荧光屏上，激发出不同强度的荧光而得到物体内部的影像的方法。此法所用的设备主要由 X 射线发生器及其控制设备、荧光屏、观察和记录用的辅助设备、防护及传送焊件的装置等几部分组成。

(3) 射线实时成像法检验

射线实时成像法检测是工业射线探伤很有发展前途的一种新技术，与传统的射线照相法相比具有实时、高效、不用射线胶片、可记录和劳动条件好等显著优点。由于它采用 X 射线实时成像法探伤。国内外将它主要用于钢管、压力容器壳体焊缝检测等。

(4) 射线计算机断层扫描技术

计算机断层扫描技术，简称 CT。它是根据物体横断面的一组投影数据，经计算机处理后,得到物体横断面的图像。所以,它是一种由数据得到图像的重组技术,目前在医学上获得了广泛的应用。

2. 射线检验设备

射线检测常用的设备主要有 X 射线机、γ 射线机及加速器等,它们结构区别较大。

(1)X 射线机

X 射线机即 X 射线探伤机,按其结构形式的不同,可分为携带式、移动式和固定式三种。携带式 X 射线机多采用组合式 X 射线机发生器,体积小,重量轻,适用于施工现场和野外作业的焊件探伤;移动式 X 射线机能在车间或实验室移动,适用于中、厚焊件的探伤;固定式 X 射线机则固定在确定的工作环境中靠移动焊件来完成探伤工作。X 射线机亦可按射线辐射方向不同,可分为定向辐射和周向辐射两种。其中周向辐射 X 射线机特别适用于管道、锅炉和压力容器的环形焊缝探伤,由于一次曝光可以检查整个焊缝,显著提高了工作效率。图 6-30 为便携式 X 射线机及附件系统。

1—低压电缆;2—X 射线发生器;3—控制箱;4—附件包;5—电源电缆;6—警示灯。

图 6-30　便携式 X 射线机及附件系统

(2)γ 射线机

γ 射线机按其结构形式分携带试、移动试和爬行试三种。携带试 γ 射线机多采用作射线源,用于较厚的焊件的探伤。爬行试 γ 射线机主要野外焊接管线的探伤。

γ 射线机具有以下优点:穿透力强,最厚可透射 300 mm 钢材;透照过程中不用水和电,因而可以在野外、对带电高压电器设备、高空、高温和水下等多种场合工作,可以在 X 射线机和加速器无法到达的狭小部位工作。主要缺点是:半衰期短的 γ 源更换频率;要去有严格的射线防护措施;探伤灵敏度略低于 X 射线机。

加速器是一种利用电磁场使带电粒子获得能量的装置。用于产生高能 X 射线的加速器,主要有电子感应式、电子直线式和电子回旋式三种。应用最广的为电子直线加速器。

由于加速能量高,射线焦点尺寸小,探伤灵敏度高,且其射线束能量、强度与方向均可精确控制,其应用已日益广泛。

(二)射线检验步骤

(1)焊缝表面质量检查。

(2)委托单项目。

(3)贴片。

(4)开机透照。

(5)胶片处理。

(6)底片评定。

(7)签发检验报告。

(8)底片及资料存档。

(三)射线检验结果分析及检验报告

1. 底片质量的评定

射线照相法探伤是通过射线底片上缺陷影像来反映焊缝内部质量的。底片质量的好坏直接会影响对焊缝质量评价的标准性。因此,只有合格的底片才能作为评定焊缝质量的依据。

合格的底片应当满足如下各项指标的要求:

(1)黑度值

黑度是射线底片质量的一个重要指标。它直接关系到射线底片的照相灵敏度。射线底片只有达到一定的黑度,细小的缺陷的影像才能在底片上显露出来。

(2)灵敏度

射线照相灵敏度是以底片上像质计反映的像质指数来表示的。因此,底片上必须有像质计显示,且位置正确,被检测部位必须达到灵敏度要求。

(3)标记系

底片上的定位标记和识别标记应齐全,且不遮盖被检焊缝影像。

(4)表面质量

底片上被检焊缝影响应规整齐全,不可缺边或缺角。底片表面不应存在明显的机械损伤和污染。检验区内无伪缺陷。

2. 底片上缺陷影像的识别

对于射线底片上影像所代表的缺陷性质的识别,通常可以从以下三个方面来进行综合分析与判断。

(1)缺陷影像的几何形状

影像的几何形状常是判断缺陷性质的最重要依据。分析缺陷影像几何形状时,一是分析单个或局部影像的基本形状;二是分析多个或整体影像的分布形状;三是分析影像轮廓线的特点。不同性质的缺陷具有不同几何形状和空间分布特点。

(2)缺陷影像的黑度分布

影像的黑度分布是判断影像性质的另一个重要依据。分析影像黑度特点时,一是考虑影像黑度相对于焊件本体黑度的高低;二是考虑影像自身各部分黑度的分布。在缺陷具有相同或相近的几何形状时,影像的黑度分布特点往往成为判断影像缺陷性质的主要依据。

不同性质的缺陷，其内在性质往往是不同的。可以认为气孔内部不存在物质，夹渣是不同于本体材料的物质等。这种不同内在性质的缺陷对射线的吸收也不同，从而形成的缺陷影像的黑度分布也就不同。

(3)缺陷影像的位置

缺陷影像在射线底片上的位置是判断影像缺陷性质的又一重要依据。缺陷影像在底片的位置是缺陷在焊件中位置的反映，而缺陷在焊件中出现的位置常具有一定规律，某些性质的缺陷只能出现在焊件特定位置上。例如，对接焊缝的未焊透缺陷，其影像出现在焊缝影像中心线上；而未熔合缺陷的影像往往偏离焊缝影像中心。

3. 焊接缺陷的定量测试

在厚壁焊件探伤中，为了进一步判断焊缝中缺陷的大小和返修方便，往往需要知道缺陷的确切位置。

射线照相得到的是空间物体在胶片平面上的二维投影图像。缺陷在焊缝中的平面位置及大小可在底片上直接测定，而其埋藏深度却必须采用特殊的透照方法。

(1)缺陷埋藏深度的确定

确定缺陷埋藏深度可采用双重曝光法，即移动射线源焦点与焊件之间的相互位置，对同一张底片进行两次重复曝光。

(2)缺陷在射线方向上的尺寸

缺陷在射线方向上的尺寸大小可用黑度计测定。根据射线照相法原理，底片上缺陷影像的黑度越大，说明照射时透过该部位的射线越强，缺陷在的尺寸也就越大。一般通过事先制定出的缺陷尺寸-黑度关系曲线，便可从黑度计上测得的缺陷影像黑度来确定缺陷在射线方向上的尺寸大小。

4. 焊缝质量的评定

根据焊接缺陷形状、大小，国家标准将焊缝中的缺陷分成圆形缺陷、条状夹渣、未焊透、未熔合和裂纹等五种。其中圆形缺陷是指长宽比≤3 的缺陷，他们可以是圆形、椭圆形、锥形或带有尾巴(在测定尺寸时应包括尾部)等不规则的形状，包括气孔、夹渣和夹钨、条状夹渣是指长宽比>3 的夹渣。

按照焊接缺陷的性质、数量和大小将焊缝质量分为Ⅰ、Ⅱ、Ⅲ、Ⅳ共四级，质量依次降低。

Ⅰ级焊缝内不允许存在任何裂纹、未熔合、未焊透以及条状夹渣，允许有一定数量和一定尺寸的圆形缺陷存在。

Ⅱ级焊缝内不允许存在任何裂纹、未熔合。未焊透等三种缺陷，允许有一定数量、一定尺寸的条状夹渣和圆形缺陷存在。

Ⅲ级焊缝内不允许存在任何裂纹、未熔合以及双面焊和加垫板的单面焊中的未焊透，允许有一定数量、一定尺寸的条状夹渣和圆形缺陷存在。

Ⅳ级焊缝指焊缝缺陷超过三级者。

当焊缝的质量级别不符合设计要求时，焊缝评为不合格。不合格焊缝必须进行返修。返修后，经再探伤合格，该焊缝才算合格。一般来说，根据产品要求，每种产品在设计中都规定了探伤的合格级别，评定时应当遵循设计规定。

5. 射线检验记录和报告

射线照相检验后，应对检验结果及有关事项进行详细几录并写出检验报告。其主要内容包括：产品名称、检验部位、检验方法、透照规范、缺陷名称、评定等级、返修情况和透照日期等、底片等有关人员签字的原始记录和检验报告必须妥善保存，保存五年以上。